高职高专计算机类专业系列教材

PHP 程序设计教程

主　编　李　深　赵克宝　肖宇鹏

副主编　张金钟　尹方超　白丽艳

主　审　韩　坤　鲁铁铮

西安电子科技大学出版社

内 容 简 介

本书内容分为 4 个模块 19 个任务。模块 1 为 PHP 编程基础，重点训练学习者搭建开发环境和构建基本应用的技能。模块 2 为 PHP Web 编程，以"项目管理系统"为载体，指导学习者掌握 Web 前后端数据交互和页面间信息传递、PHP 中使用 AJAX 技术、PHP 文件和图像处理、PHP 面向对象编程基础等技能。模块 3 为 PHP 数据库编程，以"客服系统"为载体，训练学习者设计数据库、使用 PHP 编程访问 MySQL 数据库、对数据进行增删改查等技能。模块 4 为 PHP 框架应用，指导学习者使用 ThinkPHP 框架完成"学生管理系统"中管理员权限基本功能的开发，从而实现功能完善、方便高效的 Web 系统后台管理。

本书重点突出，内容精练，实用性强。通过任务实践，学习者可以迅速理解并掌握最新的 PHP 开发知识与技巧，全面提高 Web 系统开发能力。

本书适用面广，可作为应用型本科或高职院校计算机类专业的教材，也可作为培训教材或编程爱好者的自学用书。

图书在版编目(CIP)数据

PHP 程序设计教程 / 李深，赵克宝，肖宇鹏主编. --西安：西安电子科技大学出版社，2024.6
ISBN 978-7-5606-7250-2

Ⅰ. ①P…　Ⅱ. ①李…　②赵…　③肖…　Ⅲ. ①PHP 语言—程序设计—教材　Ⅳ. ①TP312.8

中国国家版本馆 CIP 数据核字(2024)第 076377 号

策　　划　李鹏飞　杨航斌
责任编辑　李鹏飞
出版发行　西安电子科技大学出版社(西安市太白南路 2 号)
电　　话　(029)88202421　88201467　　　邮　编　710071
网　　址　www.xduph.com　　　　　　电子邮箱　xdupfxb001@163.com
经　　销　新华书店
印刷单位　陕西天意印务有限责任公司
版　　次　2024 年 6 月第 1 版　2024 年 6 月第 1 次印刷
开　　本　787 毫米×1092 毫米　1/16　印张 20
字　　数　478 千字
定　　价　49.80 元
ISBN 978-7-5606-7250-2 / TP
XDUP　7552001-1
如有印装问题可调换

前　言

党的二十大报告指出：加快发展数字经济，促进数字经济和实体经济深度融合，打造具有国际竞争力的数字产业集群；推进教育数字化，建设全民终身学习的学习型社会、学习型大国。Web 系统开发为加快发展数字经济与推进教育数字化提供了重要的技术和平台保障。

PHP 作为非常优秀的、简便的 Web 开发语言，和 Windows、Apache、MySQL 紧密结合，形成 WAMP 的黄金组合，不仅降低了使用成本，还提升了开发速度，满足了最新的 Web 系统开发的要求。目前，PHP 已成为程序员和 Web 设计师最理想的 Web 系统开发工具之一。

本书基于"岗课赛证"融合的要求，按照软件开发岗位 Web 系统项目开发的工作流程和学生的普遍认知规律，采用"模块＋任务"的方式编写，以 Web 系统项目为导向，将知识和技能的学习重点转换为完成项目所需的任务，再将任务分步骤实施，手把手地教学生掌握相关知识和技能，循序渐进，培养学生善于思考、深入研究、勇于创新的能力。这样不仅增强了本书的可读性和可操作性，还激发了学生的学习兴趣，便于其在短时间内掌握使用 PHP 开发 Web 系统项目的常用技术和方法，从而为今后的就业打下坚实的基础。

本书项目使用 XAMPP 集成开发环境，也可以单独安装 Apache、MySQL 和 PHP 并进行配置。编辑器在 HBuilder 或 Visual Studio Code 中选择一种即可。

本书内容分为 4 个模块 19 个任务，任务主要来自"项目管理系统""客服系统"和"学生管理系统"三个 Web 系统项目，主要内容如下：

模块 1 为"PHP 编程基础"。该模块分解为 4 个任务，主要指导学生掌握 PHP、Apache、MySQL 的相关知识，在 Windows 下进行 PHP ＋ Apache ＋ MySQL 服务器的安装与配置，并重点训练学生通过 XAMPP 集成开发环境软件包搭建开发环境，使其掌握 Web 系统开发的基础知识和 PHP 语言的基本应用。

模块 2 为"PHP Web 编程"。该模块分解为 5 个任务，任务来自"项目管理系统"，主要指导学生掌握 Web 前后端数据交互，使用 Session 和 Cookie 实现页面之间的信息传递，在 PHP 中使用 AJAX 技术来实现页面的局部刷新，并学习 PHP 文件和图像处理、PHP 面向对象编程基础。

模块 3 为"PHP 数据库编程"。该模块分解为 5 个任务，任务来自"客服系统"。该模块基本按照"客服系统"项目的开发流程来编写，通过项目设计与实现的全过程，指导学生掌握项目结构的设计方法和具体功能的实现方法，通过小组合作的方式指导学生完成项目，重点训练学生设计数据库、使用 Web 表单、处理表单数据、实现文件上传功能、PHP 编程访问 MySQL 数据库、在页面之间跳转、在跳转页面传递数据以及增删改查数据等技能。

模块 4 为"PHP 框架应用"。该模块分解为 5 个任务，任务来自"学生管理系统"，主要指导学生使用 ThinkPHP 框架完成学生管理系统中管理员权限基本功能的开发。本模块从网站整体风格统一的角度介绍了通过 CSS＋DIV 实现网站首页风格的布局，并将统一的风格应用到网站前台其他相关页面，指导学生实现功能完善、方便高效的 Web 系统后台管理。

本书由河北建材职业技术学院、燕大燕软信息系统有限公司、河北对外经贸职业学院合作编写。

本书课程导言和模块 3 由河北建材职业技术学院李深编写，模块 1 由河北建材职业技术学院张金钟编写，模块 2 由河北建材职业技术学院肖宇鹏编写，模块 4 由河北建材职业技术学院赵克宝编写。本书项目由燕大燕软信息系统有限公司白丽艳提供，河北对外经贸职业学院尹方超负责项目文档的整理工作。

本书主审为河北科技师范学院数学与信息科技学院韩坤、河北广电网络集团秦皇岛有限公司鲁铁铮，在此表示感谢。

由于作者水平和经验有限，书中不妥之处在所难免，恳请广大读者批评指正。

作　者
2024 年 2 月

目 录

课　程　导　言

一、课程性质描述

　　"PHP 程序设计"是一门基于 Web 系统开发工作过程的"岗课赛证"融合课程,融入世界/中国技能大赛网站设计与开发赛项等职业技能竞赛内容,支持 Web 前端开发等 1 + X 证书的培训,同时支持软件技术专业"项目开发综合实战"等课程以及计算机类其他专业相关课程的教学,是软件技术专业的职业素养核心课程。

　　适用专业:软件技术或计算机类其他专业。

　　开设时间:第四学期。

　　建议课时:60 学时。

二、典型工作任务描述

　　PHP 程序设计是 Web 系统开发的重要环节,开发团队应按照 Web 系统开发的进度要求,制订项目建设方案,组织项目建设,控制成本,在项目建设全过程进行测试和质量评审,并在规定的项目建设期内完成满足用户需求的 Web 系统项目建设任务;同时,在整个项目建设过程中必须严格按照国家相关标准和规定进行项目建设。

三、课程学习目标

　　党的二十大报告指出:教育是国之大计、党之大计。培养什么人、怎样培养人、为谁培养人是教育的根本问题。育人的根本在于立德。全面贯彻党的教育方针,落实立德树人根本任务,培养德智体美劳全面发展的社会主义建设者和接班人。

　　本课程将显性教育(技术、技能教育)和隐性教育(德育)相统一,形成协同效应。教学过程注重培养学生的职业理想、职业道德、职业精神和职业规范,"润物细无声"地深植"家国情怀、使命担当",体现了"德技并重、匠心育人"的教学理念。

　　通过本课程学习,学生能够逐步建立和掌握 Web 系统开发的思想方法,提升分析问题和解决问题的能力,能够较为熟练地运用 PHP 语言、MySQL 数据库和面向对象的编程思想设计开发 Web 系统，同时培养吃苦耐劳、团结协作的良好品质。

(一) 素质目标

(1) 养成善于思考、深入研究的良好的自主学习习惯；

(2) 通过模块与任务教学，培养学习者分析问题、解决问题的能力；

(3) 具有吃苦耐劳、团队协作精神，以及良好的沟通交流和书面表达能力；

(4) 通过小组共同完成模块任务，培养学习者的合作意识、质量意识、标准意识、服务意识、学习意识；

(5) 通过知识拓展训练，培养学习者的创新意识；

(6) 具有爱岗敬业、遵守职业道德规范、诚实、守信的高尚品质。

(二) 知识目标

(1) 了解 PHP 的发展历史、语言特性及应用领域；

(2) 掌握 PHP 开发环境的搭建过程；

(3) 掌握 PHP 项目的创建、编辑、运行及测试方法；

(4) 掌握 PHP 数据类型、常量和变量、运算符、流程控制语句；

(5) 掌握 PHP 函数、数组、字符串、文件及目录操作；

(6) 掌握 MySQL 服务器的启动、连接和关闭及 MySQL 数据库的基本操作；

(7) 掌握 PHP 操作 MySQL 的相关函数并管理 MySQL 中的数据；

(8) 了解面向对象的概念并掌握类、对象的概念与关系；

(9) 掌握面向对象的三大特性：继承、重载与封装；

(10) 掌握 PHP 命名空间和自动加载的使用；

(11) 掌握框架中路由的实现方法；

(12) 掌握 PHP 中反射的使用和异常处理方法；

(13) 熟悉框架中对数据库操作类的封装方法；

(14) 掌握运用框架进行项目开发的方法；

(15) 掌握综合应用项目的开发过程。

(三) 能力目标

(1) 能独立进行资料收集与整理，具备用户需求的理解能力；

(2) 能识别比较各种动态开发语言并能选择合适的 PHP 开发环境和集成开发工具；

(3) 能搭建 PHP 开发环境，熟悉服务器的启动步骤并使用编辑工具编辑、运行、测试 PHP 程序；

(4) 能综合运用函数、数组、文件等操作进行数据处理；

(5) 能运用 MySQL 数据库图形管理工具操作 MySQL 数据库；

(6) 能比较面向对象与面向过程编程的特点，合理使用面向对象中的魔术方法；

(7) 具有综合应用 PHP 语言、MySQL 数据库、面向对象的编程思想进行页面设计、编码、调试、维护的能力；

(8) 理解框架底层的工作原理和项目的工作流程；

(9) 能运用 PHP 语言解决实际问题；

(10) 能依据项目需求完成数据库的设计；

(11) 能依据项目需求完成功能设计；

(12) 能综合应用 PHP 开发中小型项目；

(13) 能根据实际需要对项目进行修改和扩展。

四、学习组织形式与方法

本课程倡导行动导向的教学，通过问题的引导，促使学生进行主动思考和学习。老师根据实际工作任务设计教学情境，主要进行策划、分析、辅导、评估和激励。学生进行主体性学习，应主动思考、自己决定、实际动手操作。

教师应根据各模块所需的工作要求，组建学生学习小组，学生在合作中共同完成工作任务。分组时请注意兼顾学生的学习能力、性格和态度等个体差异，以自愿为原则。学生小组长要引导小组成员制订详细规划，并进行合理有效的分工。

五、模块设计

序号	模块名称	任 务 简 介	学时
1	PHP 编程基础	针对配置 PHP 的运行环境，掌握 PHP 的变量、数据类型、控制语句、自定义函数、常见内置函数等需求，设计了 4 个任务，包括搭建 PHP 开发环境、构建数据操作应用、构建功能盒子应用和构建趣味游戏应用	10
2	PHP Web 编程	模块以"项目管理系统"项目为载体，以任务实施为驱动，包括 Web 表单数据的提交与获取、Web 表单数据的正则校验、文件数据的读写与文件的上传和下载、PHP 实现签名墙和验证码的制作、基于面向对象的数据库常规操作的封装 5 个任务	10
3	PHP 数据库编程	以开发功能完整的"客服系统"项目为载体，按照项目开发工作流程设计了 5 个任务，要求重点掌握 MySQL 服务器的启动、连接和关闭，MySQL 数据库的基本操作，数据库图形管理工具 phpMyAdmin 的安装与使用，PHP 操作 MySQL 数据库的步骤，PHP 操作 MySQL 的相关函数，PHP 管理 MySQL 中数据的方法等	24
4	PHP 框架应用	使用 ThinkPHP 框架开发"学生管理系统"的管理员功能，按照开发工作流程设计了 5 个任务，要求重点掌握 ThinkPHP 框架的基本功能和使用方法，以及使用 ThinkPHP 框架快速完成项目开发的方法	16

六、学业评价

学号	姓名	模块 1		模块 2		模块 3		模块 4	
		分值	比例 (20%)	分值	比例 (20%)	分值	比例 (40%)	分值	比例 (20%)

模块 1　PHP 编程基础

任务 1.1　搭建 PHP 开发环境

任务目标

(1) 熟悉 PHP 的概念。

(2) 掌握 PHP 开发环境的搭建。

(3) 掌握 Web 服务器的配置方法。

(4) 养成善于思考、深入研究的良好的自主学习习惯。

任务书

构建第一个 PHP Web 应用，使用 PHP 和服务器运行第一个网页，在网页上输出"Hello World"，具体显示效果如图 1-1 所示。

图 1-1　效果展示图

任务实施

1. 搭建 PHP 开发环境

搭建 PHP 集成开发环境是一个相对复杂的过程，需要考虑到负载均衡等一系列复杂的问题。然而，本书的主要目的是讲解 PHP 的使用方式，因此我们选择了一体化的集成环境来完成 PHP 开发环境的安装，以便快速进入学习环境。这样可以让读者更专注于学习 PHP 的核心知识和技能，而无须在搭建环境上花费过多时间和精力。本书选择使用 XAMPP 集成环境作为 PHP 的集成开发环境。下面为 XAMPP 的具体安装过程。

(1) 双击 XAMPP 的安装程序图标，打开安装界面，如图 1-2 所示。在安装界面，点击"Next"，进入下一步操作。

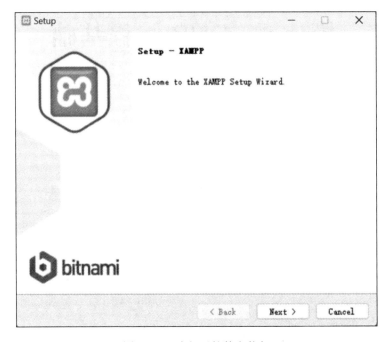

图 1-2　双击打开软件安装包

(2) 默认勾选全部选项，点击"Next"，如图 1-3 所示，进入下一步操作。

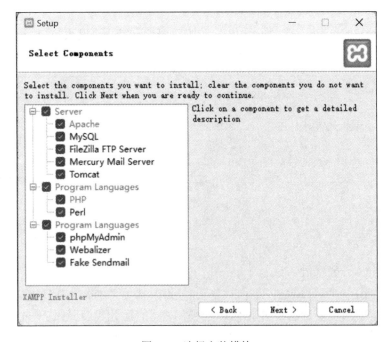

图 1-3　选择安装模块

(3) 设置软件的安装路径。可以将软件的安装路径设置为 D 盘，如图 1-4 所示。

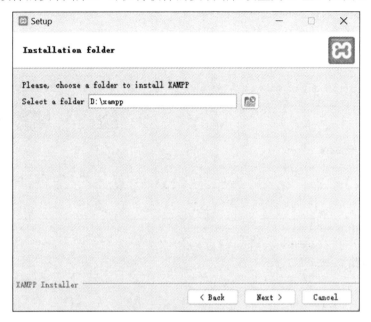

图 1-4　选择安装路径

(4) 根据提示进行默认安装，如图 1-5 所示。连续点击"Next"选项，在此过程中需要允许进行网络连接。

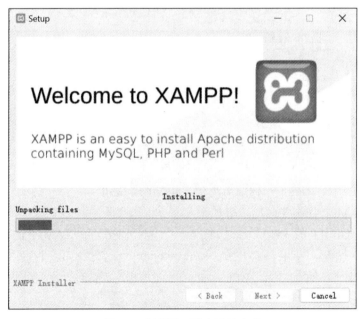

图 1-5　根据提示进行默认安装

(5) 安装集成开发环境后，需要进行语言设置和控制界面启动。在语言设置中，可以选择英语作为默认语言。启动控制界面，在此可以打开集成开发环境的主界面(其中包含各种工具和菜单选项)，从而方便地进行开发和管理，如图 1-6～图 1-8 所示。

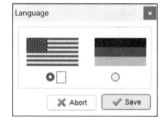

图 1-6　完成安装　　　　　　　　　图 1-7　选择语言

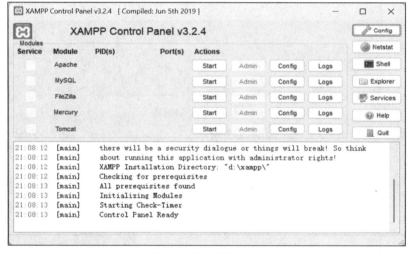

图 1-8　启动控制面板

2. PHP 编译器的选用

在当前阶段，PHP 编译器的选择众多，每一种编译器都有其独特的优点。根据"1＋X Web 前端开发证书"的要求，本书将选用 HBuilder 作为 PHP 的开发工具。

3. 快速体验 PHP 编程——构建第一个 PHP Web 应用

(1) 启动 XAMPP 控制界面的步骤如下：

首先，打开 XAMPP 的安装目录。如前所述，在默认情况下，XAMPP 的安装路径为 D 盘下的 xampp 目录。接着，在安装目录中找到 xampp-control.exe 文件，如图 1-9 所示。这是 XAMPP 控制界面的入口程序。最后，双击 xampp-control.exe 应用程序，打开 XAMPP 控制界面。

xampp_shell.bat	2022-08-29 16:27	Windows 批处理文件	2 KB
xampp_start.exe	2013-03-30 20:29	应用程序	116 KB
xampp_stop.exe	2013-03-30 20:29	应用程序	116 KB
xampp-control.exe	2019-06-05 20:10	应用程序	3,290 KB
xampp-control.ini	2023-03-06 22:54	配置设置	2 KB
xampp-control.log	2023-03-06 22:54	文本文档	65 KB

图 1-9　目录结构图

（2）在 XAMPP 控制界面的显示窗口中，找到 Apache 服务器程序，点击其对应的"Start"按钮，如图 1-10 所示。在点击"Start"按钮后，Apache 服务器程序开始启动。启动完成后，将在 XAMPP 控制界面的显示窗口中看到 Apache 服务器程序的状态由"Start"变为"Stop"，同时显示窗口中的其他相关信息也会发生变化，表明 Apache 服务器程序已经成功启动并正在运行中。

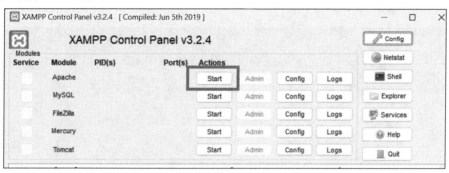

图 1-10　打开服务器

（3）启动 PHP 编译器。打开 HBuilder 编辑器，在编辑器中选择插件安装。在插件管理界面中，选择"安装插件"，然后搜索"Aptana php"，选择并安装 Aptana php 插件，如图 1-11 所示。安装完成后，重新启动 HBuilder 编辑器即可启用 PHP 语法提示功能。在编辑器中输入 PHP 代码时，编辑器将根据所安装的 Aptana php 插件自动提供相应的语法提示，帮助开发者更好地编写 PHP 代码。

图 1-11　安装插件

（4）创建 PHP 项目。首先，在 HBuilder 编辑器中选择"文件"菜单，然后选择"新建"子菜单，并选择"Web 项目"，如图 1-12 所示。在"创建 Web 项目"窗口中，设置项目的名称和项目的位置。需要注意的是，项目的存放位置需要选择 XAMPP 集成环境安装目录中的 htdocs 文件夹，点击"完成"按钮，完成 PHP 项目的创建。在创建完成后，可以在 HBuilder 编辑器中查看和编辑 PHP 项目。

图 1-12　创建 PHP 项目

（5）创建 PHP 脚本文件。首先，在创建的 PHP 项目中，打开 HBuilder 编辑器，并右键单击项目文件夹，然后选择"新建"子菜单，并选择"PHP 文件"。在"新建 PHP 文件"窗口中，设置文件的名称和位置。在这个例子中，我们将文件取名为"hello.php"，如图 1-13 所示。接着，在"新建 PHP 文件"窗口中，选择文件类型为"PHP"，并设置其他相关参数。最后，点击"确定"按钮，完成 PHP 脚本文件的创建。

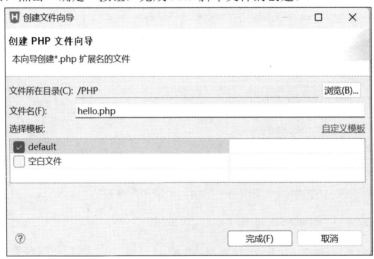

图 1-13　创建 PHP 脚本文件

（6）编写 PHP 代码。在 hello.php 文件中编写如下代码，保存文件。

```
<?php
echo "Hello World";
?>
```

（7）打开浏览器，在地址栏输入 http://127.0.0.1/PHP/hello.php，即可看到程序效果。

　　知识链接

◆　知识点 1　PHP 概述

1. PHP 简介

PHP(Hypertext Preprocessor)即"超文本预处理器"，是在服务器端执行的脚本语言，尤其适用于 Web 开发并可嵌入 HTML 中。PHP 语法借鉴了 C 语言的语法结构，同时融合了 Java 和 Perl 等多种语言的特色，并不断改进和发展自己的特色语法，例如吸收了 Java 语言的面向对象编程这一特色。PHP 语言创建之初的主要目标是让开发人员能够快速高效地构建优质的 Web 应用网站。此外，PHP 同时支持面向对象和面向过程的开发，这也使得其使用非常灵活。

2. PHP 发展历程

PHP 由 Rasmus Lerdorf 于 1994 年创建，最初只是一个简单的用 Perl 语言编写的程序，用于统计他自己网站的访问者。后来，为了访问数据库，开发人员又用 C 语言对其进行了重新编写。1995 年，PHP Tools 发布了 PHP 的第一个版本，并提供了访客留言本、访客计数器等简单的功能。随着时间的推移，PHP 不断发展和改进，成为一种广泛使用的 Web 开发语言。随着越来越多的网站采用 PHP，开发团队不断加入新成员，并于 1995 年中期发布了 PHP2.0(支持 mSQL)，将其定名为 PHP/FI(Form Interpreter)，从而奠定了 PHP 在动态网页开发领域的地位。到 1996 年底，已有 15 000 个网站使用 PHP/FI；到了 1997 年中期，使用 PHP/FI 的网站数量超过了五万个。随后，在 1997 年中，研究人员开始了第三版的开发计划，加入了 Zeev Suraski 及 Andi Gutmans，最终发布为 PHP3。2000 年，PHP4.0 推出，其中包含众多新的特性。根据 W3Techs 于 2019 年 12 月 6 日发布的统计数据，PHP 在 Web 网站服务器端使用的编程语言所占份额高达 78.9%。而在内容管理系统的网站中，有 58.7%的网站使用了 WordPress(一款基于 PHP 开发的 CMS 系统)，占所有网站的 25.0%。这些数据表明，PHP 作为一种流行的 Web 开发语言，在网站开发领域中具有广泛的应用和重要的地位。

3. PHP 语言特点

PHP 语言有着诸多优点，主要表现为开源免费、快捷高效、高性能、跨平台等。下面将对 PHP 语言的特点进行详细的说明。

1) 开源免费

PHP 作为一种受众大并且拥有众多开发者的开源软件项目，其经典安装部署方式为 Linux + Nginx + MySQL + PHP，并且相关的软件全部开源免费，因此使用 PHP 可以节约大量的正版授权费用。PHP 作为一个开源软件，它缺乏大型科技公司的支持，网络上对其的质疑声音也不少，但其持续迭代和性能不断提升的现实给人们带来了希望。

2) 快捷高效

PHP 的内核由 C 语言编写，因此具有出色的性能和较高的效率。它可以使用 C 语言开发高性能的扩展组件。此外，PHP 的核心包含了数量超过 1000 个的内置函数，不仅功能齐全，而且代码简洁易懂，开箱即用。同时，PHP 支持动态扩容的数组，并且支持以数字、字

符串或混合键名关联数组的形式，这样能够大幅提高复杂数据结构类型的开发效率。

3) 高性能

随着 PHP 版本的不断升级，其整体性能也随之提高。根据官方介绍，PHP7.0 相较于 PHP5.6 的性能提升了 2 倍，而 PHP7.4 已经比 PHP7.0 快了约 30%，PHP8.0 在性能上相对于 PHP7.4 又改进了约 10%。PHP 8.0 引入了 JIT 编译器特性，并加入了多种新的语言功能，如命名参数、联合类型、注解、Constructor Property Promotion、match 表达式、nullsafe 运算符以及对类型系统、错误处理和一致性的改进。PHP 核心开发团队保持每 5 年发布一个大版本、每月发布两个小版本的更新频率，最新的版本是 PHP8.0.8。PHP 7.0.0 发布于 2015 年 12 月 3 日，此版本下的最新版本是 PHP 7.4.21(发布日期：2021 年 7 月 1 日)，而 PHP 8.0.0 发布于 2020 年 11 月 26 日，此版本下的最新版本是 PHP 8.0.8(发布日期：2021 年 7 月 1 日)。

4) 跨平台

针对不同平台的需求，每个平台都有对应的 PHP 解释器版本，可以编译出目标平台的二进制码(PHP 解释器)。因此，使用 PHP 开发的程序无须修改即可在 Windows、Linux、Unix 等多个操作系统上运行。

5) 常驻内存

在 php-cli 模式下，PHP 可以实现程序常驻内存。其各种变量和数据库连接都能长久保存在内存中，从而实现了资源的复用。

6) 页面生命周期

在 php-fpm 模式下，所有的变量都是页面级的。无论是全局变量还是类的静态成员，都会在页面执行完毕后被清空。这种方式对程序员水平要求较低，占用内存非常少，非常适合中小型系统的开发。

◆ 知识点 2   Web 服务器

Web 服务器一般是指网站服务器，Web 程序是指驻留于互联网上的某种类型的计算机程序。Web 服务器可以向 Web 浏览器等客户端提供文档，也可以放置网站文件，让全世界的人们浏览，更可以放置数据文件，让全世界的人们下载。

Web 服务器也称为 WWW 服务器(World Wide Web，万维网或环球信息网)，其主要功能是提供网上信息浏览服务。WWW 是 Internet 的多媒体信息查询工具，是 Internet 上发展起来的服务，也是发展最快和目前使用最广泛的服务。下边分别介绍常用的服务器软件、常见的集成环境和常用的编辑器。

1. 常用的 Web 服务器软件

1) Apache

Apache 是全球使用广泛的 Web 服务器软件。它基本上能够在普遍使用的电子计算机服务平台上运作。Apache 来源于 NCSAhttpd 服务器，历经数次改动变成了世界最时兴的 Web 服务器软件之一。Apache 源自 "apatchyserver" 的读音，意思是填满补丁的服务器。Apache 的特点是简易，速度更快，特性平稳，并可作为代理服务器来使用。

2) Nginx

Nginx(engine x)是一个高性能的 HTTP 和反向代理 Web 服务器，同时也提供了 IMAP/

POP3/SMTP 服务。Nginx 是由伊戈尔·赛索耶夫为俄罗斯访问量第二的 Rambler.ru 站点(俄文：Рамблер)开发的，公开版本 1.19.6 发布于 2020 年 12 月 15 日，其将源代码以类 BSD 许可证的形式发布。它以稳定性、丰富的功能集、简单的配置文件和低系统资源的消耗而闻名。2022 年 1 月 25 日 Nginx 1.21.6 发布。Nginx 是一款轻量级的 Web 服务器/反向代理服务器及电子邮件(IMAP/POP3)代理服务器，在 BSD-like 协议下发行。其特点是占有内存少，并发能力强，事实上 Nginx 的并发能力在同类型的网页服务器中表现较好。

3) IIS

IIS(Internet Information Server，Internet 数据服务)是微软公司主打的服务器。全新的版本号是 Windows 2016 中的 IIS10。IIS 与 Window Server 彻底集成在一起，因此客户可以运用 Windows Server 和 TFS(NT File System，NT 的系统文件)内嵌的安全站点创建强劲、灵便且安全的 Internet 应用。

2. 常见的集成环境

常见的集成环境有以下几种：

XAMPP(Apache + MySQL + PHP + Perl)是一个功能强大的建站集成软件包。这个软件包原来的名字是 LAMPP，但是为了避免开发人员的误解，最新的几个版本改名为 XAMPP 了。它可以在 Windows、Linux、Solaris、Mac OS X 等多种操作系统下安装使用，支持英文、简体中文、繁体中文、韩文、俄文、日文等。

WampServer 是一款由法国人开发的 Apache Web 服务器、PHP 解释器以及 MySQL 数据库的整合软件包，它免去了开发人员将时间花费在烦琐的配置环境过程上，使开发人员可以腾出更多精力去做开发。WampServer 就是 Windows Apache MySQL PHP 集成安装环境，即在 Windows 下的 Apache、PHP 和 MySQL 的服务器软件。

phpStudy 是一个 PHP 调试环境的程序集成包。该程序包集成了最新的 Apache + PHP + MySQL + phpMyAdmin + ZendOptimizer，并且一次性安装，无须配置即可使用，是非常方便、好用的 PHP 调试环境。该程序不仅包括 PHP 调试环境，还包括开发工具、开发手册等。该程序为绿色环境，解压即用，切换版本相当方便。

3. 常用的 PHP 编辑器

PHP 编译器主要有以下几种：

1) SublimeText3

SublimeText3 是一款目前非常流行的代码编辑器，优点是：体积适中，软件大小在 40 MB 左右，运行流畅，有丰富的插件和代码提示功能，建议选择英文版。缺点是：该软件需要收费使用。SublimeText3 具有漂亮的用户界面和强大的功能，如代码缩略图、Python 插件等。还可实现自定义键绑定、菜单和工具栏等功能。SublimeText3 的主要功能包括代码的拼写检查、完整的 Python API、Goto 功能、即时项目切换、多选择、多窗口切换等。此外，SublimeText3 是一个跨平台的编辑器，同时支持 Windows、Linux、Mac OS X 等操作系统。

2) Notepad++

Notepad++ 是在微软视窗环境之下的一个免费的代码编辑器。其使用时占用 CPU 较少，降低了电脑系统的能源消耗，轻巧且执行效率高，可完美地取代微软视窗的记事本。该软件支持 27 种语言的语法高亮显示(包括各种常见的源代码、脚本，能够很好地支持 .nfo 文件查看)，还支持自定义语言；同时该软件可自动检测文件类型，根据关键字显示节点，节点可自由折叠/打开，还可显示缩进引导线，使得代码显示得很有层次感。

3) PhpStorm

PhpStorm 是大多数 PHP 高级程序员爱不释手的一款编码的集成开发工具。它支持所有 PHP 语言功能，并提供最优秀的代码补全、重构、实时错误预防等功能。但是该工具运行的系统环境配置要求很高，建议初学者选择配置较好的电脑系统来开发项目。另外，因其函数参数提示功能较为复杂，故不建议初学者使用 PhpStorm。

4) VSCode

Visual Studio Code(VS Code/VSC)是一款免费开源的现代化轻量级代码编辑器，支持绝大部分主流的开发语言的语法高亮显示、智能代码补全、自定义快捷键、括号匹配和颜色区分等特性，同时支持插件扩展，并针对网页开发和云端应用开发做了优化。该软件支持跨平台使用，可在 Windows、Mac 以及 Linux 环境下使用。

5) HBuilder

HBuilder 是国产的编辑器软件。H 是 HTML 的缩写，Builder 是建设者。它是为前端开发者服务的通用 IDE。与 VSCode、Sublime、WebStorm 类似，它不仅可以开发普通的 Web 项目，也可以通过插件的安装，支持 PHP 等语言的编写。

 知识和能力拓展

XAMPP 服务器上如果需要运行多个网站，则需要配置虚拟主机，下边给出配置流程。

(1) 找到 XAMPP 安装目录下的 Apache 文件夹中的 conf 文件，打开其中的 httpd.conf 文件，可以增加监听端口号，这里加入监听 8080 端口，保存文件，关闭文件。

(2) 找到 XAMPP 安装目录下的 Apache 文件夹中的 extra 中的 httpd-vhosts.conf 文件，将以下内容加入文件最后，这样就可以在 F:/project 目录下完成代码编写了，直接访问 localhost:8080/文件名，就可以访问 php 文件。

```
<VirtualHost *:8080>
ServerAdmin localhost
    DocumentRoot "F:/project"
    <Directory "F:/project">
    Options Indexes FollowSymLinks Includes ExecCGI
    AllowOverride All
    Require all granted
    </Directory>
    ServerName dummy-host2.example.com
    ErrorLog "logs/dummy-host2.example.com-error.log"
    CustomLog "logs/dummy-host2.example.com-access.log" common
</VirtualHost>
```

 评价反馈

任 务 评 价 表

评价项目	评 价 要 素	评价满分	评价得分
知识技能评价	熟悉 PHP 的概念	20	
	掌握 PHP 开发环境的搭建	30	
	掌握 Web 服务器的配置方法	30	
课程思政评价	养成善于思考、深入研究的良好的自主学习习惯	20	
	整体评价	100	

任务 1.2　构建数据操作应用

 任务目标

(1) 掌握 PHP 标记、注释的基本使用方法。

(2) 掌握常量和变量在程序中的定义、使用与区别。

(3) 掌握 PHP 中的数据类型和运算符的运用。

(4) 通过学习情境与学习任务教学，培养学习者分析问题、解决问题的能力。

 任务书

根据项目需求，实现数据操作项目。

子任务 1：实现显示服务器信息。

运行 PHP 程序，并在网页展示系统和服务器信息，如图 1-14 所示。

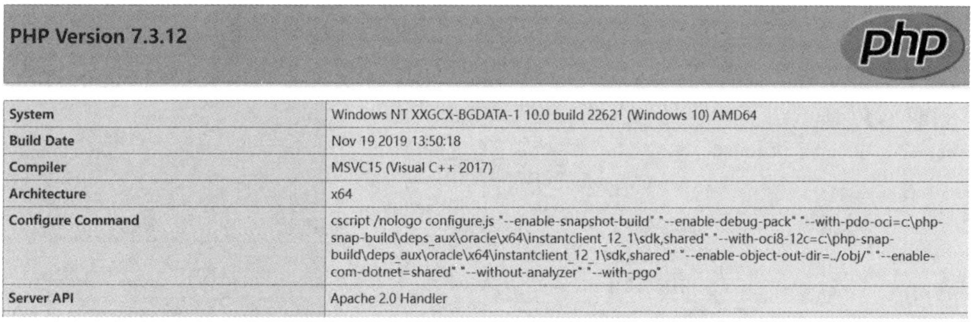

PHP Version 7.3.12	php
System	Windows NT XXGCX-BGDATA-1 10.0 build 22621 (Windows 10) AMD64
Build Date	Nov 19 2019 13:50:18
Compiler	MSVC15 (Visual C++ 2017)
Architecture	x64
Configure Command	cscript /nologo configure.js "--enable-snapshot-build" "--enable-debug-pack" "--with-pdo-oci=c\php-snap-build\deps_aux\oracle\x64\instantclient_12_1\sdk,shared" "--with-oci8-12c=c\php-snap-build\deps_aux\oracle\x64\instantclient_12_1\sdk,shared" "--enable-object-out-dir=../obj/" "--enable-com-dotnet=shared" "--without-analyzer" "--with-pgo"
Server API	Apache 2.0 Handler

图 1-14　输出效果

子任务 2：实现两个变量值的交换。

编写 PHP 程序，实现在网页上显示初始的两个变量的值，并完成变量值的交换，最后将结果输出在网页上。程序的运行结果如图 1-15 所示。

交换两个变量的值

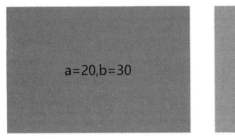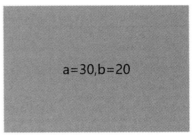

图 1-15　交换效果

子任务 3：计算给定半径圆的面积和周长。

编写 PHP 程序，实现在网页上显示给定半径圆的面积和周长，并将圆输出在网页上。程序的运行结果如图 1-16 所示。

圆的面积和周长

圆的面积为：282600

圆的周长为：1884

图 1-16　计算效果图

子任务 4：实现 HTML 页面以表格的形式显示商品的订单详情信息。

编写 PHP 程序，在页面中通过表格将商品订单的详情信息输出在页面中。程序的运行结果如图 1-17 所示。

商品展示页面

商品序号	商品名称	商品数量	商品价格	总价
1	草莓味冰淇淋	10	5.5	55
2	香草味冰淇淋	5	4.5	22.5
3	原味冰淇淋	10	3.5	35

图 1-17　商品展示效果图

子任务 5：比较三个数的大小，输出其中的最大值。

编写 PHP 程序，在页面定义三个整型变量的值，比较三个整数的大小，将其中的最大值输出到页面中。程序的运行结果如图 1-18 所示。

输出三个数中的最大值

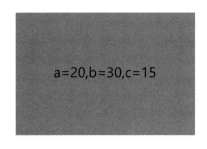

图 1-18　最大值输出效果

 任务实施

1. PHP 标记与注释

子任务 1 的实现代码如下：

```php
<?php
//输出服务器、PHP 版本信息
/*echo 函数为打印输出函数，phpinfo( )为详细信息输出*/
echo phpinfo( );
?>
```

通过上面的例子我们可以看到，PHP 语言的开始标记和结束标记分别为<?php 和?>，在标记范围内编写 PHP 代码，PHP 解释器才对其进行解释，而对于其他的内容 PHP 解释器并不会处理其具体用法。

PHP 中的代码注释分为单行注释(用//标注)和多行注释(用/*和*/标注)，注释的作用只是对代码的解释说明，并不会被程序执行。

2. PHP 中的常量与变量

(1) 子任务 2 的代码实现如下：

```php
<?php
//定义两个变量 代码块 A
$a = 20;
$b = 30;
?>
<html>
    <head>
        <title>交换两个变量的值</title>
        <style type="text/css">
            h3{
                text-align: center;
```

```
            }
            .container{
                display: flex;
                justify-content: center;
                margin: 20px;
            }

            .pre{
                width: 300px;
                height: 200px;
                background-color: chocolate;
                margin: 20px;
                font-size: 20px;
                text-align: center;
                line-height: 200px;
            }
            .current{
                width: 300px;
                height: 200px;
                background-color: coral;
                margin: 20px;
                font-size: 20px;
                text-align: center;
                line-height: 200px;
            }
        </style>
    </head>
    <body>
        <h3>交换两个变量的值</h3>
        <div class="container">
            <div class="pre">
                <?php
                //输出变量值  代码块 B
                echo 'a=',$a;
                echo ",";
                echo 'b=',$b;
                echo "<br />";
                ?>
            </div>
```

```php
<?php
//定义一个中间变量，作为交换的中间容器  代码块 C
$c = $a;
$a = $b;
$b = $c;
?>
<div class="current">
    <?php
    //输出变量值  代码块 D
    echo 'a=',$a;
    echo ",";
    echo 'b=',$b;
    echo "<br />";
    ?>
</div>
        </div>


    </body>
</html>
```

通过上面的实例可以看到 PHP 中如何定义一个普通变量，即使用$加变量名的方式来定义，如代码块 A 所示。使用赋值符号"="可指定变量的值或者对其进行改变，如代码块 C 所示。如果要输出变量的值，可以使用 echo 关键字，echo 后边直接跟随"$变量名"即可。

上述实例的主要实现思路为：第一步代码块 A 定义了两个变量 a 和 b，并且对其中的 a 和 b 分别赋值为 20 和 30；第二步代码块 B 中将 a 和 b 的值进行打印输出，将结果输出在对应的 div 中；第三步在代码块 C 中交换 a 和 b 两个变量的值，此时需要借助第三个遍历实现，因此定义新的变量 c，将 a 变量的值赋值给 c，再将 b 变量的值赋值给 a，接着在代码块 D 中将 c 的值赋值给 b，完成变量值的交换；最后一步将变量 a 和 b 的值输出到对应的 div 中。

(2) 子任务 3 的具体实现如下：

```php
<?php
//定义一个常量  代码块 A
const PI = 3.14;
$r = 300;
?>
<html>
    <head>
        <title>圆的面积和周长</title>
        <style type="text/css">
```

```
        h2{
            text-align: center;
        }
        .container{
            display:flex;
            justify-content: center;
            align-items: center;
            flex-direction: column;
        }
        .circle{
            /*代码块 B*/
            width: <?php echo $r."px"?>;
            height: <?php echo $r."px"?>;
            border-radius: 50%;
            background-color: red;
        }
    </style>
</head>
<body>
    <h2>圆的面积和周长</h2>
    <div class="container">
        <div class="circle">

        </div>
        <div class="result">
            <!--代码块 C-->
            <p>圆的面积为：<?php echo PI*$r*$r;?></p>
            <p>圆的周长为：<?php echo PI*2*$r;?></p>
        </div>
    </div>

</body>
</html>
```

　　通过上面的实例，可以看到 PHP 中使用"const"关键字加变量名的方法定义一个常量。通常情况下规定常量名为大写形式，并在定义常量的同时需要对其进行赋值，且不能更改该常量的值，如代码块 A 所示。后续代码块中可以直接使用常量名操作其值。

　　(3) 子任务 3 具体实现思路为：首先在代码块 A 中定义了一个常量 PI 和一个变量半径 r；其次在代码块 B 中将圆的宽度和高度都定义为半径的大小；接着在代码块 C 中使用 PHP 中的算术运算符*进行计算，并将结果在页面中输出。

3. PHP 中的数据类型和运算符

(1) 子任务 4 的具体代码实现如下：

```php
<?php
//代码块 A
//第一种冰淇淋
$one_name = '草莓味冰淇淋';
$one_num = 10;
$one_price = 5.5;
//第二种冰淇淋
$two_name = "香草味冰淇淋";
$two_num = 5;
$two_price = 4.5;
//第三种冰淇淋
$three_name = '原味冰淇淋';
$three_num = 10;
$three_price = 3.5;
?>
<html>
    <head>
        <title></title>
        <style type="text/css">
            table{
                margin: 0 auto;
            }
            th{
                width: 150px;
                text-align: center;
            }
            td{
                text-align: center;
            }
        </style>
    </head>
    <body>
        <h2 style="text-align: center;">商品展示页面</h2>
        <table border="" cellspacing="" cellpadding="">
            <tr>
                <th>商品序号</th>
                <th>商品名称</th>
```

```
                <th>商品数量</th>
                <th>商品价格</th>
                <th>总价</th>
            </tr>
            <tr>

            <!--代码块 B-->
            <td>1</td>
            <td><?php echo $one_name; ?></td>
            <td><?php echo $one_num; ?></td>
            <td><?php echo $one_price; ?></td>
            <td><?php echo $one_num*$one_price; ?></td>
            </tr>
            <tr>

            <!--代码块 B-->
            <td>2</td>
            <td><?php echo $two_name; ?></td>
            <td><?php echo $two_num; ?></td>
            <td><?php echo $two_price; ?></td>
            <td><?php echo $two_num*$two_price; ?></td>
            </tr>
            <tr>

            <!--代码块 B-->
            <td>3</td>
            <td><?php echo $three_name; ?></td>
            <td><?php echo $three_num; ?></td>
            <td><?php echo $three_price; ?></td>
            <td><?php echo $three_num*$three_price; ?></td>
            </tr>
        </table>
    </body>
</html>
```

在上面的示例代码中，代码块 A 中定义的不同变量采用了不同的数据类型，如 one_name、two_name、three_name 的数据类型为字符串类型；one_num、two_num、three_num 的数据类型为数字整型，即整数形式；one_price、two_price、three_price 的数据类型为数字的小数类型，即浮点数类型。在代码 B 模块中借助 PHP 的算术运算符计算商品的总价，商品总价的计算结果出现浮点数的部分自动变成了整数类型，实现了 PHP 不同变量类型的自动转换。

(2) 子任务 5 的具体实现如下：

```php
<?php
//代码块 A
//定义两个变量
$a = 20;
$b = 30;
$c = 15;
?>
<html>
    <head>
        <title>输出三个数中的最大值</title>
        <style type="text/css">
            h3{
                text-align: center;
            }
            .container{
                display: flex;
                justify-content: center;
                margin: 20px;
            }

            .pre{
                width: 300px;
                height: 200px;
                background-color: chocolate;
                margin: 20px;
                font-size: 20px;
                text-align: center;
                line-height: 200px;
            }
            .current{
                width: 300px;
                height: 200px;
                background-color: coral;
                margin: 20px;
                font-size: 20px;
                text-align: center;
                line-height: 200px;
            }
        </style>
```

```php
</head>
<body>
    <h3>输出三个数中的最大值</h3>
    <div class="container">
        <div class="pre">
            <?php
            //代码块 B
            //输出变量值
            echo 'a=',$a;
            echo ",";
            echo 'b=',$b;
            echo ",";
            echo "c",$c;
            ?>
        </div>
        <?php
        //代码块 C
        //定义一个最大值
        $max;
        //使用三目运算符  计算最大值
        $max = ($a>$b&&$a>$c)?$a:(($b>$c)?$b:$c)
        ?>
        <div class="current">
            <?php
            //代码块 D
            //输出变量值
            echo '最大值为：'.$max;
            ?>
        </div>
    </div>
</body>
</html>
```

　　在上述的代码示例中，代码块 B 中同样进行了隐式类型转换，将数字类型隐式转换成了字符串类型。此外，借助 PHP 中的比较运算符 ">" "<" 在代码块 C 中比较两个变量的值的大小，同时使用三目运算符，完成简单的逻辑判断(三目运算符表达式的形式为表达式1? 表达式 2:表达式 3)，进而比较出最大的一个数，并且使用 "( )" 来规定优先级，将先进行计算的使用小括号括起来，完成比较过程。需要注意的是，在结果的输出部分借助了"."符号实现 PHP 字符串的拼接。

知识链接

通过完成相关任务，对其中的知识点进行总结和归纳。具体知识点如下所述。

◆ **知识点 1　PHP 的标记、注释和输出函数**

1. PHP 标记

PHP 语言是嵌入式脚本语言，它在实际开发中经常会与 HTML 内容混编在一起，为了区分 HTML 与 PHP 代码，需要使用标记对 PHP 代码进行标识。凡是在 PHP 标识之外的内容都会被 PHP 解析器忽略，这也使得 PHP 文件可以同网页的其他内容混合，可以使 PHP 嵌入 HTML 文档中。表 1-1 中列举了常见的四种 PHP 标识符。

表 1-1　标 记 类 型 表

标记类型	开 始 标 记	结束标记	开　启　项
标准标记	<?php	?>	强制开启
短标记	<?	?>	需要在配置文件 php.ini 中启用 short_open_tag 选项
ASP 式标记	<%	%>	PHP7 已废除
Script 标记	<script language="php">	</script>	PHP7 已废除

2. PHP 注释

在编写 PHP 代码时如果需要对某一行代码进行注释标记，则称为单行注释。声明单行注释有两种方式，分别使用 "#" 和反斜杠 "//"。如果需要对多行内容进行注释说明，则注释的内容需要包含在/*和*/中，以 "/*" 开头，以 "*/" 结尾。其中需要注意的是，单行注释中使用最广泛的是 "//"，多行注释不能相互嵌套使用。

3. 简单的输出语句

PHP 的输出语句有很多，其中常用的有 echo、print、print_r( )和 var_dump( )。echo 可以将变量、表达式等输出，如果输出多个数据，数据之间使用逗号 "," 分隔；print 与 echo 的用法相同，但 print 只能输出一个值；print_r( )为 PHP 的内置函数，它可输出任意类型的数据，如字符串、数组等；var_dump( )输出函数可以输出一个或多个任意类型的数据，同时还可以输出数据的类型和元素个数。

◆ **知识点 2　PHP 中的变量、赋值类型和常量**

1. 变量

变量是程序语言中能够存储结果或者表示数据的单元。可以将变量理解成临时存储值的容器，它可以存储数字、文本或者一些复杂的数据等。在程序开发过程中需要给变量起一个名字进行标记。在 PHP 中，变量是由$符号和变量名组成的，其命名规则如下：

(1) 变量必须以$符号开头，其后是变量的名称。$并不是变量名的一部分。

(2) 变量名必须以字母或下画线开头。

(3) 变量名不能以数字开头。

(4) 变量名只能包含字母(A～z)、数字(0～9)和下画线(_)；与其他语言不同的是，PHP 中的一些关键字也可以作为变量名，如$true、$for。

根据 PHP 中变量的命名规则，$number、$_a 为合法的变量名，而$123、$*math 为非法变量名。

2. 赋值类型

在 PHP 中，变量的赋值有两种主要方式，即传值赋值和引用赋值。这两种赋值方式在处理数据时表现出显著的差异。在默认情况下，PHP 使用传值赋值的方式。传值赋值是通过 "=" 符号实现的，这个符号将等号右边的数据赋值给等号左边的变量。相反，引用赋值是在要赋值的变量前添加 "&" 符号。例如：

```php
//普通传值赋值
$name = "张三";
$age = 20;
//引用赋值
$name_new = &$name;
//此时如果 name 变量或者 name_new 变量改变
//另一个也会受到影响
$name_new = "李四";
echo $name;//李四
```

3. 常量

常量是编程中的一种特殊变量，其特点是一旦被定义和赋值，就不能被修改或取消定义。在 PHP 中，我们使用 define( )函数来创建常量。与普通变量不同，常量前面没有美元符号($)。这意味着我们不能更改常量的值。

常量的作用域是全局的，这意味着在整个脚本中，我们可以访问和修改这个常量。然而，一旦常量被定义，我们就不能再重新定义或取消定义它。这是因为 PHP 的设计者定义常量是不可变的，以保证程序的稳定性和一致性。

下面的例子展示了如何使用 define( )函数来定义一个常量。

```php
define('PAI', '3.14');
define('R', '3', true);          // true 不区分大小写
echo '圆周率=', PAI;            // 输出结果：圆周率=3.14
echo '半径=', R;                // 输出结果：半径=3
echo '半径=', r;                // 输出结果：半径=3
```

在这个例子中，我们定义了一个名为 "PI" 的常量，并赋值为 3.141 59。然后我们使用 echo 语句输出这个常量的值。如果尝试更改常量的值，则 PHP 将会给出一个错误消息，告诉我们不能改变常量的值。

◆ **知识点 3   PHP 的数据类型**

PHP 的数据类型决定了变量可以存储何种类型的数据。在 PHP 中，数据类型可以分为三大类：标量数据类型、复合数据类型和特殊数据类型。

标量数据类型包括四种：整型(int、integer)、浮点型(float、double、real)、布尔型(bool、boolean)和字符串(string)。整型用来表示整数；浮点型用于表示带有小数部分的数字；布尔型只有两个值，即"true"和"false"；字符串则是一系列字符的集合。

复合数据类型包括两种：数组(array)和对象(object)。数组是一个有序集合，可以包含多个元素，这些元素可以是任何数据类型。而对象则是一种复杂的数据类型，它可以包含属性和方法，用于描述某个特定的实体。

特殊数据类型包括两种：资源(resource)和空值(NULL)。资源是一种特殊的标量数据类型，用于保存 PHP 运行环境分配的资源。空值表示变量没有赋值或没有定义。

掌握 PHP 的数据类型对于编写有效的 PHP 代码至关重要，因为不同的数据类型有不同的操作方式和性能特性。

1. 整型

整型数据类型在 PHP 中用于表示整数。它可以由十进制数、八进制数和十六进制数指定，并且可以用负号表示负数。整型数据类型的变量必须至少包含一个数字(0 到 9)，并且不能包含逗号或空格。此外，整型数据类型不能包含小数点，但可以是正数或负数。

在使用整型数据类型时，需要注意以下几点：

(1) 八进制数使用 0 到 7 表示，且数字前必须加上 0。例如，0123 表示十进制的 8。

(2) 十六进制数使用 0 到 9 和 A 到 F 表示，数字前必须加上 0x。例如，0xFF 表示十进制的 255。

如果给定的整型数值超出了整型数据类型规定的范围，PHP 会自动将其转换为浮点型数据。这是为了确保在进行数值运算时不会发生溢出错误。例如：

```php
$x = 1234;          // 定义一个整型
var_dump($x);       // 1234
echo "<br>";
$x = -12;
var_dump($x);       //-12
echo "<br>";
$x = 0xFF;          //十六进制数字
var_dump($x);       //255
echo "<br>";
$x = 010;           //八进制数字
var_dump($x);       //12
```

2. 浮点型

浮点型在 PHP 中被称为 float 类型，可以表示整数和小数，有效的取值范围为 1.8E－308 到 1.8E＋308 之间。例如：

```php
$num1 = 3.14;
```

```
$num2 = 3.1e3;
$num3 = 3E-2;
var_dump($num1, $num2, $num3);    //float(3.14) float(3100) float(0.03)
```

3. 布尔型

布尔型是 PHP 中的一种特殊数据类型，用于表示逻辑上的真和假。布尔型数据只有两个取值，即"true"和"false"，分别对应逻辑上的真和假。

在 PHP 中，布尔型变量是不区分大小写的。也就是说，无论使用大写字母"TRUE"还是小写字母"true"来表示布尔值为真，它们都是等价的。同样地，使用大写字母"FALSE"或小写字母"false"来表示布尔值为假，也是等价的。下面以一些示例代码展示布尔型数据类型的用法和相关操作。

```php
<?php
    $x = True;
    $y = false;
    var_dump($x, $y);//bool(true) bool(false)
?>
```

4. 字符串类型

在 PHP 中，字符串是由一系列连续的字母、数字或字符组成的字符序列。PHP 中提供了多种字符串的表示方式，包括单引号、双引号、heredoc 语法结构和 nowdoc 语法结构。

单引号和双引号是 PHP 中两种常用的字符串表示方式，它们之间存在一些重要的区别。其中最大的区别在于解析过程：使用双引号时，双引号内的变量和转义字符会被解析出来；而使用单引号时，不管内容是什么，都会作为字符串原样输出。这意味着在双引号中，变量可以被正确解析和替换，而在单引号中则不会发生任何解析操作。

此外，在 heredoc 语法结构和 nowdoc 语法结构中，变量的处理方式也有所不同。在 heredoc 语法结构中，使用双引号括起来的内容会进行变量解析，其中的变量会被替换为实际的值；而在 nowdoc 语法结构中，使用单引号括起来的内容会原样输出，不会进行变量解析。例如：

```php
//双引号方式声明字符串
    $str1 = "abcd";
    //单引号方式声明字符串
    $str2 = 'PHP 教程';
    //heredoc 语法结构声明字符串
    $str3 = <<<EOF
        姓名：
        张三
EOF;
//nowdoc 语法结构声明字符串
$str4 = <<<'EOF'
        姓名：张三
EOF;
    echo $str1."<br>".$str2."<br>".$str3."<br>".$str4;
```

常用的转义字符如表 1-2 所示。

表 1-2　转义字符表

序　列	含　义
\n	换行(ASCII 字符集中的 LF 或 0x0A(10))
\\	反斜线
\$	美元标记
\"	双引号

5. 数据类型转换

在 PHP 中，当对两个不同类型的变量进行操作时，如果期望的结果类型不匹配，就需要进行数据类型转换。PHP 提供了自动类型转换和强制类型转换两种方式来进行数据类型转换。

自动类型转换：当两个不同类型的变量进行运算时，PHP 会自动将较小的数据类型转换为较大的数据类型，以满足运算的要求。例如，整数和浮点数进行运算时，整数会被自动转换为浮点数。这种自动类型转换无须开发人员手动干预，PHP 会根据运算规则自动完成类型转换。

强制类型转换：在某些情况下，我们可能希望将一个变量的数据类型转换为另一个特定的数据类型。这时可以使用强制类型转换来实现这一目的。强制类型转换需要编程人员手动进行，通过在要转换的数据或变量之前加上目标类型的括号来实现类型转换。例如，要将一个字符串类型的变量转换为整型，可以使用 int 来进行强制类型转换。

需要注意的是，强制类型转换可能会导致数据丢失或截断，因此要谨慎使用强制类型转换，确保转换后的数据符合预期要求。

◆ 知识点 4　运算符

在编程中，我们可以使用表达式来生成其他值。这些表达式由运算符和操作数(变量或常量)组成。根据运算符可以接收的值的数量，可以将运算符分为一元运算符、二元运算符和三元运算符。

一元运算符只能接收一个值作为输入，如逻辑取反运算符!和自增运算符 ++。它们对单个操作数进行操作并返回结果。

二元运算符可以接收两个值作为输入，如算术运算符 + 和 -，它们执行基本的数学操作并返回结果。大多数 PHP 的运算符都是二元运算符。

三元运算符可以接收三个值作为输入，实际上，将"三元运算符"称为"条件运算符"可能更加准确。三元运算符根据条件的真假选择性地返回两个值中的一个。

通过合理地运用不同类型的运算符，我们可以构建出复杂的表达式，实现各种计算和逻辑判断的目的。下面分别对运算符进行说明。

1. 算术运算符

算术运算(Arithmetic Operators)符是处理四则运算(加、减、乘、除四种运算)的符号，在数字的处理中应用得最多。常用的算术运算符如表 1-3 所示。

表 1-3　算术运算符表

例　子	名　称	结　果
+$a	标识	根据情况将$a 转换为 int 或 float
-$a	取反	$a 的负值
$a + $b	加法	$a 和$b 的和
$a - $b	减法	$a 和$b 的差
$a * $b	乘法	$a 和$b 的积
$a / $b	除法	$a 除以$b 的商
$a % $b	取模	$a 除以$b 的余数
$a ** $b	求幂	$a 的$b 次方

2. 字符串运算符

字符串运算符只有一个，即英文的句号 "."，它可以将两个字符串连接起来，拼接成一个新的字符串。与 Java 和 C 语言不同的是，PHP 里的 "+" 只能用作赋值运算符，而不能用作字符串运算符。例如：

```
$str1 = '张三';
$str2 = '是学生';
$str3 = $str1.$str2;
echo $str3;//张三是学生
```

3. 赋值运算符

在编程中，赋值运算符是用于将一个值赋给变量或表达式的符号。赋值运算符通常用单个等号 "=" 表示。它的作用是将右侧表达式的值赋给左侧的变量或表达式。换句话说，通过赋值运算符，我们可以将一个值存储在变量中，以便后续使用。除了基本的赋值运算符之外，还有一些组合运算符可以用于二元算术、数组和字符串操作。这些组合运算符允许我们在一个表达式中使用赋值运算符的结果，并将其赋给其他变量或表达式。赋值运算符的使用情况如表 1-4 所示。

表 1-4　赋值运算表

例　子	等同于	操　作
$a += $b	$a = $a + $b	加法
$a -= $b	$a = $a - $b	减法
$a *= $b	$a = $a * $b	乘法
$a /= $b	$a = $a / $b	除法
$a %= $b	$a = $a % $b	取模
$a **= $b	$a = $a ** $b	指数
$a .= $b	$a = $a . $b	字符串拼接

4. 自增和自减运算符

算术运算符适用于两个或更多操作数的情况。然而，当只有一个操作数时，使用算术运算符是不必要的。这时，可以使用递增(++)或递减(--)运算符来处理。

递增和递减运算符有两种使用方法：前置递增或递减运算符和后置递增或递减运算符。

前置递增或递减运算符(也称为前置自增自减运算符)是指首先将变量的值增加或减少 1，然后将更新后的值赋回给原变量。这种方法可以对变量进行连续的增加或减少操作。后置递增或递减运算符(后置自增自减运算符)是指首先返回变量的当前值，然后将变量的值增加或减少 1，并将更新后的值赋回给原变量。这种方法在需要先使用变量的值进行其他计算的情况下非常有用。例如：

```
$a = 1;
//后置++
$a++;echo $a;//2
//前置++
echo ++$a;//3
```

5. 比较运算符

比较运算符允许对两个值进行比较，具体使用如表 1-5 所示。

表 1-5　比较运算符表

例 子	名 称	描 述
$a==$b	等于	如果类型转换后$a 和$b 的值相等，则返回 TRUE,否则返回 FALSE
$a===$b	全等	如果$a 和$b 不仅值相等，而且值的类型也相等，则返回 TRUE，否则返回 FALSE
$a!= $b	不等于	如果类型转换后$a 的值不等于$b 的值，则返回 TRUE，否则返回 FALSE
$a<>$b	不等于	与!=相同，如果类型转换后$a 的值不等于$b 的值，则返回 TRUE，否则返回 FALSE
$a!==$b	不全等	如果$a 的值不等于$b 的值，或者值的类型不同，则返回 TRUE，否则返回 FALSE
$a<$b	小于	如果$a 的值小于$b 的值，则返回 TRUE，否则返回 FALSE
$a>$b	大于	如果$a 的值大于$b 的值，则返回 TRUE，否则返回 FALSE
$a<=$b	小于等于	如果$a 的值小于或者等于$b 的值,则返回 TRUE,否则返回 FALSE
$a>=$b	大于等于	如果$a 的值大于或者等于$b 的值,则返回 TRUE,否则返回 FALSE
$a<=>$b	太空船运算符 (组合比较符)	当$a 小于、等于、大于$b 时，分别返回一个小于、等于、大于 0 的整型值。PHP7 版本中开始提供这个运算符
$a??$b??$c	NULL 合并操作符	返回从左往右第一个存在且不为 NULL 的操作数。如果都没有定义且不为 NULL，则返回 NULL。PHP7 版本中开始提供这个运算符

6. 逻辑运算符

逻辑运算符用来组合逻辑运算的结果，是程序设计中一组非常重要的运算符。PHP 中的逻辑运算符如表 1-6 所示。

表 1-6　逻辑运算符表

例　子	名　称	结　果
$a and $b	And(逻辑与)	TRUE，如果$a 和$b 都为 TRUE
$a or $b	Or(逻辑或)	TRUE，如果$a 或$b 任一为 TRUE
$a xor $b	Xor(逻辑异或)	TRUE，如果$a 或$b 任一为 TRUE，但不同时是 TRUE
! $a	Not(逻辑非)	TRUE，如果$a 不为 TRUE
$a && $b	And(逻辑与)	TRUE，如果$a 和$b 都为 TRUE
$a || $b	Or(逻辑或)	TRUE，如果$a 或$b 任一为 TRUE

7. 三元运算符

三元运算符可以实现简单的条件判断功能，即根据第一个表达式的结果在另外两个表达式中选择一个并执行。三元运算符也被称为三目运算符或者条件运算符。三元运算符的语法格式如下：

```
(expr1)?(expr2):(expr3); //表达式 1?表达式 2:表达式 3
```

例如：

```
$a = 10;
$a % 2 == 0 ? print '$a 是偶数！' : print '$a 是奇数！';
//$a 是偶数
```

8. 运算符的优先级

表达式中各个运算符是有参与运算的先后顺序的，例如，先乘除，后加减。具体使用如表 1-7 所示。

表 1-7　运算优先级表

结合方向	运　算　符
无	new
左	[
右	++　--　~　(int)　(float)　(string)　(array)　(object)　@
无	Instanceof
右	!
左	*　/　%
左	+　-　.
左	<<　>>
无	==　!=　===　!==　<>

续表

结合方向	运　算　符
左	&
左	^
左	|
左	&&
左	||
左	? :
右	=　+=　-=　*=　/=　.=　%=　&=　|=　^=　<<=　>>=
左	and
左	Xor
左	Or
左	,

从表 1-7 中可以看出，同一行的运算符具有相同的优先级；左结合方向表示同级运算符的执行顺序为从左到右；右结合方向则表示执行顺序为从右到左；圆括号()的优先级别最高。例如，4+3*2 的输出结果为 10，(4+3)*2 的输出结果为 14。

 知识和能力拓展

1. PHP 中常用的预定义常量

PHP 可以用预定义常量来获取 PHP 中的信息。常用的预定义常量如下：

__FILE__：默认常量，是指 PHP 程序的文件名及路径。

__LINE__：默认常量，是指 PHP 程序的行数。

__CLASS__：类的名称(PHP 4.3.0 新加)。自 PHP 5 起常量返回该类被定义时的名字(区分大小写)。在 PHP 4 中该值总是小写字母的。

__METHOD__：类的方法名(PHP 5.0.0 新加)。返回该方法被定义时的名字(区分大小写)。

PHP_VERSION：内建常量，是指 PHP 程序的版本。

PHP_OS：内建常量，是指 PHP 解析器的操作系统的名称。

TRUE：是指真值(TRUE)。

FALSE：是指假值(FALSE)。

NULL：是指空值(NULL)。

E_ERROR：是指最近的错误之处。

E_WARNING：是指最近的警告之处。

E_PARSE：是指解析语法有潜在问题之处。

E_NOTICE：是指发生不同寻常的提示，但不一定是错误之处。

注意："__FILE__""__LINE__""__CLASS__"和"__METHOD__"中的"__"是指两个下画线，不是指一个下画线。

2. empty( )函数和 isset( )函数

在 PHP 中经常用来判断变量是否为空的函数有两个：empty( )和 isset( )，二者都可以用来检查变量是否为空，但在很多方面还是存在区别的。

1) 共同点

(1) 都可以判定一个变量是否为空。

(2) 都返回 boolean 类型，即 TRUE 或 FALSE。

2) 区别

empty( )函数用于检查一个变量是否为空。当一个变量并不存在，或者它的值等同于 FALSE 时，那么它会被认为不存在。如果变量不存在的话，empty( )并不会产生警告。

isset( )函数用于检测变量是否已设置并且非 NULL。如果已经使用 unset( )释放了一个变量，则再通过 isset( )判断将返回 FALSE。若使用 isset( )测试一个被设置成 NULL 的变量，将返回 FALSE。

 评价反馈

任 务 评 价 表

评价项目	评 价 要 素	评价满分	评价得分
知识技能评价	掌握 PHP 标记、注释的基本使用	20	
	掌握常量和变量在程序中的定义、使用与区别	30	
	掌握 PHP 中的数据类型和运算符的运用	30	
课程思政评价	通过学习情境与学习任务教学，培养学习者分析问题、解决问题的能力	20	
整体评价		100	

任务 1.3　构建功能盒子应用

 任务目标

(1) 掌握分支语句的使用方法。

(2) 掌握循环语句的使用方法。

(3) 掌握程序跳转以及终止语句的使用方法。

(4) 通过完成本任务，培养读者对祖国的热爱之情。

 任务书

根据功能需求，使用 PHP 实现下列子任务中的一系列功能，实现功能盒子项目。

子任务 1：期末考试结束了，老师需要统计学生的成绩并根据成绩对学生本学期的表现给出一个评价。90 分以上给出优，80～90 分给出良，70～80 分给出中，70～60 给出及格，60 分以下给出不及格。本任务是编写一个 PHP 程序，使得其能够根据输入的成绩对学生作出正确的评价。实现的网页效果如图 1-19 所示。

成绩级别输出

您取得的考试成绩为：85考得不错，
成绩的级别为：良！

图 1-19　成绩评判效果图

子任务 2：辗转相除法又名欧几里得算法，即求两个正整数的最大公因子的算法。它首次出现于欧几里得的《几何原本》，在中国也称为更相减损术，可追溯至东汉时的《九章算术》。利用 PHP 程序实现这个古老的算法，使得给出任意两个正整数，程序能够计算出它们的最大公约数。实现的网页效果如图 1-20 所示。

输出两个数的最大公约数

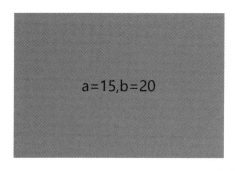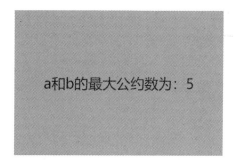

a=15,b=20

a和b的最大公约数为：5

图 1-20　最大公约数求解效果图

子任务 3：乘法口诀表是中国古代筹算中进行乘法、除法、开方等运算的基本计算规则。通过考古发现，在湘西里耶古城出土的一枚秦简(距今 2200 多年)上有乘法口诀表，这枚秦简被考证为中国现今发现的最早的乘法口诀表实物，比西方最早的乘法口诀表早 600 多年。通过 PHP 实现九九乘法口诀表，并拓展成 n×n 结构的乘法表格。实现的网页效果如图 1-21 所示。

九九乘法表

1*1=1								
1*2=2	2*2=4							
1*3=3	2*3=6	3*3=9						
1*4=4	2*4=8	3*4=12	4*4=16					
1*5=5	2*5=10	3*5=15	4*5=20	5*5=25				
1*6=6	2*6=12	3*6=18	4*6=24	5*6=30	6*6=36			
1*7=7	2*7=14	3*7=21	4*7=28	5*7=35	6*7=42	7*7=49		
1*8=8	2*8=16	3*8=24	4*8=32	5*8=40	6*8=48	7*8=56	8*8=64	
1*9=9	2*9=18	3*9=27	4*9=36	5*9=45	6*9=54	7*9=63	8*9=72	9*9=81

图 1-21　九九乘法表效果图

子任务 4：2020 年 5 月，中国珠峰高程测量登山队第一次在珠穆朗玛峰的顶峰接收来自北斗卫星的信号，测得珠峰"新身高"——8848.86 米！这是珠峰的新高度，也是中国测绘、中国制造、中国北斗的新高度。通过 PHP 循环和跳转语句知识的综合运用，请同学们计算出如果存在一张厚度为 0.1 毫米并且足够大的纸，对折多少次以后就能达到珠穆朗玛峰的高度。实现的网页效果如图 1-22 所示。

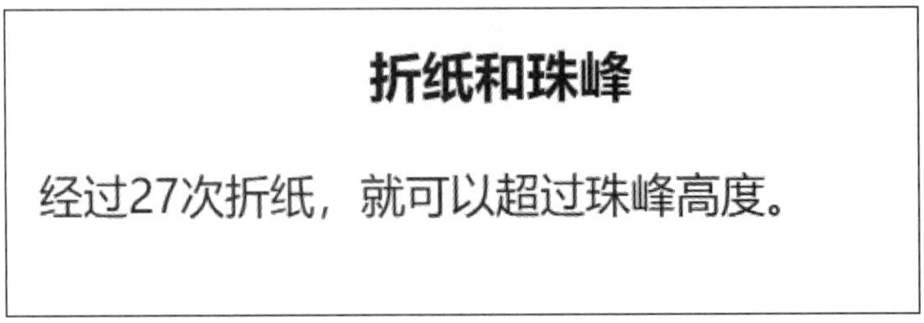

折纸和珠峰

经过27次折纸，就可以超过珠峰高度。

图 1-22   折纸计算效果图

 任务实施

1. 分支结构语句——if…else…语句

子任务 1 主要对应 if 语句的使用，其具体实现代码如下：

```php
<?php
//代码块 A
$score = 85
?>
<html>
    <head>
        <title>成绩级别输出</title>
        <style>
            div{
                width: 330px;
                margin: 0 auto;
            }
        </style>
    </head>
    <body>
        <h3 style="text-align: center;">成绩级别输出</h3>
        <div class="">
            <?php
            //代码块 B
            echo '您取得的考试成绩为:'.$score;
                if ($score > 90) {
            echo '恭喜你, <br />成绩的级别为：优！';
            } else if ($score > 70) {
```

```
            echo '考得不错，<br />成绩的级别为：良！';
        } else if ($score > 60) {
            echo '需要继续努力了，<br />成绩的级别为：中！';
        } else {
            echo '不及格，<br />成绩的级别为：差！';
        }
        ?>
    </div>
</body>
</html>
```

通过子任务 1，可以清楚地掌握 if 语句的特点，并配合使用 else，可以将代码逻辑上一分为二，变成不同的两个分支。该实例使用了 else…if 的方式，使逻辑变得更加清晰，形成互补的关系，完成逻辑判断的闭环。

子任务 1 的主要实现思路：第一步，如代码块 A 所示，定义一个变量，作为输入的分数；第二步，使用 if…else if…else 语法块，如代码块 B 所示，输入不同的分数的逻辑判断。

2．循环结构语句——while 语句、do…while 语句、for 语句

(1) 子任务 2 的实现代码如下所示。

```
<?php
//代码块 A
$a=15;
$b=20;
//代码块 B

?>
<html>
    <head>
        <title>输出两个数的最大公约数</title>
        <style type="text/css">
            h3{
                text-align: center;
            }
            .container{
                display: flex;
                justify-content: center;
                margin: 20px;
            }

            .pre{
```

```
                width: 300px;

                height: 200px;

                background-color: chocolate;

                margin: 20px;

                font-size: 20px;

                text-align: center;

                line-height: 200px;

        }

            .current{

                width: 300px;

                height: 200px;

                background-color: coral;

                margin: 20px;

                font-size: 20px;

                text-align: center;

                line-height: 200px;

            }

    </style>

</head>

<body>

        <h3>输出两个数的最大公约数</h3>

        <div class="container">

            <div class="pre">

                    <?php

                    //代码块 B

                    //输出变量值

                    echo 'a=',$a;

                    echo ",";

                    echo 'b=',$b;

                    ?>

            </div>

            <?php

            //代码块 C

            //使用 while 循环进行计算

            while($b!=0){

                $c = $a;

                $a = $b;

                $b = $c%$b;

            }
```

```
                    ?>
                <div class="current">
                        <?php
                        //代码块 D
                        //输出变量值
                        echo 'a 和 b 的最大公约数为：'.$a;
                        ?>
                </div>
            </div>

        </body>
    </html>
```

通过子任务 2 可以看到 PHP 的 while 循环的使用。while 循环只要满足指定条件就一直运行循环体内代码，直到满足条件才能退出循环，如代码块 C 所示。

子任务 2 的实现主要思路：第一步，如代码块 A 所示，定义两个变量，求这两个变量的最大公约数；第二步，如代码块 B 所示，输出两个变量的内容，展示两个变量的值；第三步，如代码块 C 所示，使用 while 循环，使用辗转相除法，只要满足变量 b 的值等于 0 的条件，此时变量 a 的值就为两个数的最大公约数；第四步，如代码块 D 所示，输出两个变量的最大公约数，完成代码的功能。

(2) 子任务 3 的主要实现代码如下所示。

```
<!DOCTYPE html>
<html>
    <head>
        <meta charset="UTF-8">
        <title>九九乘法表</title>
        <style type="text/css">
            table{
                margin: 0 auto;
                border-bottom: 1px solid black;
                border-left: 1px solid black;
            }
            td{
                width: 100px;
                border-right: 1px solid black;
                border-top: 1px solid black;
                text-align: center;
            }
            tr:nth-child(2n){
                background-color: azure;
```

```
                }
            tr:nth-child(2n+1){
                    background-color: aquamarine;
                }
        </style>
    </head>
    <body>
        <h3 style="text-align: center;">九九乘法表</h3>
        <table border="0" cellspacing="0" cellpadding="0">
            <!--代码块 A-->
            <?php for($i=1;$i<=9;$i++): ?>
            <tr>
                <!--代码块 B-->
                <?php for($j=1;$j<=$i;$j++):?>
                <!--代码块 C-->
                <td><?php echo "{$j}*{$i}=".($i*$j); ?></td>
                <!--代码块 D-->
                <?php endfor?>
            </tr>
            <?php endfor?>
        </table>
    </body>
</html>
```

通过子任务 3 可以看到 PHP 的 for 循环的使用。for 循环主要用于可以知道循环次数的逻辑编写。本实例展示了 for 循环的嵌套使用方式，同时展示了 for 循环的流程控制替代语句编写方式。在此基础上完成 for 循环的编写，可使得 PHP 可以更好地嵌入 HTML 文档中。

子任务 3 的主要实现思路：第一步，分析九九乘法表的形式可以看出，九九乘法表的形式主要是两个数的乘法形式，需要使用两个变量相乘实现；第二步，九九乘法表中的每个乘法运算，第一个数是每列号的值，而第二数是每行的行号值；第三步，判断需要使用双重循环，外层循环表示行号，循环范围为 1～9，内层循环表示列号，范围为 1 到此时的行数号；第四步，将每个表达式输出，将运算结果输出。

3. 跳转语句——break 语句

子任务 4 的代码实现如下所示。

```php
<?php
//代码块 A
//定义一个变量记录次数
$n = 0;
//定义珠峰高度
$height = 8848.86;
```

```php
//定义纸张的厚度，使用和珠峰一样的单位 m
$thickness = 0.0001;
?>
<!DOCTYPE html>
<html>
    <head>
        <meta charset="UTF-8">
        <title>折纸和珠峰</title>
        <style>
            div{
                width: 330px;
                margin: 0 auto;
            }
        </style>
    </head>
    <body>
        <h3 style="text-align: center;">折纸和珠峰</h3>
        <div class="">
            <?php
            //代码块 B
            while(TRUE){
                if($thickness>8848.86){
                    break;
                }
                $n = $n+1;
                $thickness = $thickness*2;


            }
            echo "经过".$n.'次折纸，就可以超过珠峰高度。';
             ?>
        </div>
    </body>
</html>
```

通过子任务 4 可以看到 break 的具体使用方式。通过使用 break 语句，可以跳出当前循环，结束循环的运行，此种方式主要是用来跳出条件为 TRUE 的循环。

子任务 4 的实现主要思路：第一步，如代码块 A 所示，使用变量保存珠峰的高度，定义一个变量来保存纸张的厚度。可以使用浮点型变量来存储厚度值，初始化为 1；第二步，运行一个循环。在每次循环中，将纸张的厚度乘以 2，并将折纸的次数加 1。这个循环会一直执行，直到纸张的厚度超过珠峰的高度。在循环内部，可以使用 if 语句来判断纸张的厚度是否超过了珠峰的高度。如果超过了，就可以使用 break 语句调出循环。

知识链接

本节的知识点具体如下所述。

◆ 知识点 1   if 语句

if 语句是流程控制中根据条件判断执行的一种。该语句执行时先对条件进行判断，然后根据判断结果做出相应的操作。它又可以细分为三种，分别是 if 语句、if…else 语句、if…elseif…else 语句，下面对这几种语句分别进行介绍。

1. if 语句

if 语句是流程控制中最简单的一种，只判断某个条件是否为真，如果为真就执行特定的语句块。其具体语法格式如下，流程图如图 1-23 所示。

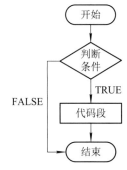

```
if ( 判断条件 ) {
    代码段
}
```

根据上面的格式和流程图，编写判断数字是奇数还是偶数，是偶数则输出的程序：

图 1-23   if 语句的流程图

```
$num = 24;
if ($num % 2 == 0) {
    echo '$num ='.$num.', 是偶数！';
}
```

2. if…else 语句

if…else 语句也称为双分支语句，当满足某种条件时，就进行某种处理，否则进行另一种处理。其代码格式如下，流程图如图 1-24 所示。

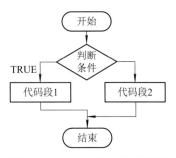

```
if(判断条件) {
    代码段 1;
} else {
    代码段 2;
}
```

图 1-24   if…else 语句的流程图

根据上面的代码格式和流程图，编写判断数字是奇数还是偶数并输出结果的程序：

```
$num = 24;
if ($num % 2 == 0) {
    echo '$num ='.$num.',是偶数！';
} else {
    echo '$num ='.$num.',是奇数！';
}
```

3. if…elseif…else 语句

if…elseif…else 语句也称为多分支语句，用于针对不同情况进行不同的处理。else if 语句和 else 语句一样，它延伸了 if 语句，会根据不同的表达式来确定执行哪个语句块。其代码格式如下，流程图如图 1-25 所示。

```
if(条件 1) {
    代码段 1;
} elseif(条件 2) {
        代码段 2;
}
...
elseif(条件 n) {
        代码段 n;
} else {
        代码段 n+1;
}
```

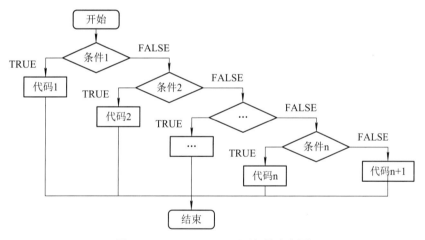

图 1-25　if…elseif…else 语句的流程图

根据上面的代码格式和流程图，编写通过大小划分猕猴桃种类的代码：

```
$score = 89;
if ($score > 130) {
    echo '特大果！';
} else if ($score > 110) {
    echo '大果！';
} else if ($score > 90) {
    echo '精品中果！';
} else {
```

```
    echo '普通果';
    }
```

◆ 知识点 2   While 循环语句

1. while 循环语句

while 循环语句的作用是反复执行某一项操作,是循环语句中最简单的一个。程序执行时先判断循环条件的真假,当表达式结果为真时执行相应的语句,直到表达式为假的时候,结束循环。while 循环语句的语法结构如下,程序流程图如图 1-26 所示。

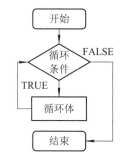

```
while (循环条件) {
    循环体
    ...
}
```

图 1-26   while 循环的流程图

根据上面的语法结构和流程图,编写输出 1~10 之间数字和的程序:

```
$num = 1;
while($num <= 10) {
    $num++;
}
echo $num++;
```

2. do…while 循环语句

do…while 循环语句的功能与 while 循环语句类似,二者唯一的区别在于:while 是先判断条件后执行循环体,而 do…while 是无条件执行一次循环体后再判断条件。do…while 循环语句的语法结构如下,程序流程图如图 1-27 所示。

```
do {
    循环体
...
} while (循环条件);
```

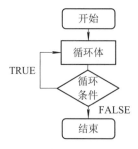

图 1-27   do…while 循环语句的流程图

根据上面的代码格式和流程图，编写计算 1～50 数字和的程序：

```
$sum = 0;

$i = 1;

do {

    $sum += $i;

    $i++;

} while ($i <= 50);

echo '1 到 50 的和为：  '. $sum;
```

◆ 知识点 3 for 循环语句

for 循环语句是最常用的循环语句。与 while 循环语句相比，for 循环语句更适合循环次数已知的情况。for 循环语句的语法结构如下，流程图如图 1-28 所示。

```
for (初始化表达式; 条件判断; 变量更新) {

    循环体;

}
```

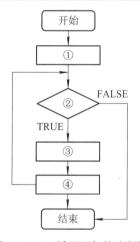

图 1-28 for 循环语句的流程图

图 1-28 中，①表示初始化表达式，②表示循环条件，③为循环体，④为操作表达式。根据上面的代码格式和流程图，编写使用 for 循环语句输出数字 1～9 的程序：

```
for ($i = 1; $i <= 9; $i++) {

    echo $i;

}
```

◆ 知识点 4 break 语句和 continue 语句

break 语句和 continue 语句是控制流语句，用于在程序中终止当前执行并跳转至特定位置。

break 语句主要应用在 switch 语句和循环语句中。在 switch 语句中,当程序遇到 break 语句时,会跳出当前 switch 分支,继续执行后面的代码。在循环结构中,当程序执行到 break 语句时,会立即终止当前循环,跳出循环体并继续执行后面的代码。

continue 语句用于结束当前循环的执行,并开始下一轮循环的执行操作。当程序执行到 continue 语句时,会立即跳过本次循环的剩余部分,进入下一轮循环的执行。

总之,break 和 continue 语句都是用于控制程序流的重要语句,它们可以有效地终止当前执行并跳转至特定位置,从而实现对程序的灵活控制。

◆ 知识点 5 switch 语句

switch 语句和 if…elseif…else 语句相似,也是一种分支结构,与 if…elseif…else 语句相比,switch 语句更加简洁明了。switch 语句由一个表达式和多个 case 标签组成,case 标签后紧跟一个代码块,case 标签为这个代码块的标识。switch 语句的语法结构如下:

```
switch(表达式)
{
    case 值 1:
        语句块 1;
        break;
    case 值 2:
        语句块 2;
        break;
    ...
    case 值 n:
        语句块 n;
        break;
    default:
        语句块 n+1;
}
```

值得说明的是,switch 语句根据表达式的值依次与 case 中的值进行比较,如果不相等,继续查找下一个 case;如果相等,就会执行对应的语句,直到 switch 语句结束或遇到 break 为止。

根据语法表达式,编写将分数转换为成绩等级的程序:

```
switch ( (int)($score/10) )
{
    case 10 :
    // 90~100 为优
    case 9 :
    echo '优';
    break;
```

```
        case 8 :
        echo '良';
        break;
        default :
        echo '差';
}
```

 知识和能力拓展

程序的三种基本结构如下：

顺序结构：程序中各个操作按照在源代码中的排列顺序自上而下依次执行。顺序结构是最简单的程序结构，程序中的各个操作是按照它们在源代码中的排列顺序自上而下依次执行的。

选择结构：用于判断给定的条件，进而控制程序的流程。它会根据某个特定的条件进行判断后，选择其中一支执行。

循环结构：在程序中反复执行某个或某些操作，直到条件为假或为真时才停止循环的一种程序结构。根据判断条件，循环结构又可细分为当型循环结构和直到型循环结构，两者分别为先判断(条件)再执行和先执行后判断的执行顺序。循环结构可以看成一个条件判断语句和一个向回转向语句的组合。循环结构的三个要素是：循环变量、循环体和循环终止条件。

任何简单或复杂的算法都可以由顺序结构、选择结构和循环结构组合而成。

小 A 同学最近手头紧，但为了满足虚荣心，他计划购买最新款的某品牌手机，于是向小额贷款公司借了 1 万元。小 A 同学涉世不深，忽略了合同中隐藏的复利条款。通过运用循环知识，请计算 2.5‰的复利一年后的还款金额。

主要实现代码如下：

```php
<?php
    //本金数
    $fBalance = 10000;
    //利率数
    $fRate = 0.0025;
    //一年的时间  本金和利息
    for($i=0;$i<365;$i++)
    {
        $fBalance = $fBalance + $fBalance*$fRate;
    }
    echo '1 年后连本带利欠款总额'.round($fBalance,2);
?>
```

评价反馈

任务评价表

评价项目	评 价 要 素	评价满分	评价得分
知识技能评价	掌握分支语句的使用	20	
	掌握循环语句的使用	30	
	掌握程序跳转以及终止语句的使用	30	
课程思政评价	通过学习情境与学习任务教学,培养学习者对祖国的热爱之情	20	
整体评价		100	

任务 1.4　构建趣味游戏应用

 任务目标

(1) 掌握函数的定义与使用方法。
(2) 掌握 PHP 常见内置函数的使用方法。
(3) 掌握数组的定义与使用方法。
(4) 掌握 PHP 中常见数组函数的使用方法。
(5) 通过本节任务的知识能力的训练,培养读者的创造创新能力。

 任务书

在这个趣味游戏项目中,我们将使用 PHP 来实现一系列功能,以完成功能盒子项目。

子任务 1:阶乘是一种重要的数学计算,一个正整数的阶乘是所有小于及等于该数的正整数的积,并且 0 的阶乘为 1。自定义函数的定义与使用,计算给定数字的阶乘。网页展示的效果如图 1-29 所示。

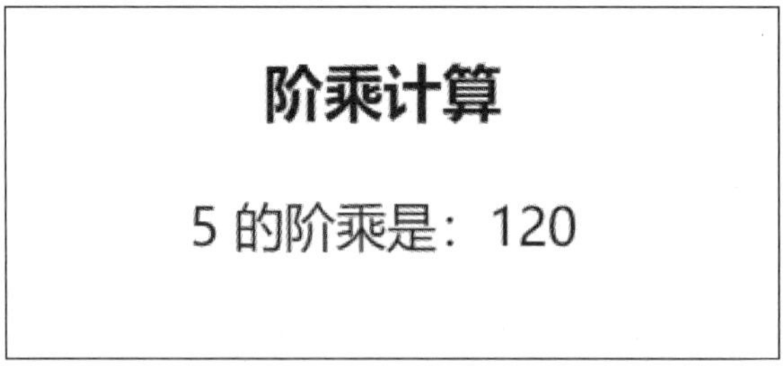

阶乘计算

5 的阶乘是:120

图 1-29　阶乘运行效果图

子任务 2:日历是人们日常生活中必不可少的工具,但是传统日历占用空间,并且当前日期不能实时显示。请编写一个函数,完成万年历的功能。网页展示的效果如图 1-30

所示。

2023年1月	2023年2月	2023年3月	2023年4月	2023年5月	2023年6月	2023年7月	2023年8月	2023年9月
日 一 二 三 四 五 六	日 一 二 三 四 五 六	日 一 二 三 四 五 六	日 一 二 三 四 五 六	日 一 二 三 四 五 六	日 一 二 三 四 五 六	日 一 二 三 四 五 六	日 一 二 三 四 五 六	日 一 二 三 四 五 六
1 2 3 4 5 6 7	1 2 3 4	1 2 3 4	1	1 2 3 4 5 6	1 2 3	1	1 2 3 4 5	1 2
8 9 10 11 12 13 14	5 6 7 8 9 10 11	5 6 7 8 9 10 11	2 3 4 5 6 7 8	7 8 9 10 11 12 13	4 5 6 7 8 9 10	2 3 4 5 6 7 8	6 7 8 9 10 11 12	3 4 5 6 7 8 9
15 16 17 18 19 20 21	12 13 14 15 16 17 18	12 13 14 15 16 17 18	9 10 11 12 13 14 15	14 15 16 17 18 19 20	11 12 13 14 15 16 17	9 10 11 12 13 14 15	13 14 15 16 17 18 19	10 11 12 13 14 15 16
22 23 24 25 26 27 28	19 20 21 22 23 24 25	19 20 21 22 23 24 25	16 17 18 19 20 21 22	21 22 23 24 25 26 27	18 19 20 21 22 23 24	16 17 18 19 20 21 22	20 21 22 23 24 25 26	17 18 19 20 21 22 23
29 30 31	26 27 28	26 27 28 29 30 31	23 24 25 26 27 28 29 30	28 29 30 31	25 26 27 28 29 30	23 24 25 26 27 28 29 30 31	27 28 29 30 31	24 25 26 27 28 29 30 31

2023年10月	2023年11月	2023年12月
日 一 二 三 四 五 六	日 一 二 三 四 五 六	日 一 二 三 四 五 六
1 2 3 4 5 6 7	1 2 3 4	1 2
8 9 10 11 12 13 14	5 6 7 8 9 10 11	3 4 5 6 7 8 9
15 16 17 18 19 20 21	12 13 14 15 16 17 18	10 11 12 13 14 15 16
22 23 24 25 26 27 28	19 20 21 22 23 24 25	17 18 19 20 21 22 23
29 30 31	26 27 28 29 30	24 25 26 27 28 29 30 31

图 1-30　日历效果图

子任务 3：福彩双色球是广大彩民喜欢的彩票形式，小明想购买彩票试试运气，但是选取数字一时选不出来，请编写程序，帮助小明随机选取数字，完成投注。效果如图 1-31 所示。

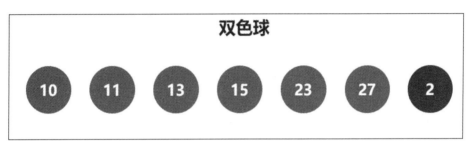

图 1-31　双色球效果图

子任务 4：斗地主是人民群众喜闻乐见的一种纸牌游戏，小明作为一个计算机专业的大学生，受邀给编写一个随机发牌程序，完成斗地主的发牌功能。网页展示的效果如图 1-32 所示。

♠A	♠9	♠Q	♦3	♥3	♠4	小王	♥10	♣Q	♦10	♣J	♠A	♣8	♣7	♦9	♦2	♥Q
♣8	♣7	♦7	♠K	♠K	♥K	♣5	♣10	♥6	♦8	♣10	♣5	♦4	♥A	♠2		大王
♥9	♠K	♦5	♠6	♥J	♥8	♣5	♣7	♦6	♦4	♣6	♣Q	♥4	♣8	♠J	♦A	
♦J	♠4	♣2														

图 1-32　斗地主效果图

子任务 5：现有 10 个评委对某选手的评分为 85、92、73、96、100、89、67、81、95、88，评分规则如下：规定最高分不能大于 100 分，最低分不能小于 0 分；去掉一个最高分，去掉一个最低分，求总分和平均分(保留一位小数)。使用 PHP 完成该功能，利用数组函数实现对竞赛选手比赛的评分，并且根据评分结果，计算选手的得分，并将最终结果显示在表 1-8 中。

表 1-8　评　分　表

项　目	分　值
评委分数	85，92，73，96，100，89，67，81，95，88
最高分	100
最低分	67
总分	100
平均分	87.4

 **任务实施**

1. 函数的学习

子任务 1 的代码如下：

```php
<?php
//代码块 A
$num = 5;
?>
<!DOCTYPE html>
<html>
    <head>
        <meta charset="UTF-8">
        <title>阶乘计算</title>
        <style>
            div{
                width: 200px;
                margin: 0 auto;
                text-align: center;
            }
        </style>
    </head>
    <body>
        <h3 style="text-align: center;">阶乘计算</h3>
        <div class="">
            <?php
            //代码块 B
            function factorial($num){
                //确定递归函数的出口
                if($num == 1){
                    return 1;
```

```
                }else{
                    return $num*factorial($num - 1);
                }
            }
            echo '5 的阶乘是：'.factorial(5);//120
            ?>
        </div>
    </body>
</html>
```

通过子任务 1 的实现，可以看到 PHP 是如何定义函数，并且调用函数使用，函数使用关键字 function 定义，并且一个函数具有参数和返回 return 等内容。

子任务 1 的实现主要思路：第一步，如代码块 A 所示，定义一个数组，作为要计算阶乘的数字；第二步，如代码块 B 所示，使用递归的思想定义函数，将递归的入口和出口规定完成，防止出现无限递归，即可求出对应数字的阶乘。

2. 数学函数、时间和日期函数

(1) 子任务 2 的代码如下：

```php
<?php
//定义一个万年历函数  传入年份
function cal($y){
    $html = '<div style="margin:0 auto">';
    //每个月  作为一个单独的 div
    for($m=1;$m<=12;$m++){
        $html .= "<div style='float:left;width:160px;height:200px;margin:10px'><table>";
        $html .="<tr><th colspan='7'>{$y}年{$m}月</th></tr>";
        $html .= "<tr><td>日</td><td>一</td><td>二</td><td>三</td><td>四</td><td>五</td><td>六</td></tr>";
        $w = date('w',strtotime("$y-$m-1"));
        $max = date('t',strtotime($y-$m));
        //每周作为单独的一行
        $html .= "<tr>";
        for($d=1;$d<=$max;$d++)
        {
            if($w&&$d==1)
            {
                $html .= "<td colspan='$w'></td>";
            }
            //标记出当前日期
            if($m==date("m")&&$d==date("d")){
```

```
                $html .= "<td style='background-color:wheat;text-align:center'>$d</td>";
            }else{
                $html .= "<td style='text-align:center'>$d</td>";
            }
            if($w==6&&$d!=$max){
                $html .= "</tr><tr>";
            }elseif($d==$max){
                $html .= "</tr>";
            }
            $w = ($w+1>6)?0:$w+1;
        }
        $html .= "</table></div>";
    }
    $html .= "</div>";
    return $html;
}
//调用函数
echo cal(2023);
?>
```

通过子任务 2，可以清楚地看到 PHP 的时间函数的使用方式，使用 date 函数传入不同的参数，得到不同的时间显示效果。

子任务 2 的实现思路：本实例通过使用字符拼接的方式，将日期嵌入 html 字符串中，最终实现日历的输出。第一步，定义一个函数，接收年的参数；第二步，对该年的十二个月依次进行循环，将每个月拼接进字符串；第三步，在每个月中，先确定第一天的星期数，再依次拼接进字符串，并且将今天的日期标注出来；最后调用函数，传入本年，完成实例的编写。

(2) 子任务 3 的代码如下：

```php
<?php
//代码块 A
$red_balls = [ ];
while(count($red_balls)<6){
    $red = rand(1, 33);
    if(!in_array($red,$red_balls)){
        array_push($red_balls,$red);
    }
}
sort($red_balls);
$blue_ball = rand(1, 16);
?>
```

```
<html>
    <head>
        <title>双色球</title>
        <style type="text/css">
            .red{
                width: 50px;
                height: 50px;
                background-color: red;
                border-radius: 50%;
                float: left;
                margin: 10px;
                text-align: center;
                line-height: 50px;
                font-weight: bold;
                color: white;
            }
            .blue{
                width: 50px;
                height: 50px;
                background-color: blue;
                border-radius: 50%;
                float: left;
                margin: 10px;
                text-align: center;
                line-height: 50px;
                font-weight: bold;
                color: white;
            }
            .container{
                overflow: hidden;
                width: 500px;
                margin: 0 auto;
            }
        </style>
    </head>
    <body>
        <h3 style="text-align: center;">双色球</h3>
        <div class="container">
            <!--代码块 B-->
            <?php foreach($red_balls as $v):?>
```

```
            <div class="red">
                    <?php echo $v;?>
            </div>
            <?php endforeach?>
            <div class="blue">
                    <?php echo $blue_ball;?>
            </div>
        </div>
    </body>
</html>
```

子任务 3 使用 PHP 的数学函数中的随机函数，同时也使用了数组查找元素是否存在的方法 in_array 和向数组中增加元素的方法 array_push，最后将对应的数字填写到相应的 div 中。

子任务 3 的实现思路：第一步，如代码块 A 所示，新建一个空数组，用于存储红色球，使用 while 循环，判断数组中元素个数，如果元素个数小于 6 个，就随机选出 1～33 中的一个数；如果该数字不在数组中，就将该数字存入数组，最终选出 6 个数字，并且使用数组的排序方法进行排序，蓝色球可以直接从 1～16 中的数字随机选出；第二步，如代码块 B 所示，使用循环的方式，将元素依次输出，结束功能代码的编写。

3. 数组的使用、常用数组函数和字符串函数的运用

(1) 子任务 4 的代码如下：

```php
<?php
//代码块 A
//定义数组存放花色
$arr_class = ["♠","♣","♦","♥"];
//定义数组存放纸牌数字
$arr_num = ["A",'2','3','4','5','6','7','8','9','10','J','Q',"K"];
//定义数组放入双王
$jockers = ["大王","小王"];
//定义数组 作为存放牌的容器
$arr_cards = [ ];
//将牌存入
foreach ($arr_class as $class) {
    foreach ($arr_num as $num) {
        $arr_cards[ ] = $class.$num;
    }
}
//将双王存入
$arr_cards = array_merge($arr_cards,$jockers);
//随机洗牌
```

```
shuffle($arr_cards);
?>
<html>
    <head>
        <title></title>
        <style type="text/css">
            .one{
                float: left;
                width: 50px;
                height: 60px;
                border: cornflowerblue    solid 1px;
                margin: 5px;
            }
            #frist-one{
                overflow: hidden;
            }
            .two{
                float:left;
                width: 50px;
                height: 60px;
                border: cornflowerblue solid 1px;
                margin: 5px;
            }
            #second-one{
                overflow: hidden;
            }
            .three{
                float: left;
                width: 50px;
                height: 60px;
                border: cornflowerblue solid 1px;
                margin: 5px;
            }
            #thrid-one{
                overflow: hidden;
            }
            .four{
                float: left;
                width: 50px;
                height: 60px;
```

```
                border: cornflowerblue solid 1px;
                margin: 5px;
            }
            #dipai{
                overflow: hidden;
            }
        </style>
</head>
<body>
    <!--代码块 B-->
    <div id="frist-one">
        <?php
        for($i=0;$i<17;$i++){
            echo "<div class='one'>";
            echo $arr_cards[$i];
            echo "</div>";
        }
        ?>
    </div>
    <div id="second-one">
        <?php
        for($i=17;$i<34;$i++){
            echo "<div class='two'>";
            echo $arr_cards[$i];
            echo "</div>";
        }
        ?>
    </div>
    <div id="thrid-one">
        <?php
        for($i=34;$i<51;$i++){
            echo "<div class='three'>";
            echo $arr_cards[$i];
            echo "</div>";
        }
        ?>
    </div>
    <div id="dipai">
        <?php
        for($i=51;$i<54;$i++){
```

```
            echo "<div class='four'>";
            echo $arr_cards[$i];
            echo "</div>";
        }
        ?>
    </div>
</body>
</html>
```

通过子任务 4，可以看出 PHP 的数组的定义、存放、读取、合并和数组元素的随机洗牌等数组的使用方式，可以看到 PHP 的数组类型是非常强大的。

子任务 4 的实现思路：第一步，如代码块 A 所示，首先定义花色，再定义数字，再定义双王的角色，最后定义一个存放纸牌的容器，将纸牌通过循环存入，将纸牌容器进行洗牌操作，打乱其中顺序；第二步，如代码块 B 所示，通过循环，完成在四列上数组的输出，最终将纸牌输出。

(2) 子任务 5 的代码实现如下：

```php
<?php
//代码块 A
$score = [85,92,73,96,100,89,67,81,95,88];
//求最大值
$max_value = max($score);
//求最小值
$min_value = min($score);
//求数组的总分数
$sum = 0;
foreach ($score as $value) {
    $sum = $sum+$value;
}
//去掉最高分和最低分的总分
$sum = $sum-$max_value-$min_value;
//计算平均分
$mean = $sum/(count($score)-2);

?>
<html>
    <head>
        <title>评分表</title>
        <style type="text/css">
            .container{
                width: 600px;
                margin: 0 auto;
```

```
            }
            table{
                text-align: center;
                margin: 0 auto;
                border-bottom:solid 1px black ;
                border-left: solid 1px black;
            }
            td:nth-child(2){
                width: 300px;
                border-right: 1px solid black;
                border-top:1px solid black;

            }
            td:nth-child(1){
                width: 150px;
                border-right: 1px solid black;
                border-top:1px solid black;

            }
            tr:nth-child(2n+1){
                background-color: #EEEEEE;
            }
            th{
                background-color: gray;
                border-right: 1px solid black;
                border-top:1px solid black;

            }
        </style>
    </head>
    <body>
        <h3 style="text-align: center;">评分表</h3>
        <div class="container">
            <table border="0" cellspacing="0" cellpadding="0">
                <tr>
                    <th>项目</th>
                    <th>分值</th>
                </tr>
                <tr>
                    <td>评委分数</td>
                    <!--代码块 B-->
```

```
            <td><?php
                    $strs = join(',', $score);
                    echo $strs;
                ?>
            </td>
        </tr>
        <tr>
            <td>最高分</td>
            <td><?php echo $max_value;?></td>
        </tr>
        <tr>
            <td>最低分</td>
            <td><?php echo $min_value;?></td>
        </tr>
        <tr>
            <td>总分</td>
            <td><?php echo $max_value;?></td>
        </tr>
        <tr>
            <td>平均分</td>
            <td><?php //保留 1 位小数
                    echo round($mean,1);
                ?>
            </td>
        </tr>
    </table>
    </div>
    </body>
</html>
```

通过子任务 5，可以看到数组的遍历使用方式，同时使用了 join 函数将数组转换成字符串，并且可以指定特定的分隔符，完成字符串的转换。

子任务 5 的实现思路：第一步，如代码模块 A 所示，将评委评分存入数组中，使用 max 和 min 函数，计算得出数组中元素的最大值和最小值，使用遍历的方式，将数组的元素和计算出来。因为和是去掉最大值和最小值的，所以要减去最大值和最小值，同时计算平均值时，也需要将元素的个数减少两个，再进行计算；第二步，使用 round 函数将平均值保留一位小数，进行输出。

 知识链接

本节包括的知识点具体如下所述。

◆ 知识点 1　函数

在编写代码时，可能会出现非常多的相同代码或者功能类似的代码，这些代码可能需要大量重复使用，此时就可以使用 PHP 中的函数。PHP 的模块化程序结构都可以通过函数或对象来实现，函数则是将复杂的 PHP 程序分为若干个功能模块，每个模块都编写成一个 PHP 函数，然后通过在脚本中调用函数，以及在函数中调用函数来实现一些大型问题的 PHP 脚本编写。

使用函数的优越性有很多，比如提高程序的重用性、提高软件的可维护性、提高软件的开发效率、提高软件的可靠性和控制程序设计的复杂性等。函数是程序开发中非常重要的内容。因此，对函数的定义、调用和值的返回等，要尤其注重理解和应用，并通过实际操作加以巩固。下面对函数进行详细的说明。

在 PHP 中声明一个自定义的函数可以使用的语法格式如下：

```
function 函数名 (参数 1, 参数 2, …, 参数 n){
    函数体;
    return 返回值;
}
```

其中，参数列表和返回值在函数定义时都不是必需的，定义函数的关键字为 function。函数名可以代表整个函数，可以将函数命名为任何名称，只要遵循变量名的命名规则即可。每个函数都有唯一的名称。小括号中包含了一组可以接受的参数列表，参数就是声明的变量，然后在调用函数时可以将变量传递给函数。参数列表可以为空，也可以有一个或多个参数，多个参数之间使用逗号分隔。大括号"{}"中包裹的是函数体内容，函数的所用工作都是在函数体中完成的。函数被调用后，首先执行函数体中的第一条语句，执行到 return 语句或最外面的大括号("}")后结束，然后返回到调用函数的地方。程序执行到 return 语句时，该表达式将被计算，然后返回到调用函数的地方继续执行，return 可以从函数中返回一个值或者表达式。

PHP 对参数的要求非常灵活，PHP 默认支持无参、按值传递参数、按引用传递，在函数内部可以随意对用户传递的参数进行操作，下面为一个简单实例。

```
function hello( )
{
    return 'Hello World';
}
echo hello( );          // 输出结果：Hello World
function extra(&$str)
{
    $str .= ' 新增加';
}
$str = "1234";
extra("1234");
echo $str;              //1234 新增加
function add($a, $b)
```

```
    {
        $a = $a + $b;
        return $a;
    }
echo add(10,20);        //30
```

变量只有在其作用范围内才可以被使用，这个作用范围称为变量的作用域。在函数体中定义的变量称为局部变量，在函数体外定义的变量称为全局变量，可以使用 global 声明局部变量，变成全局变量。下面为变量作用范围的一个简单实例。

```
function test( )
{
    $sum = 10;          // 局部变量
    return $sum;
}
$sum = 0;               // 全局变量
echo test( );           // 输出结果：10
echo $sum;              // 输出结果：0
function test( )
{
    global $sum;        // 声明全局变量
    $sum = 10;
    return $sum;
}
$sum = 0;               // 全局变量
echo test( );           // 输出结果：10
echo $sum;              // 输出结果：10
```

函数的执行是有一定规则的，而这个执行被称为函数的调用。如果函数不被调用，就不会执行；如果想使用函数只要在需要使用函数的位置，使用函数名称和参数列表进行调用即可。函数传入参数，被调用后开始执行函数体中的代码，执行完毕返回到调用的位置继续向下执行。下面为一个简单的函数调用实例，实现的功能为输出 hello world。

```
function t( ){
    echo "hello world";
}
t( );   //调用函数
```

函数还有两种比较特殊的调用方式，分别为嵌套调用和递归调用。函数的嵌套调用指的是在调用一个函数的过程中调用另外一个函数，这种在函数内调用其他函数的方式称为嵌套调用。下面为一个简单的函数嵌套调用实例。

```
function hello( ){
    echo "hello";
```

```
}
function world( ){
    hello( );
    echo "world";
}
world( );
```

递归函数即自调用函数，是函数在函数体内部直接或间接地自己调用自己。条件满足时会终止函数的递归调用。子任务 1 就是一个典型的递归调用实例。

◆ 知识点 2　数学函数

为了方便开发人员处理程序中的数学运算，PHP 内置了一系列的数学函数，用于获取最大值、最小值、生成随机数等常见的数学运算。PHP 常见的数学函数如表 1-9 所示。

表 1-9　常见数学函数表

函 数 名 称	功 能 描 述
abs( )	取绝对值
ceil( )	向上取最接近的整数
floor( )	向下取最接近的整数
fmod( )	取除法的浮点数余数
is_nan( )	判断是否合法数值
max( )	取最大值
min( )	取最小值
pi( )	取圆周率的值
pow( )	计算 x 的 y 次方
sqrt( )	取平方根
round( )	对浮点数进行四舍五入
rand( )	生成随机整数

一些 PHP 数学函数的简单使用如下：

```
echo ceil(4.3);              // 输出结果：5
echo floor(6.9);             // 输出结果：6
echo rand(1, 30);            // 随机输出 1 到 30 间的整数
/*ceil( )函数是对浮点数 5.2 进行向上取整，
floor( )函数是对浮点数进行向下取整，
rand( )函数的参数表示随机数的范围，第 1 个参数表示最小值，第 2 参数表示最大值。
*/
```

◆ 知识点 3　日期函数

在 Web 开发中对日期和时间的使用与处理是必不可少的，如表单提交的时间、用户登

录的时间、数据库中数据的更新和删除的时间等。想要记录这些操作执行的时刻，就需要通过日期和时间来完成。PHP 常见的日期时间函数如表 1-10 所示。

表 1-10　常见日期函数表

函 数 名 称	功 能 描 述
time( )	获取当前的 Unix 时间戳
date_default_timezone_set($timezone_identifier)	设置当前时区
date( )	格式化本地时间/日期
mktime( )	获取指定日期的 Unix 时间戳
strtotime( )	将字符串转化成 Unix 时间戳
microtime( )	获取当前 Unix 时间戳和微秒数

其中，需要注意的是，Unix 时间戳(Unix timestamp)定义了从格林威治时间 1970 年 1 月 1 日 00 时 00 分 00 秒起至现在的总秒数，以 32 位二进制数表示。Unix 纪元：1970 年 1 月 1 日零点也叫作 Unix 纪元。以下为日期函数的简单实例。

```php
echo time( );                    // 根据当前时间变化用于获取当前时间的 Unix 时间戳
echo "<br>";
echo mktime(0, 0, 0, 2, 14, 2021);    // 输出结果：1613257200
echo "<br>";
echo strtotime('2021-2-14');     // 输出结果：1613257200 mktime( )和 strtotime( )函数可将给定
```
的日期时间转换成 Unix 时间戳，前者的参数分别表示"时分秒月日年"，后者可以是任意时间的字符串
```php
echo "<br>";
echo microtime( );               // 根据当前时间 单独输出小数和整数
echo "<br>";
echo microtime(true);            // 根据当前时间 一起输出
```

通过上面的例子可以看出，如果时间戳的直接输出，会让不懂得代码的人看到一个毫无意义的整型数值。所以为了将时间戳表示的时间以友好的形式显示出来，可以对时间戳进行格式化。具体做法可参照如下代码：
```php
echo date('Y-m-d H:i:s');        // 根据当前时间
echo date('Y-m-d', 1613257200);  // 输出结果：2021-02-14
```

◆　知识点 4　字符串函数

字符串是 PHP 中重要的数据类型之一。在 Web 开发中，很多情况下都需要对字符串进行处理和分析，通常将涉及字符串的格式化、字符串的连接与分隔、字符串的比较、查找等一系列操作。用户和系统的交互也基本上是用文字来进行的，因此系统对文本信息，即字符串的处理非常重要。

PHP 中提供了大量用来处理字符串的内置函数，使用这些函数，可以在 PHP 程序中很方便地完成对字符串的各种操作。常用字符串函数如表 1-11 所示。

表 1-11   常见字符串函数表

函数名称	功 能 描 述
strlen( )	获取字符串的长度
strpos( )	查找字符串首次出现的位置
strrpos( )	获取指定字符串在目标字符串中最后一次出现的位置
str_replace( )	用于替换字符串中的某些字符
substr( )	用于获取字符串中的子串
explode( )	使用一个字符串分隔另一个字符串
implode( )	用指定的连接符将数组拼接成一个字符串
trim( )	去除字符串首尾处的空白字符(或指定成其他字符)
str_repeat( )	重复一个字符串
strcmp( )	用于判断两个字符串的大小

下面对一些复杂的函数进行说明。

strrpos( )函数用于在 $url 中获取"\"最后一次出现的位置 $pos。substr( )函数的第 1 个参数表示待截取的字符串。第 2 个参数表示开始截取的位置,非负数表示从字符串指定位置处截取或从 0 开始,负数表示从字符串尾部开始。substr( )函数的第 3 个参数表示截取的长度,该长度的设置具体有 4 种情况:当省略第 3 个参数时,将返回从指定位置到字符串结尾的字符串;当第 3 个参数为正数,返回的字符串将从指定位置开始,最多包含指定长度的字符,这取决于待截取字符串的长度;当第 3 个参数为负数,返回的字符串中在结尾处将有个指定长度的字符被省略;当第 3 个参数为 0、false 或 null,将返回一个空字符串。两个函数的简单实例如下:

```
$url = 'C:\Program Files\Python39\list.txt';
$pos = strrpos($url, '\\');
// 截取文件名称,输出结果:list.txt
echo substr($url, $pos + 1);
// 截取文件所在的路径,输出结果:C:\Program Files\Python39
echo substr($url, 0, $pos);
```

替换指定位数的字符,在开发中也是很常见的功能。例如,在各种抽奖环节中,为了保证用户的隐私,出现的手机号一般使用"*"将第 4 至 7 位的数字进行覆盖,代码如下:

```
$tel = '13603357778';                        // 随意输入一串数字作为手机号
$len = 4;                                      // 需要覆盖的手机号长度
$replace = str_repeat('*', $len);             // 根据指定长度设置覆盖的字符串
echo substr_replace($tel, $replace, 3, $len); // 输出结果:136****7778
```

用 str_repeat( )函数对"*"字符重复$len 次。用 substr_replace( )函数对字符串$tel 中第 3 个位置开始的$len 长度的字符进行替换。

程序开发中,去除字符串中的空白字符有时是必不可少的。例如,去除用户注册邮箱中首尾两端的空白字符。这时可以使用 PHP 提供的 trim( )函数,去除字符串中首尾两端的

空白字符，具体代码如下：

```
$str = '两边有空格...';
echo '原字符串：' . $str . '<br>';
echo '去空白后的字符串：' . trim($str);
```

字符串的比较有两种方式：一种是采用比较运算符"=="和"==="，另一种是采用函数 strcmp( )。函数与比较运算符在使用时的区别是，字符串相等时前者的比较结果为 0，后者的比较结果为 true(非 0)。因此读者在使用时需要注意不同方式的返回结果。

```
if (strcmp('learn_PHP', 'learnPHP')) {
    echo '不同的字符串';
} else {
    echo '同样的字符串';
}
```

strcmp( )函数比较两个字符串对应的 ASCII 码值。如果第 1 个参数的字符串与第 2 个参数的字符串相等，则返回 0；小于，则返回小于 0 的值；大于，则返回大于 0 的值。因此，可以判断出上述示例的输出结果为不同的字符串。

strlen( )函数在获取中文字符时，一个汉字占 3 个字符，一个英文字符占 1 个字符。但是对于网站开发来说，这样计算的方式比较麻烦，也没办法区分用户输入的内容是否汉字。PHP 提供了 mb_strlen( )函数，用于准确地获取字符串的长度。在使用 mb_strlen( )函数前，首先要确保 PHP 配置文件中开启了"extension=php_mbstring.dll"扩展。具体效果如下：

```
$str = 'PHP 书籍';
echo strlen($str);              // 输出结果：9
$str = 'PHP 书籍';
echo mb_strlen($str, 'UTF-8');  // 输出结果：5
```

◆ **知识点 5　数组**

PHP 中数组 array 是一组有序的变量，其中每个值被称为一个元素。每个元素由一个特殊的标识符来区分，这个标识符称为键(也称为下标)。数组中的每个实体都包含两项，分别是键(key)和值(value)。可以通过键值来获取相应的数组元素，这些键可以是数值键，也可以是关联键。如果说变量是存储单个值的容器，那么数组就是存储多个值的容器。

PHP 数组比其他高级语言中的数组更加灵活，不但支持以数字为键名的索引数组，而且支持以字符串或字符串、数字混合为键名的关联数组。而在其他高级语言中，如 Java 或者 C++ 等语言的数组，只支持数字索引数组。

PHP 数组中，无论什么类型的键名都会有一个值与其相对应，即一个键/值对，根据数组键名数据类型的不同，可以把 PHP 数组分为两种：以数字作为键名的称为索引数组(indexed array)，以字符串或字符串、数字混合为键名的数组称为关联数组(associative array)。索引数组的下标(键名)由数字组成，默认从 0 开始，每个数字对应一个数组元素在数组中的位置，这点不需要特别指定，PHP 会自动为索引数组的键名赋一个整数值，然后开始自动递增，代码如下：

```
$arr = array(0=>'张三', 1=>'李四', 2=>'王五', 3=>'赵六');
```

关联数组的下标(键名)由数值和字符串混合的形式组成，如果一个数组中有一个键名不是数字，那么这个数组就是关联数组，代码如下：

```
$arr = array('name'=>'张三', 'course'=>'PHP', 'title'=>'PHP 数组');
```

当数组中每个元素都是一个具体的值而非一个数组时，我们称这样的数组为一维数组。一维数组在数组中是最简单的一种，也是最常用的一种。直接为数组元素赋值方法声明一维数组的语法格式如下：

```
$数组变量名[下标] = 值
```

其中，下标(索引值)可以是一个字符串或一个整数，并且下标需要使用[ ]包裹。

PHP 中数组没有大小限制，所以在上面的数组中，可以用同样的方式继续往数组中添加新元素。访问数组中的元素时可以通过"$数组变量名[下标]"的方式。

```
$array[0] = '张三';
$array[1] = '李四';
$array[2] = '王五';
$array[3] = '赵六';
$array[4] = "田七"
echo '$array[0] = '.$array[0].'<br>';
echo '$array[1] = '.$array[1].'<br>';
echo '$array[2] = '.$array[2].'<br>';
echo '$array[3] = '.$array[3].'<br>';
echo '$array[3] = '.$array[4].'<br>';
```

输出内容为

```
$array[0] = 张三
$array[1] = 李四
$array[2] = 王五
$array[3] = 赵六
```

声明一个索引数组时，如果索引值是递增的，我们也可以不在方括号内指定具体的索引值，这时索引值默认从 0 开始依次增加。如果中间加入索引数组，会增加一个索引的位置，但不会占用数字索引，代码如下：

```
$array[ ] = 123;              // 存储结果：$arr[0] = 123
$array[ ] = 'hello';          // 存储结果：$arr[1] = 'hello'
$array[4] = 'PHP';            // 存储结果：$arr[4] = 'PHP'
$array['name'] = 'Jack';      // 存储结果：$arr['name'] = 'Jack'
$array[ ] = 'Tom';            // 存储结果：$arr[5] = 'Tom'
```

声明数组的另一种方法是使用 array( )函数来新建一个数组。它接受一定数量用逗号分隔的 key=>value 参数对，语法格式如下：

```
$数组变量名 = array(key1 => value1, key2 => value2, ..., keyN => valueN);
```

需要注意的是，数组在省略键名的设置时，默认从 0 开始，依次递增加 1，因此该数组元素的键名依次为"0、1、2"。还可以根据实际需求自定义数组元素的键名，如将其第

1 个元素键名设置为 2，第 2 个元素的键名设置为 4。短数组定义法([ ])与 array( )语法结构相同，只需将 array( )替换为[ ]即可，具体如下：

```
$array = array(0 =>"张三", 1 =>"李四", 2 =>"王五", 3 =>"田七");

$array = [0 =>"张三", 1 =>"李四", 2 =>"王五", 3 =>"田七"];

echo '<pre>';

var_dump($array);

$array = array("张三","李四","王五","田七");

$array = ["张三","李四","王五","田七"];

echo '<pre>';

var_dump($array);
```

所谓遍历数组就是一次访问数组中所有元素的操作。通常情况下，使用 foreach( )语句完成数组的遍历。

```
foreach (数组名称 as 键 => 值) {
    // 处理语句
}
foreach (数组名称 as 值) {
    // 处理语句
}
```

简单实例如下：

```
$array = array("张三","李四","王五","田七");

$num = 0;

foreach ($array as $value) {
    echo '数组第'.$num.'个元素的值是：'.$value.'<br>';
    $num++;
}
foreach ($array as $key => $value) {
    echo '数组第'.$key.'个元素的值是：'.$value.'<br>';
}
```

在数组定义完成后，有时也需要根据实际情况去除数组的某个元素，可以使用 PHP 提供的 unset( )函数完成数据的删除。

```
$array = array("张三","李四","王五","田七");

unset($array[0]);
```

◆ 知识点 6　数组的常用函数

PHP 进行数组查询元素的时候，经常会用到数组的指针，数组指针用于指向数组中的某个元素，默认情况下，指向数组的第 1 个元素。通过移动或改变指针的位置，可以访问数组中的任意元素。常用函数如表 1-12 所示。

表 1-12 常见数组函数表

函数名称	功 能 描 述
current( )	获取数组中当前指针指向的元素的值
key( )	获取数组中当前指针指向的元素的键
next( )	将数组中的内部指针向前移动一位
prev( )	将数组中的内部指针倒回一位
each( )	获取数组中当前的键值对并将数组指针向前移动一步
end( )	将数组的内部指针指向最后一个元素
reset( )	将数组的内部指针指向第一个元素

下面为函数的简单使用方法。

```
$array = ["张三","李四","王五","田七"];
echo key($array) . ' - ' . current($array);    // 获取当前指针指向
echo next($array);                             // 将当前指针向前移动一位
echo end($array);                              // 将当前指针指向最后一个元素
echo prev($array);                             // 将当前指针倒回一位
echo reset($array);                            // 将指针指向第 1 个元素
//each( )函数可以获取数组中当前元素的键和值，并以数组形式返回
print_r(each($arr));
```

数组的遍历方式在 PHP 语言中也有着多种方法，这里利用 list( )语言结构、each( )函数以及 while( )循环对数组进行遍历。list( )结构可将给定数组中的元素依次赋值给 list 小括号内从左到右定义的变量，each( )函数在获取到了当前元素的键和值后，会自动将数组的指针指向下一个元素，直到没有数组元素时返回 NULL。下面为简单的遍历方式。

```
$array = ["张三","李四","王五","田七"];
while (list($k, $v) = each($array)) {
    $curr = current($array);        // 此时指针已经被 each( )移动到了下一位
    echo "{$k} => {$v}-{$curr} ";
}
```

上面的主要说明了数组的查询和遍历，同时 PHP 也提供了数组的元素增删改操作函数，如表 1-13 所示。

表 1-13 数组元素操作函数表

函数名称	功 能 描 述
array_pop( )	将数组最后一个元素弹出(出栈)
array_push( )	将一个或多个元素压入数组的末尾(入栈)
array_unshift( )	在数组开头插入一个或多个元素
array_shift( )	将数组开头的元素移出数组
array_unique( )	移除数组中重复的值
array_slice( )	从数组中截取部分数组
array_splice( )	将数组中的一部分元素去掉并用其他值取代

函数的简单使用如下：

```
$arr = ['张三', '李四'];
array_pop($arr);                       // 移出数组最后一个元素
print_r($arr);                         // 输出结果
array_push($arr, '王五');              // 在数组末尾添加元素
print_r($arr);                         // 输出结果
array_unshift($arr, "田七", "赵六");   // 在数组开头插入多个元素
print_r($arr);
array_shift($arr);                     // 移出数组第一个元素
print_r($arr);                         // 输出结果
```

运行结果如下：

```
Array
(
    [0] => 张三
)
Array
(
    [0] => 张三
    [1] => 王五
)
Array
(
    [0] => 田七
    [1] => 赵六
    [2] => 张三
    [3] => 王五
)
Array
(
    [0] => 赵六
    [1] => 张三
    [2] => 王五
)
```

对于数组的排序，PHP 除了排序算法实现外，还提供了内置的数组排序函数，如表 1-14 所示，可以轻松对数组实现排序、逆向排序、按键名排序等操作。

表 1-14　数组排序函数表

函 数 名 称	功 能 描 述
sort( )	对数组排序(从低到高)
rsort( )	对数组逆向排序(从高到低)
asort( )	对数组进行排序并保持键值关系
ksort( )	对数组按照键名排序
arsort( )	对数组进行逆向排序并保持键值关系
krsort( )	对数组按照键名逆向排序
shuffle( )	将数组元素顺序打乱
array_multisort( )	对多个数组或多维数组进行排序

函数的简单使用如下：

```
$w = ['sunday', 'rain', 'wind'];
asort($w);              // 保持键值关系正序排序
print_r($w);
sort($w);              // 按正常类型正序排序
print_r($w);
rsort($w);             // 按正常类型倒序排序
print_r($w);
```

可以看出，第 1 个参数表示待排序的数组，第 2 个可选参数用于指定按照哪种方式进行排序，默认按照数组中元素的类型正常排序。其中，SORT_NUMERIC 表示数组元素将作为数字来比较，SORT_STRING 表示数组元素将作为字符串来比较。指定第二参数的运行结果如下：

```
Array
(
    [1] => rain
    [0] => sunday
    [2] => wind
)
Array
(
    [0] => rain
    [1] => sunday
    [2] => wind
)
Array
(
    [0] => wind
```

```
    [1] => sunday
    [2] => rain
)
```

 知识和能力拓展

在 PHP 中，函数的参数赋值有两种方式：传值赋值和传地址赋值。

传值赋值是 PHP 中函数的默认传值方式，也称为"拷贝传值"。在这种赋值方式中，实参的值会被复制一份再传递给函数的形参。这意味着在函数内部对形参的操作不会对函数外的实参产生影响。这种赋值方式适用于不希望函数修改实参值的场景。

传地址赋值，也称为引用传递赋值，是将实参的内存地址复制一份，然后传递给函数的形参，进而将实参值赋值给形参。实参和形参都指向同一个内存地址，因此函数对形参的操作会影响到函数外的实参。按引用传递就是在值传递的基础上加上一个&符号。这种赋值方式适用于希望函数能够修改实参值的场景。

总之，值传递和传地址传递各有其适用场景。在编写 PHP 函数时，应根据实际需求选择适当的参数赋值方式。

 评价反馈

任 务 评 价 表

评价项目	评 价 要 素	评价满分	评价得分
知识技能评价	掌握函数的定义与使用	15	
	掌握 PHP 常见内置函数的使用	20	
	掌握数组的定义与使用	20	
	掌握 PHP 中常见数组函数的使用	25	
课程思政评价	通过知识能力的训练，培养学习者的创造创新能力	20	
整体评价		100	

模块 2　PHP Web 编程

PHP Web 编程是一种广泛应用于互联网开发的编程语言和技术。在 PHP Web 编程中，用户常用通过 Web 页面中的表单向后端服务器提交用户数据，服务器接收到用户数据后将完成数据的校验，实现特定场景的业务逻辑并与数据库进行交互，完成数据的读写操作，最终将操作的结果再回馈到 Web 页面中呈现给用户。模块二将通过一组任务实现 PHP Web 编程，使读者掌握如何使用 PHP Web 编程技术处理常见的典型工作案例。

任务 2.1　Web 表单数据的提交与获取

 任务目标

(1) 理解 PHP 处理表单的过程。

(2) 掌握表单的接收与处理方法。

(3) 掌握表单的异步提交方式。

(4) 理解 HTTP 的请求和响应方法。

(5) 培养勤于思考、严谨自律、精益求精，以及质量意识、标准意识和学习意识。

 任务书

本任务书涵盖两个子任务，分别对应实际新开发中常见表单数据的同步提交和异步提交。接下来请各位读者根据每一个子任务书中的具体要求完成任务。

子任务 1：表单数据的同步提交方式。

创建表单页面，页面表单如图 2-1 所示。提交表单数据到后端对应的 php 文件处理，并在 Web 页面中输出用户所提交的表单信息。

图 2-1　页面表单

子任务 2：表单数据的异步提交方式。

创建实现计算功能的表单页面，通过 Ajax 技术将 Web 表单数据异步提交给后端的 PHP 页面，在后端的 PHP 页面中完成数据计算，之后再将计算的结果返回给请求者，并显示在 Web 页面中运算符框的下面，效果如图 2-2 所示。

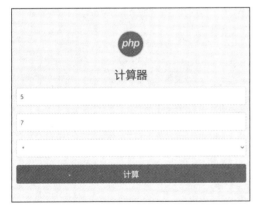 

图 2-2　表单数据的异步提交和处理效果

 任务实施

在任务书中给出了两个子任务，接下来将分别具体实施每一个子任务。

子任务 1：表单数据同步提交的实现过程。

(1) Web 表单页面素材准备。

导入教师提供的表单素材 userInfo.html 和配套的 css 样式文件，并对表单页面进行分析，确定每个标签的 name 属性值。userInfor.html 中的 form 代码块具体如下：

```
1    <form class="form-signin" action="showUserInfo.php" method="post">
2    <img class="mb-4" src="img/php.png" alt="" width="125" height="120">
3        <h1 class="h3 mb-3 font-weight-normal">用户信息完善</h1>
4            <div class="row   mg-t-10 ">
5                <div class="col-lg-12">
6                    <input type="text"
7                        id="userName"
8                        name="userName"
9                        placeholder="请输入用户姓名"
10                       class="form-control mb-5">
11               </div>
12           </div>
13           <div class="row   mg-t-10 ">
14               <div class="col-lg-12 ">
15                   <input type="password"
16                       id="userPwd"
17                       name="userPwd"
18                       placeholder="请输入用户密码(6-10 位字符、数字的组合)"
19                       class="form-control mb-5">
20               </div>
21           </div>
22           <div class="row   mg-t-10 ">
23               <div class="col-lg-12 ">
24                   <input type="number"
25                       id="userPhone"
26                       name="userPhone"
27                       placeholder="请输入用户手机号"
28                       class="form-control mb-5">
29               </div>
30           </div>
31           <div class="row   mg-t-10 ">
32               <div class="col-lg-12 ">
33                   <select name="userSex" class="form-control mb-5">
34                       <option value="">用户性别选择</option>
35                       <option value="男">男</option>
36                       <option value="女">女</option>
37                   </select>
38               </div>
39           </div>
```

```
40                    <div class="row mg-t-10 ">
41                        <div class="col-lg-12 text-left">
42                            <label class="form-check-label ">个人爱好：</label>
43                            <div class="form-check form-check-inline">
44                                <label class="form-check-label">
45  <input type="checkbox" name="hobby[ ]" class="form-check-input" value="游泳">游泳
46  </label>
47                            </div>
48                            <div class="form-check form-check-inline">
49                                <label class="form-check-label">
50  <input type="checkbox" name="hobby[ ]" class="form-check-input" value="读书">读书
51  </label>
52                            </div>
53                            <div class="form-check form-check-inline">
54                                <label class="form-check-label">
55  <input type="checkbox" name="hobby[ ]" class="form-check-input" value="跑步">跑步
56  </label>
57                            </div>
58                        </div>
59                    </div>
60                    <div class="row    mg-t-10 ">
61                        <label class="col-lg-12 text-left mt-5" for="comment"> 个人简介: </label>
62                        <div class="col-lg-12 ">
63                            <div class="form-group">
64                                <textarea name="profile"
65                                    class="form-control"
66                                    rows="5"
67                                    id="profile"></textarea>
68                            </div>
69                        </div>
70                    </div>
71                    <input class="btn btn-lg
72                        btn-primary btn-block" type="submit" value="提交" />
73                </form>
```

在上述 form 表单中，我们引入 BootStrap4 对表单样式进行修饰，具体样式文件的引入可以参考 BootStrap4 官方文档讲解。对于 form 表单中的每一个输入控件，我们需要定义其 name 属性的值，这是因为"input"标签的 name 属性可以用于对提交到服务器后的表单数据进行标识，或者在客户端通过 JavaScript 引用表单中的数据。因此，我们只有设置了 name 属性的表单元素才能在提交表单时传递它们的值。

对于表单的提交方式，上述代码中使用 post 方式进行传递，最终将表单信息传递给 action 属性所对应的 showUserInfo.php 文件进行处理。

(2) PHP 获取表单提交的数据。

根据 form 标签中所定义的 action 和 method 属性可知，最终将表单信息通过 post 方式提交给 showUserInfo.php 文件。因此，需要创建 showUserInfo.php 文件，并在该文件中获取提交的表单数据，输出用户前端页面提交的信息。showUserInfo.php 文件具体实现代码如下：

```php
1    <?php
2        $userName=isset($_POST['userName'])?$_POST['userName']:"";
3        $userPwd=isset($_POST['userPwd'])?$_POST['userPwd']:"";
4        $userPhone=isset($_POST['userPhone'])?$_POST['userPhone']:"";
5        $userSex=isset($_POST['userSex'])?$_POST['userSex']:"";
6        $hobby=isset($_POST['hobby'])?$_POST['hobby']:"";
7        $profile=isset($_POST['profile'])?$_POST['profile']:"";
8        echo "用户提交的表单信息如下:<br>";
9        echo "输入的用户姓名：".$userName."<br>";
10       echo "输入的用户密码：".$userPwd."<br>";
11       echo "输入的用户手机号： ".$userPhone."<br>";
12       echo "输入的用户性别：".$userSex."<br>";
13       echo "输入的用户喜好：";
14       print_r($hobby);
15       echo "<br>输入的用户简介： ".$profile."<br>";
16   ?>
```

在上述代码中，我们通过读取 PHP 预定义变量$_POST 中的值获取表单提交的数据，这是由于在 PHP 中，预定义的$_POST 变量用于收集来自 method=“post”的表单中的值。在此，首先通过 isset( )函数判断预定义变量$_POST 中是否存在表单提交过来的数据，如果存在则取出数据放在变量中，否则置空，如第 2～7 行代码。当获取到表单中所有提交的数据后，使用输出语句将用户的信息进行输出，如第 8～15 行代码。

通过任务一的完成，主要使得学者掌握表单数据前后端 POST 方式交互的过程，明确后端应用如何获取到用户提交的表单数据。这里有一个简易的口诀便于大家理解和掌握，即“POST 方式提交，$_POST 方式获取；GET 方式提交，$_GET 方式获取”。

子任务 2：表单数据的异步提交实现过程。

(1) Web 表单页面素材准备。导入案例表单素材页面 calc.html 和配套的 css 样式文件，并对表单页面进行分析，重点关注 form 表单中每一个 input 控件的 id 和 name 属性值的定义。

(2) 编写异步请求的函数。完善 calc.html 页面中 button 控件的 onclick 事件所对应的 javascript 函数 calculate( )；在函数中通过发送异步请求，将表单数据以 post 方式提交给 calcFun.php 文件，获取 calcFun.php 文件返回的计算结果，并将计算结果展示在 calc.html 页面中。calc.html 示例代码如下：

```
1    <!doctype html>
2    <html >
3        <head>
4            <meta charset="utf-8">
5            <meta name="viewport" content="width=device-width, initial-scale=1, shrink-to-fit=no">
6            <title>表单的异步提交</title>
7            <!-- Bootstrap core CSS -->
8            <link href="css/bootstrap.min.css" rel="stylesheet">
9            <link href="css/signin.css" rel="stylesheet">
10           <style>
11               .bd-placeholder-img {
12                   font-size: 1.125rem;
13                   text-anchor: middle;
14                   -WEBkit-user-select: none;
15                   -moz-user-select: none;
16                   -ms-user-select: none;
17                   user-select: none;
18               }
19
20               @media (min-width: 768px) {
21                   .bd-placeholder-img-lg {
22                       font-size: 3.5rem;
23                   }
24               }
25           </style>
26       </head>
27       <body class="text-center">
28           <form class="form-signin">
29               <img class="mb-4" src="img/php.png" width="82" height="72">
30               <h1 class="h3 mb-3 font-weight-normal">计算器</h1>
31               <input type="number" id="op1" name="op1" style="margin-bottom: 20px;"
32                   class="form-control" placeholder="请输入第一个操作数" required autofocus>
33               <input type="number" id="op2" name="op2" style="margin-bottom: 20px;"
34                   class="form-control" placeholder="请输入第二个操作数" required>
35               <select id="oper" name="oper"    style="margin-bottom: 20px;"
36                   class="form-control" required>
37                   <option value="%2B"> + </option>
38                   <option value="-">-</option>
39                   <option value="*">*</option>
40                   <option value="/">/</option>
41                   <option value="%">%</option>
```

```
42              </select>
43              <input id="result" hidden="hidden"
44                  type="text" name="result" style="margin-bottom: 20px;" class="form-control"
                    placeholder="计算的结果为:" readonly="">
45              <input type="button" value="提交"
46                  class="btn btn-lg btn-primary btn-block"
47                  onclick="calculate( );"
48                  ></input>
49          </form>
50          <script type="text/javascript">
51              function calculate( ){
52                  //获取输入框中的数据
53                  op1 = document.getElementById("op1").value;
54                  op2 = document.getElementById("op2").value;
55                  oper = document.getElementById("oper").value;
56                  var ajax=null;                              //定义 Ajax 请求的对象
57                  if (window.XMLHttpRequest) {
58                      //IE7+,Firefox,Chrome,Opera,Safari 浏览器执行代码
59                      ajax=new XMLHttpRequest( );
60                  } else {
61                      // IE6, IE5  浏览器执行代码
62                      ajax=new ActiveXObject("Microsoft.XMLHTTP");
63                  }
64                  ajax.open("POST","calcFun.php",true);       //发送请求
65                  //设置发送的请求头信息
66                  ajax.setRequestHeader("Content-Type",
67                          "application/x-www-form-urlencoded");
68                  //设置发送的参数
69                  ajax.send("op1="+op1+"&op2="+op2+"&oper="+oper);
70                  //处理响应
71                  ajax.onreadystatechange=function( ){
72                      if(ajax.readyState==4&&ajax.status==200){
73                          //响应成功并显示处理响应的结果
74                          var result = document.getElementById("result");
75                          result.hidden=false;
76                          result.value = ajax.responseText;
77                      }
78                  }
79              }
80          </script>
81      </body>
82  </html>
```

在上述的代码中，第 37 行代码处使用"%2B"表示"+"；第 49 行的 button 控件定义了一个 onclick 事件，对应的函数在第 53 行代码处定义；第 55～57 行代码获取用户输入的两个操作数和一个操作符；之后在第 58～65 行定义 Ajax 请求的对象；第 66～71 行代码处以 POST 方式发送异步请求、设置头部信息和要发送的参数，值得注意的是被发送的参数要使用键值对的形式表示，即"键 1 = 值 1"。如果有多个参数则要使用"&"进行连接；当响应成功后，获取 id 为"result"的控件对象，修改其 hidden 属性为 false，并设置其 value 属性为响应的结果。

(3) 表单数据的异步处理。在项目中创建 calcFun.php 文件，在 calcFun.php 文件中首先获取 Ajax 异步提交的数据；之后判定提交的数据是否有效，在提交的数据有效的前提下完成计算业务；最后将计算的结果以文本的形式进行输出，返回给请求者。calcFun.php 示例代码如下：

```php
1    <?php
2        $op1=isset($_POST['op1'])?$_POST['op1']:"";
3        $op2=isset($_POST['op2'])?$_POST['op2']:"";
4        $oper=isset($_POST['oper'])?$_POST['oper']:"";
5        if($op1!=""&&$op2!=""&&$oper!=""){
6            $result="";
7            if(($oper=="/"||$oper=="%")&&$op2==0){
8                echo "被除数不能为0";
9            }else{
10               switch($oper){
11                   case"+":$result=$op1+$op2;break;
12                   case"-":$result=$op1-$op2;break;
13                   case"*":$result=$op1*$op2;break;
14                   case"/":$result=$op1/$op2;break;
15                   case"%":$result=$op1%$op2;break;
16               }
17               echo    $result;
18           }
19       }else{
20           echo "运算数或者运算符不能为空";
21       }
22   ?>
```

上述代码中，首先从 PHP 预定义变量 $_POST 中获取传递过来的数据值，如代码第 2～4 行；接着对操作数和操作符进行判空，同时保证被除数不能为 0；在第 10～16 行通过 switch 语句进行判定和计算，输出计算的结果；最后以异步方式调用该文件的函数获得最终的计算结果。

(4) 进行功能测试。当计算功能的业务完成后，读者可以依据软件测试课程有关知识，完成任务代码的案例测试。并根据测试的结果对代码的健壮性进行优化。

知识链接

◆ 知识点 1　HTML 中的表单

在实现 Web 表单交互之前需要，需要掌握 HTML 中的表单，这是因为表单在 Web 开发中是最基本和常用的功能。表单就是在网页上用于输入信息的区域，主要的功能是收集用户输入的信息，并将其提交给后端的服务器进行处理。一个完整的表单由表单域和表单控件组成。其中，表单域由 form 标签定义，用于实现数据信息的收集和传递，具体示例如下：

```
<form action="form.php" method="get" enctype="multipart/form-data">
    <!--定义各种表单控件-->
</form>
```

在上述示例中，action、method 和 enctype 都是 form 标签的属性。具体含义如表 2-1 所示。

表 2-1　form 标签常用的属性

属性名称	功　能　描　述
action	指定接收并处理表单数据的服务器程序的 URL 地址
method	设置表单数据的提交方式，常用的有 GET 和 POST 方式，默认值为 GET
enctype	规定发送到服务器之前应该如何对表单数据进行编码

在使用 form 表单时需要注意以下几点。

(1) action 属性值可以是相对路径或者绝对路径，若省略属性则表示提交给当前文件进行处理。

(2) 采用 get 方式传递的表单在 URL 地址栏中可见，而采用 post 方式时不可见，在交互时相对安全。因此，通常情况下常使用 post 方式传递表单数据。

(3) enctype 属性的值有 application/x-www-form-urlencoded、multipart/form-data 和 text/plain 三种。enctype 属性默认为 application/x-www-form-urlencoded，表示在发送表单数据前编码所有字符。除此之外还可以设置为 multipart/form-data(post 方式)，表示不进行字符编码，尤其是含有文件上传的表单必须使用该值。设置为 text/plain(post 方式)表示传输普通文本，不对特殊字符进行编码。

◆ 知识点 2　常见的表单控件

1. input 控件

input 控件通过 type 属性的设置，可以完成多种不同控件的定义。例如，文本框、密码框、文件上传、单选复选等功能，具体设置如下：

```
<input type="text" name="user" value="user">            <!--文本框-->
<input type="password" name="pwd" value="">             <!--密码框-->
<input type="file" name="upload">                       <!--文件上传域-->
<input type="hidden" name="id" value="1">               <!--隐藏域-->
<input type="submit" value="提交">                       <!--提交按钮-->
<input type="reset" value="重置">                        <!--重置按钮-->
```

```
<input type="radio" name="gender" value="m"checked>男
<input type="radio" name="gender" value="w">女
<input type="checkbox" name="hobby[ ]" value="read">读书
<input type="checkbox" name="hobby[ ]" value="swim">游泳
<input type="checkbox" name="hobby[ ]" value="run">跑步
<input type="submit" value="提交">                           <!--密码框-->
```

2. select 控件

在 Web 页面开发过程中，时常会看到包含多个选项的下拉列表，此时则需要使用 select 控件实现该功能，具体示例如下：

```
<selectname="city">
    <option selected>--请选择--</option>
    <option value="北京">北京</option>
    <option value="上海">上海</option>
    <option value="深圳">深圳</option>
</select>
```

在上述案例中，select 是定义下拉列表的标签，而 option 是定义下拉列表中具体选项的标签，selected 属性用于设置默认的选中项。

3. textarea 控件

input 控件设置是单行文本框的输入，但对于类似自我简介、评论等可能需要大量信息的场景中，单行文本框已不适用。为此，HTML 提供了 textarea 控件实现多行文本的定义，并可以通过设置 cols 和 rows 定义文本域的高度和宽度，具体如下：

```
<textarea name="inctroduce" cols="5" rows="10">
    <!--文本内容-->
</textarea>
```

◆ 知识点 3　Web 表单的交互

当用户在网站上填写完表单后，需要将表单数据提交给网站服务器对数据进行处理或保存。通常情况下 form 表单会通过 method 属性指定提交方式，浏览器会按照指定的方式提交发送请求。当提交方式为 POST 时，浏览器发送 POST 请求，当提交方式为 GET 时，浏览器发送 GET 请求。PHP 接收到来自浏览器提交的数据后，会自动保存到 PHP 预定义好的超全局变量中，通过 POST 方式提交的数据会被保存在$_POST 中，通过 GET 方式提交的数据会被保存在$_GET 中。

1. POST 方式提交和接收表单数据

定义 login.php 页面，其中表单没有定义 action 属性，则表单数据默认提交给当前页面处理，具体代码实现如下：

```
1    <?php
2        $userName=isset($_POST["username"])?$_POST["username"]:"";
3        $userpwd=isset($_POST["userpwd"])?$_POST["userpwd"]:"";
4        if($userName&&$userpwd){
```

```
5            echo    $userName;
6            echo    "--";
7            echo    $userpwd;
8        }
9    ?>
10   <form method="post">
11       <input type="text" name="username" placeholder="请输入用户名">
12       <input type="password" name="userpwd" placeholder="请输入密码">
13       <input type="submit" value="登录">
14   </form>
```

上述案例中，在处理表单时，表单中具有 name 属性的元素会将用户填写的内容提交给服务器，PHP 会将表单数据保存在$_POST 数组中。$_POST 是一个关联数组，数组的键名对应表单元素的 name 属性，值则是用户自己填写的内容。第 1~2 行代码通过 isset 函数对表单提交的数据进行判定，如果提交的表单数据有效，则输出用户提交的数据信息。案例的运行结果如图 2-3 所示。

图 2-3   表单提交的运行结果

2. GET 方式提交和接收表单数据

当表单以 GET 方式提交时，会将用户填写的内容放在 URL 参数中进行提交，以上述案例为例，将表单中的 method 属性值改为 GET 然后提交表单，将会看到如下的 URL。

http://localhost/login.php?username=php&userpwd=1234

在上述 URL 中，"?"后面的内容为参数信息。参数是由参数名和参数值组成，中间通过"="进行连接。如果存在多个参数，则参数间通过"&"分隔。其中，username 和 userpwd 对应表单中的 name 属性，php 和 1234 是用户填写的表单参数。接下来在 PHP 中使用$_GET 超全局数组接收 URL 中的参数，实例代码如下：

```
1    <?php
2        $userName=isset($_GET["username"])?$_GET["username"]:"";
3        $userpwd=isset($_GET["userpwd"])?$_GET["userpwd"]:"";
4        if($userName&&$userpwd){
5            echo    $userName;
6            echo "--";
7            echo    $userpwd;
8        }
9    ?>
```

需要注意的是，在实际开发中，通常都不会使用 GET 方式提交表单，因为 GET 方式提交的数据在 URL 中是可见的，存在一定的安全隐患，并且传送的数据大小也有限制。

3. Web 表单的异步处理

在开发过程中经常涉及表单数据的异步提交，此时则需要借助 Ajax 技术实现该需求。所谓 Ajax 技术是一种在无须重新加载整个网页的情况下，通过后台与服务器进行少量数据交换，以使网页实现异步的更新。Ajax 请求的处理流程如图 2-4 所示。

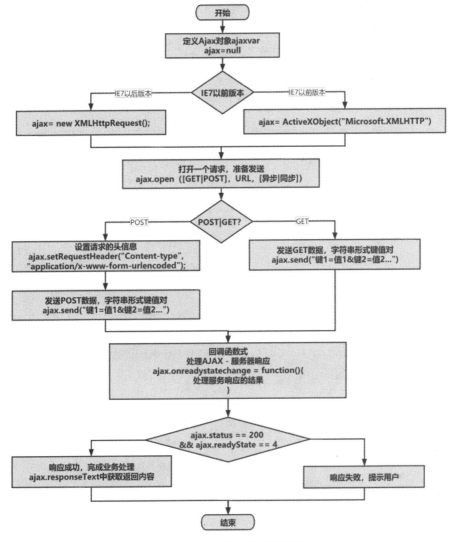

图 2-4　Ajax 请求处理的流程

1) 创建 XMLHttpRequest 对象

XMLHttpRequest 是 Ajax 的基础，用于在后台与服务器交换数据。所有现代浏览器均支持 XMLHttpRequest 对象(IE5 和 IE6 使用 ActiveXObject)。XMLHttpRequest 对象的创建代码如下：

```
var ajax;
if(window.XMLHttpRequest){
    //IE7+,Firefox,Chrome,Opera,Safari 浏览器执行代码
    ajax=new XMLHttpRequest( );
}else{
    //IE6,IE5 浏览器执行代码
    ajax=new ActiveXObject("Microsoft.XMLHTTP");
}
```

2) Ajax 向服务器发送请求

如需将请求发送到服务器，则使用 XMLHttpRequest 对象的 open( )和 send( )方法；如果需要像 HTML 表单那样 POST 数据，则需要使用 setRequestHeader( )来添加 HTTP 头信息。例如，setRequestHeader("Content-type""application/x-www-form-urlencoded")，然后在 send( )方法中规定希望发送的数据，如表 2-2 所示。

表 2-2　Ajax 向服务器发送请求的函数

方　法	方　法　描　述
open(method,url,async)	规定请求的类型、URL 以及是否异步处理请求 method 为请求的类型；GET 或 POST url 为文件在服务器上的位置 async 为 true(异步)、false(同步)
send( )	将请求发送到服务器，用于 GET 请求
send(string)	将请求发送到服务器，用于 POST 请求
setRequestHeader(header,value)	向请求添加 HTTP 头 header 为规定头的名称 value 为规定头的值

3) Ajax 服务器的响应

如需获得来自服务器的响应，可以通过 XMLHttpRequest 对象的 responseText 或 responseXML 属性实现。此外还需要对服务器的响应结果进行判断，所涉及的属性如表 2-3 所示。

表 2-3　响应结果的属性

属　性	属　性　描　述

onreadystatechange	定义当 readyState 属性发生变化时被调用的函数。
	Ajax 对象名.onreadystatechange=function( ){
	//回调函数体
	}

readyState	保存 XMLHttpRequest 的状态。 0 为请求未初始化； 1 为服务器连接已建立； 2 为请求已收到； 3 为正在处理请求； 4 为请求已完成且响应已就绪
status	常见的返回请求的状态号。 200 为 "OK"； 403 为 "Forbidden"； 404 为 "NotFound"
responseText	以字符串返回响应数据
responseXML	以 XML 数据返回响应数据

◆ 知识点 4　HTTP 的请求和响应

在前面的知识中，当浏览器提交表单后，PHP 可借助$_POST 或者$_GET 超全局变量非常方便地获取数据。之所以能使得浏览器、Apache 服务和 PHP 这几种不同的软件能紧密地协同工作，这是因为这些组件都遵循了 HTTP 协议。对于 Web 开发人员来说，只有深入理解 HTTP 的请求和响应，才能更好地开发、维护和管理 Web 应用程序。

1. 查看 HTTP 消息

当用户在浏览器中访问某个 URL 地址、单击某个超链接或者提交表单时，浏览器都会向服务器发送请求数据，即 HTTP 请求消息，这是 HTTP 请求消息的概念。当服务器接收到请求数据后，将处理后的数据回送给客户端，这就是 HTTP 响应消息。HTTP 请求消息和 HTTP 响应消息统称为 HTTP 消息。

在 HTTP 消息中，除服务器的响应实体内容(如 HTML 网页、图片等)以外，其他信息对用户都是不可见的，要想观察这些"隐藏"的信息，需要借助一些工具。通过操作 Web 浏览器打开开发者工具，切换到 Network 页面，刷新网页，就可以看到当前网页从第 1 个请求开始，依次发送的所有请求，如图 2-5 所示。

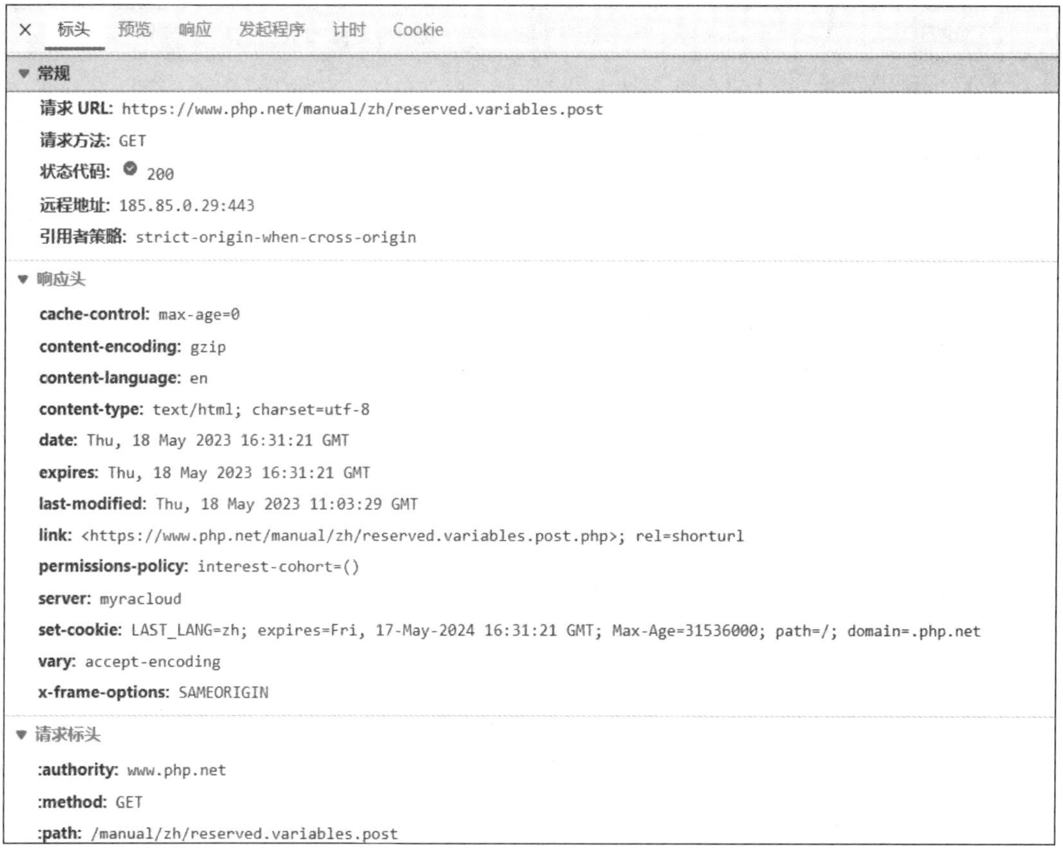

```
×  标头  预览  响应  发起程序  计时  Cookie

▼ 常规
  请求 URL: https://www.php.net/manual/zh/reserved.variables.post
  请求方法: GET
  状态代码: ✓ 200
  远程地址: 185.85.0.29:443
  引用者策略: strict-origin-when-cross-origin

▼ 响应头
  cache-control: max-age=0
  content-encoding: gzip
  content-language: en
  content-type: text/html; charset=utf-8
  date: Thu, 18 May 2023 16:31:21 GMT
  expires: Thu, 18 May 2023 16:31:21 GMT
  last-modified: Thu, 18 May 2023 11:03:29 GMT
  link: <https://www.php.net/manual/zh/reserved.variables.post.php>; rel=shorturl
  permissions-policy: interest-cohort=()
  server: myracloud
  set-cookie: LAST_LANG=zh; expires=Fri, 17-May-2024 16:31:21 GMT; Max-Age=31536000; path=/; domain=.php.net
  vary: accept-encoding
  x-frame-options: SAMEORIGIN

▼ 请求标头
  :authority: www.php.net
  :method: GET
  :path: /manual/zh/reserved.variables.post
```

图 2-5　查看 HTTP 消息

2. HTTP 请求消息

每个请求头都是由头字段名称和对应的值构成，中间用冒号":"和空格分隔。这些头字段大部分是 HTTP 规定的，每个都有特定的用途，一些应用程序也可以添加自定义的字段。

HTTP 请求的方式有多种，GET 方式是浏览器打开网页默认使用的方式，除此之外，其他方式及含义如表 2-4 所示。

表 2-4　HTTP 其他请求方式及含义

请求方式	含　义
GET	获取"请求资源路径"对应的资源
POST	向"请求资源路径"提交数据，请求服务器进行处理
HEAD	获取"请求资源路径"的响应消息头
PUT	向服务器提交数据，存储到"请求资源路径"的位置
DELETE	请求服务器删除"请求资源路径"的资源
TRACE	请求服务器回送收到的请求信息，主要用于测试或诊断
CONNECT	保留将来使用
OPTIONS	请求查询服务器的性能，或者查询与资源相关的选项和需求

在 HTTP 协议中，请求头位于请求行之后，主要用于向服务器传递附加消息。常见的请求头字段和说明如表 2-5 所示。

表 2-5　常见的请求头

请求方式	含　义
Accept	客户端浏览器支持的数据类型
Accept-Charset	客户端浏览器采用的编码
Accept-Encoding	客户端浏览器支持的数据压缩格式
Accept-Language	客户端浏览器所支持的语言包，可以指定多个
Host	客户端浏览器想要访问的服务器主机
If-Modified-Since	客户端浏览器对资源的最后缓存时间
Referer	客户端浏览器是从哪个页面过来的
User-Agent	客户端的系统信息，包括使用的操作系统、浏览器版本号等
Cookie	客户端需要带给服务器的数据
Cache-Control	客户端浏览器的缓存控制
Connection	请求完成后，客户端希望是保持连接还是关闭连接

3. HTTP 响应消息

在 HTTP 响应消息中，位于第一行的是状态行，用于告知客户端本次响应的状态，如以下响应码：

HTTP/1.1200 OK

其中，HTTP/1.1 是协议版本；200 是状态码；OK 是状态的描述信息。

响应状态码是表示服务器对客户端请求的各种不同的处理结果和状态。响应状态码由一个三位十进制数表示，分为 5 个类别，通过最高位的 1~5 来分类，其具体作用如下：

(1) 1xx 表示成功接收请求，要求客户端继续提交下一次请求才能完成整个处理过程。

(2) 2xx 表示成功接收请求并已完成整个处理过程。

(3) 3xx 表示为完成请求，客户端需进一步细化请求。

(4) 4xx 表示客户端的请求有错误。

(5) 5xx 表示服务器端出现错误。

HTTP 协议中定义了非常多的状态码，如下列举了常见的响应状态码，具体如表 2-6 所示。

表 2-6　HTTP 协议中常见的响应状态码

状态码	含义	说明
200	正常	客户端的请求成功，响应消息返回正常的请求结果
301	永久移动	被请求的文档已经被移动到别处，此文档的新 URL 地址为响应头 Location 的值，浏览器以后对该文档的访问会自动使用新地址
302	找到	和 301 类似，但是 Location 返回的是一个临时的、非永久 URL 地址
304	未修改	浏览器在请求时会通过一些请求头描述该文档的缓存情况，当服务器判断文档没有修改时，就通过 304 告知浏览器继续使用缓存，否则服务器将使用 200 状态码返回修改后的新文档
401	未经授权	当浏览器试图访问一个受密码保护的页面时，且在请求头中没有 Authorization 传递用户信息，就会返回 401 状态码要求浏览器重新发送带有 Authorization 头的信息
403	禁止	服务器理解客户端的请求，但是拒绝处理。通常由服务器上文件或目录的权限设置导致
404	找不到	服务器上不存在客户端请求的资源
500	内部服务器错误	服务器内部发生错误，无法处理客户端的请求发生错误，无法处理客户端的请求
502	无效网关	服务器作为网关或者代理访问上游服务器，但是上游服务器返回了非法响应
504	网关超时	服务器作为网关或者代理访问上游服务器，但未能在规定时间内获得上游服务器的响应

响应头位于响应状态行的后面，用于告知浏览器本次响应的一个基本信息，包括服务程序名、内容的编码格式、缓存控制等。常见的 HTTP 响应表头如表 2-7 所示。

表 2-7　常见的 HTTP 响应表头

响 应 头	含 义
Server	服务器的类型和版本信息
Date	服务器的响应时间
Expires	控制缓存的过期时间
Location	控制浏览器显示哪个页面(重定向到新的 URL)
Accept-Ranges	服务器是否支持分段请求，以及请求范围
Cache-Control	服务器控制浏览器如何进行缓存
Content-Disposition	服务器控制浏览器以下载方式打开文件
Content-Encoding	实体内容的编码格式
Content-Length	实体内容的长度
Content-Language	实体内容的语言和国家名

　　HTTP 的请求头和响应头是浏览器与服务器之间交互的重要信息，由浏览器和 Web 服务器自动处理，通常不需要人为干预。但有时开发者会需要手动更改一些响应消息，以实现网站项目的某些功能需求，或者进行浏览器缓存方面的优化。

　　4. 实体内容

　　服务器响应的实体内容有多种编码格式。当用户请求的是一个网页时，实体内容的格式就是 HTML。服务器为了告知浏览器内容类型，会通过响应消息头中的 Content-Type 来标识。例如，网页的类型通常是"text/html;charset=UTF-8"，表示内容的类型为 HTML，字符集是 UTF-8，其中，"text/html"是一种 MIME 类型表示方式。MIME 是目前在大部分互联网应用程序中通用的一种标准，其表示方法为"大类类别/具体类型"。常见的 MIME 类型如表 2-8 所示。

表 2-8　常见的 MIME 类型

MIME 类型	说 明	MIME 类型	说 明
text/plain	普通文本(.txt)	text/css	CSS 文件(.css)
text/xml	XML 文档(.xml)	application/javascript	JavaScript 文件(.js)
text/html	HTML 文档(.html)	application/x-httpd-php	PHP 文件(.php)
image/gif	GIF 图像(.gif)	application/rtf	RTF 文件(.rtf)
image/png	PNG 图像(.png)	application/pdf	PDF 文件(.pdf)
image/jpeg	JPEG 图像(.jpg)	application/octet-stream	任意的二进制数据

　　浏览器对于服务器的不同响应，MIME 类型会有不同的处理方式，如遇到普通文本时直接显示，遇到 HTML 时渲染成网页，遇到图片类型的文件时显示成图像。如果浏览器遇到无法识别的类型时，在默认情况下会执行下载文件的操作。

　　通过以上知识的学习，请学习者利用课余时间，根据导入案例任务场景描述，完成知识和能力拓展的导入案例。

知识和能力拓展

用户在网站上填写了表单后，需要将数据提交给网站服务器对数据进行处理和保存。通常表单都会通过 method 属性指定提交方式，当表单提交时，浏览器就会按照指定的方式发送请求。当表单的 method 属性提交方式为 POST 时，浏览器发送 POST 请求；当表单的 method 属性提交方式为 GET 时，浏览器发送 GET 请求。当 PHP 收到来自浏览器提交的数据后，会自动保存到超全局变量中。通过 POST 方式提交的数据会保存到$_POST 中，通过 GET 方式提交的数据会保存到$_GET 中。可见 Web 表单的提交方式和接收方式的标准保持一致。因为标准是衡量和评价事物优劣的准则，也是人们行为和思维的规范。在此，希望学习者能树立正确的行为准则，追求卓越的标准。通过上述引言，导入以下两个案例。

案例 1　当接收表单时，用户输入的内容中可能会有 HTML、CSS、JavaScript 代码，如果 PHP 将这些输入数据原样显示到 HTML 中，就会对网页造成破坏，而且 JavaScript 代码也会被浏览器执行，影响网站的安全。在 PHP 中，可以使用 strip_tags( )函数过滤表单中的 HTML 标记。因此，提出以下需求。

(1) 创建一个表单，表单中有一个输入用户姓名的字段。

(2) 该表单数据传输给 showinfo.php。

(3) 在 showinfo.php 中将该变量获取并打印。

(4) 如果向表单元素中输入正常的值，查看页面显示效果。

(5) 返回该表单，在输入的信息前添加<strong>等 HTML 标签，再传输给 showinfo.php 查看显示效果。

(6) 重复上一步操作，在 showinfo.php 中使用 strip_tags( )函数对该变量进行处理，过滤表单中的 HTML 标记，再次查看页面显示效果。

案例 2　在实际项目开发过程中,经常涉及使用 JQuery 技术处理表单数据的异步提交。请改造任务二的代码，通过 JQuery 的 Ajax 技术提交表单数据给后端的 php 文件，后端 php 文件获取提交的数据并进行处理，最终将结果返回显示在页面中。JQuery 的 Ajax 请求方式说明大致如下：

```
$.ajax({
    url:'/index.php',                      //处理请求的 URL
    type:'POST',                           //处理请求的方式 POST 或者 GET
    dataType:'json|XML|HTML..',            //预期服务器返回的数据类型
    data:{                                 //发送到服务器的数据
        '关键字 1':参数 1,
        '关键字 2':参数 2                    //将自动转换为请求字符串格式
    },
    success:function(res){                 //请求成功后的回调函数
    },
    error:function(e){                     //请求失败后的回调函数
    }
});
```

评价反馈

任务评价表

评价项目	评价要素	评价满分	评价分值
知识技能评价	理解 PHP 处理表单的过程	10	
	掌握表单的 GET 方式提交和接收处理的方法	20	
	掌握表单的 POST 方式提交和接收处理的方法	20	
	掌握表单的 Ajax 异步提交和处理	20	
	理解 HTTP 的请求和响应方法	10	
课程思政评价	勤于思考、严谨自律、精益求精，以及质量意识、标准意识、学习意识	20	
整体评价		100	

任务 2.2   Web 表单数据的正则校验

随着信息技术的迅速发展，在 Web 应用开发中，我们面临着越来越多的 Web 表单数据输入和处理问题。在此背景下，Web 表单数据正则校验就显得尤为重要。接下来我们将通过任务化的形式完成基于正则表达式的 Web 表单数据校验，以确保数据的合法性、安全性、准确性和完整性。本任务将基于上一个任务完成 Web 表单数据的正则校验。

 任务目标

(1) 熟悉正则表达式的语法规则。
(2) 掌握 PHP 中常用的正则表达式处理函数。
(3) 掌握如何使用正则表达式进行模式匹配。
(4) 培养学生勤于思考、严谨和精益求精的态度，以及树立正确的价值观和道德观。

 任务书

在项目开发过程中，经常需要获取用户提交的信息，如用户注册时的用户名、密码、邮箱、QQ 号等详细信息。而上述信息都需要经过格式验证后，才能避免用户填写不合法的信息。请通过 PHP 中的正则表达式完成 Web 表单数据的正则校验。具体需求描述如下：
(1) 用户名：只能包含英文字母(大写或者小写)，且长度要在 4~12 个字母之间。
(2) 密码：6~10 个字符(大小写字母、数字或下画线)。
(3) QQ 号码：1~9 中的任意数字开头，长度至少 5 位。
请根据任务书中的描述，导入素材表单页面并按要求借助 PHP 的正则表达式完成该任务。

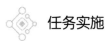

任务实施

根据任务的描述，导入教师提供的表单素材页面 userRegister.html 和配套的 css 样式文件，页面的效果图如图 2-6 所示。

图 2-6　用户注册页面的效果

接着对表单页面进行分析，确定表单中的每个标签的 name 属性值。userRegister.html 中的 form 代码块具体如下：

```
<form class="form-signin" action="register.php" method="post">
<img class="mb-4"src="../img/php.png" alt="" width="125" height="120">
<h1 class="h3mb-3font-weight-normal">用户注册信息</h1>
<div class="rowmg-t-10">
    <div class="col-lg-12">
        <input style="margin-bottom:20px;"
            type="text"
            name="userName"
            placeholder="请输入用户姓名 4~12 个长度字符，包含大写或者小写英文字母"
            class="form-control">
    </div>
</div>
<div class="rowmg-t-10">
    <div class="col-lg-12">
        <input style="margin-bottom:20px;"
            type="password"
            name="userPwd"
            placeholder="请输入用户密码(6~10 个字符，由大小写字母、数字或下画线组成)"
            class="form-control">
    </div>
```

```
            </div>
            <div class="rowmg-t-10">
                <div class="col-lg-12">
                    <input style="margin-bottom:20px;"
                        type="email"
                        name="userEmail"placeholder="请输入用户邮箱"
                        class="form-control">
                </div>
            </div>
            <div class="rowmg-t-10">
                <div class="col-lg-12">
                    <input style="margin-bottom:20px;"
                        type="text"
                        name="userQQ"placeholder="请输入用户 QQ"
                        class="form-control">
                </div>
            </div>
            <input class="btnbtn-lgbtn-primarybtn-block" type="submit" value="提交"/>
    </form>
```

上述代码中，我们需要重点关注 form 表单中每一个 "input" 控件的 name 属性，我们只有设置了 name 属性的表单元素才能在提交表单时传递它们的值。对于表单的提交方式，上述代码中使用 POST 方式进行传递，最终将表单信息传递给 action 属性所对应的 register.php 文件进行表单数据的正则校验处理。具体示例代码如下：

```php
   <?php
1     //获取表单提交的数据
2     $userName=isset($_POST['userName'])?$_POST['userName']:"";
3     $userPwd=isset($_POST['userPwd'])?$_POST['userPwd']:"";
4     $userEmail=isset($_POST['userEmail'])?$_POST['userEmail']:"";
5     $userQQ=isset($_POST['userQQ'])?$_POST['userQQ']:"";
6     if($userName!=""&&$userPwd!=""&&$userEmail!=""&&$userQQ!=""){
7     //进行正则校验
8     $userName_pattern="/^[a-zA-Z]{4,12}$/";
9     $userPwd_pattern="/^\w{6,10}$/";
10    $userEmail_pattern="/^(\w+(\_|\-|\.)*)+@(\w+(\-)?)+(\.\w{2,})+$/";
11    $userQQ_pattern="/^[1-9][0-9]{4,}$/";
12    $result=preg_match($userName_pattern,$userName);
13    if(!$result){
14        echo "<script>alert('【用户名需满足 4~12 个长度字符，包含大写或者小写英文字母】，请查验');
```

```
15          location='userRegister.html'</script>";
16          exit;
17      }
18      $result=preg_match($userPwd_pattern,$userPwd);
19      if(!$result){
20          echo "<script>alert('【用户密码需满足 6~10 个字符，由大小写字母、数字或下画线组成】,
            请查验');
21          location='userRegister.html'</script>";
22          exit;
23      }
24      $result=preg_match($userEmail_pattern,$userEmail);
25      if(!$result){
26          echo "<script>alert('【用户邮箱地址格式错误】,请查验');
27          location='userRegister.html'</script>";
28          exit;
29      }
30      $result=preg_match($userQQ_pattern,$userQQ);
31      if(!$result){
32          echo "<script>alert('【用户 QQ 账号格式错误】,请查验');
33          location='userRegister.html'</script>";
34          exit;
35      }
36      if($result){
37          echo "用户注册信息校验成功,可执行数据持久化操作。<br>";
38      }
39  }else{
40      echo "<script>alert('提交的用户注册信息不能为空');
41      location='userRegister.html'</script>";
42      exit;
43  }
44  ?>
```

上述代码中，第 2～6 行代码处获取 userRegister.html 页面的 form 表单中以 POST 方式提交的数据；第 8～11 行代码处则按照任务需求定义正则匹配式；第 12～38 行代码处则实现了用户注册信息中每一个字段的正则校验。

通过对任务的实现，我们可以使用正则表达式的合理运用能有效避免用户提交的非法数据，提高了应用系统的安全性和稳定性，同时这也警醒我们数据安全的重要性。因此，在实际工作中我们始终要有一个严谨和精益求精的态度，更要树立正确的价值观和道德观，更要避免滥用正则表达式带来的不良影响。

知识链接

◆ **知识点 1   正则表达式**

正则表达式(regular expression)简称 regexp，是一种描述字符串结构的语法规则，是一个特定的格式化模式，用于验证各种字符串是否匹配这个特征，进而实现高级的文本查找、替换、截取内容等操作。例如，若想要使 Apache 服务器解析 PHP 文件，需要在 Apache 的配置文件中添加能够匹配出以 ".php" 结尾的配置 "\.php$"，添加完成后当用户访问 PHP 文件时，Apache 就会将该文件交给 PHP 去处理。这里的 "\.php$" 就是一个简单的正则表达式。

正则表达式的形成与发展有着悠久的历史，它最初是神经生理学家 WarrenMcCulloch 和 WalterPitts 研究出的一种数学描述方式；数学家 StephenKleene 在论文中第一次提出了正则表达式的概念；KenThompson 在 Unix 的 qed 编辑器的搜索算法中第一次使用正则；直到现在为止，正则在各种计算机软件中都有广泛应用。例如，在操作系统(Windows、Unix、Linux 等)、编程语言(C、C++、Java、Python、PHP 等)、服务软件(Apache、Nginx)中都会使用正则表达式。

正则表达式的表现形式有多种。一种是 POSIX 规范兼容的正则表达式，包括基本语法 BRE(base regular expression)和扩展语法 ERE(extended regular expression)两种规则。另一种是当 Perl(一种功能丰富的编程语言)发展起来后，衍生出来了 PCRE(perl compatible regular expressions，Perl 兼容正则表达式)库，使得许多开发人员可以将 PCRE 整合到自己的语言中，而 PHP 也为 PCRE 库的使用提供了相应的函数。

◆ **知识点 2   正则表达式入门**

1. preg_match( )函数的使用

在 PHP 中，可使用 PHP 提供的 PCRE 相关内置函数，根据正则匹配模式完成对指定字符串的搜索和匹配。preg_match( )函数是最常用的一个函数，以下列举了该函数的常见用法。

1) 执行匹配

preg_match( )函数的第 1 个参数是正则表达式，第 2 个参数是被搜索的字符串，示例代码如下：

```
$result=preg_match('/php/','hellophpWeb');
var_dump($result);              //输出结果：int(1)
```

在上述示例代码中，"/php/" 中的 "/" 是正则表达式的定界符。当函数匹配成功时返回 1，匹配失败时返回 0，如果发生错误则返回 false。由于被搜索的字符串中包含 "php"，因此该函数的返回值为 1。

需要注意的是，PHP 中的 PCRE 正则函数都需要在正则表达式的前后加上定界符 "/"，并且定界符可以自己设定，只需要保持前后一致即可。

2) 获取匹配结果

preg_match( )函数的第 3 个参数用于以数组形式保存匹配到的结果，示例代码如下：

```
preg_match('/happy/','LuckyhappyMarkhappy',$matches);
print_r($matches);            //输出结果：Array([0]=>happy)
```

在上述示例代码中，preg_match( )函数在正则匹配时，只要匹配到符合的内容就会停止继续匹配。因此，尽管字符串中有两个"happy"，但在匹配结果中只有一个。

3）设置偏移量

在使用 preg_match( )函数时，如果将函数的第 4 个参数设置为"PREG_OFFSET_CAPTURE"，表示将第一次匹配到指定规则的内容所在位置的偏移量添加到$matches 中，待查字符串的开始位置从 0 开始计算，示例代码如下：

```
preg_match('/happy/','Luckyhappy',$matches,PREG_OFFSET_CAPTURE);
var_dump($matches);
```

运行上述示例代码，可以得到的结果如下：

```
array(1){
[0]=>array(2){
[0]=>string( )"happy"
[1]=>int(5)
}
}
```

通过打印的结果可以看出，preg_match( )函数根据正则的规则在字符串"Luckyhappy"中匹配到了指定字符串"happy"，且"h"字符的位置偏移量为 5。

2. 正则表达式组成

在 PHP 的 PCRE 函数中，一个完整的正则表达由 4 部分内容组成，分别为定界符、元字符、文本字符和模式修饰符。其中，元字符是具有特殊含义的字符，如"^"、"."或"*"等；文本字符就是普通的文本，如字母和数字等；模式修饰符用于指定正则表达式以何种方式进行匹配，如 i 表示忽略大小写，x 表示忽略空白字符等，以下为示例代码：

```
preg_match('/.*ha/','LuckyHappy');        //匹配结果：0
preg_match('/.*ha/i','LuckyHappy');       //匹配结果：1
```

在上述示例代码中，".*"用于匹配任意字符，因此正则表达式"/.*ha/"可以匹配任意含有"ha"的字符串，如"ha""happy""Luckyhappy"等。当添加模式修饰符"i"时，表示可匹配的内容忽略大小写，如所有含"HA""Ha""hA"和"ha"的字符串都可以匹配。需要注意的是，在编写正则表达式时，元字符和文本字符在定界符内，模式修饰符一般标记在结尾定界符之外。

正则表达式定义了许多元字符用于实现复杂匹配，而若要匹配的内容是这些字符本身时，就需要在前面加上转义字符"\"，如"\^""\\"等，具体示例如下：

```
preg_match('/\^/','abc^def',$matches);
print_r($matches);                    //输出结果：Array([0]=>^)
preg_match('/\*/','abc*def',$matches);
print_r($matches);                    //输出结果：Array([0]=>*)
preg_match('/\\/','abc\def',$matches);
```

```
print_r($matches);                    //输出结果：Array([0]=>\)
```

在上述示例代码中，由于 PHP 的字符串存在转义问题，因此在代码中书写"\\"实际只保存了一个"\"。从上面的示例代码的输出中可以看出，利用正则表达式的转义字符"\"成功匹配出了特殊字符。

3. 获取所有匹配结果

在 PHP 中，preg_match_all( )函数的功能与 preg_match( )函数类似，区别在于 preg_match( )函数在第一次匹配成功后就停止查找，而 preg_match_all( )函数会一直匹配到最后才停止，并获取到所有相匹配的结果。接下来看 preg_match_all( )函数的具体使用。

1) 执行匹配

利用 preg_match_all( )函数执行正则表达式的匹配，示例代码如下：

```
$result=preg_match_all('/php/','hellophp,phpproject');

var_dump($result);                    //输出结果：int(2)
```

在上述示例代码中，第 1 个参数表示正则表达式，第 2 个参数是被搜索的字符串。如果执行成功，则返回匹配的次数；当返回 0 时表示没有匹配到；发生错误时返回 false。被搜索的字符串"hellophp,phpproject"中含有两个"php"，因此输出的结果为 2。

2) 获取匹配结果

preg_match_all( )函数的第 3 个参数可以保存所有匹配到的结果，具体示例如下：

```
preg_match_all('/php/','hellophp,phpproject',$matches);

print_r($matches);    //输出结果：array(1){[0]=>array(2){[0]=>string(3)"php"[1]=>string(3)"php"}}
```

值得一提的是，preg_match_all( )函数还有第 4 个参数，用于设置匹配结果在第 3 个参数中的保存形式，默认为 PREG_PATTERN_ORDER，表示在结果数组的第 1 个元素$matches[0]中保存所有匹配到的结果；如果将值设置成 PREG_SET_ORDER，表示结果数组的第 1 个元素保存第 1 次匹配到的所有结果，第 2 个元素保存第 3 次匹配到的所有结果，依此类推。示例代码如下：

```
preg_match_all('/php/','hellophp,phpproject',$matches,PREG_SET_ORDER);

print_r($matches);

//输出结果：array(2){[0]=>array(1){[0]=>string(3)"php"}[1]=>array(1){[0]=>string(3)"php"}};
```

◆ 知识点 3   正则表达式语法

要想根据具体需求完成正则表达式的编写，首先要先了解元字符、文本字符以及模式修饰符都有哪些，以及各自的具体用途。

1. 定位符和选择符

在程序开发过程中，经常需要确定字符在字符串中的具体位置。具体示例代码如下：

```
<?php
1      $_str="PHP is an excellent programming language";
2      //匹配字符串开始的位置
```

```
3    preg_match('/^php/i',$_str,$matches);
4    print_r($matches);              //输出结果：Array([0]=>PHP)
5    //匹配字符串结束的位置
6    preg_match('/language$/',$_str,$matches);
7    print_r($matches);              //输出结果：Array([0]=>language)
?>
```

在上述示例代码中，定位符"^"可用于匹配字符串开始的位置，"/^php/i"中的"i"则表示忽略大小写；定位符"$"用于匹配字符串结尾的位置。

如果实际需求中需要查找的条件有多个，只要其中一个满足即可成立时，可用选择符"|"。我们可以理解该字符为"或"的含义，具体示例代码如下：

```
1    <?php
2        $_str="PHP is an excellent programming language";
3        preg_match_all('/php|an|pro|Abc/i',$_str,$matches);
4        print_r($matches);
5        //输出结果：Array([0]=>Array([0]=>PHP[1]=>an[2]=>pro[3]=>an))
6    ?>
```

从上述代码中可以看出，只要待匹配字符串中含有选择符"|"设置的内容就会被匹配出来。在第 2 行代码中，"Abc"不包含在字符串变量$_str 中，因此输出的结果中不含有"Abc"匹配的结果。

2. 字符范围与反斜线

正则表达式中，对于匹配某个范围内的字符，可以用中括号"[ ]"和连字符"-"来实现。且在中括号中还可以用反义字符"^"，表示匹配不在指定字符范围内的字符。下面以使用 preg_match_all( )函数匹配"AbCd"为例，具体结果如表 2-9 所示。

表 2-9　字符范围示例

示　　例	说　　明	匹配结果
[abc]	匹配字符 a、b、c	b
[^abc]	匹配除 a、b、c 以外的字符	A、C、d
[B-Z]	匹配字母 B～Z 范围内的字符	C
[^a-z]	匹配字母 a～z 范围外的字符	A、C
[a-zA-Z0-9]	匹配大写字母、小写字母和数字 0～9 范围内的字符	A、b、C、d

需要注意的是，字符"-"在通常情况下只表示有个普通字符，只有在表示字符范围时才作为元字符来使用。"-"连字符表示的范围遵循字符编码的顺序，如"a-Z""z-a""a-9"都是不合法的范围。

在正则表达式中，"\"除了前面讲解的可作转义字符外，还具有其他功能。例如，匹配不可打印的字符、指定预定义字符集等。反斜线的常用功能表如表 2-10 所示。

表 2-10   反斜线的常用功能

字　　符	说　　明
\d	任意一个 10 进制数字，相当于[0-9]
\D	任意一个非 10 进制数字
\w	任意一个单词字符，相当于[a-zA-Z0-9]
\W	任意一个非单词字符
\s	任意一个空白字符(如空格、水平制表符等)
\S	任意一个非空白字符
\b	单词分界符，如"\bgra"可以匹配"bestgrade"的结果为"gra"
\B	非单词分界符，如"\Bade"可以匹配"bestgrade"的结果为"ade"
\xhh	表示 hh(16 进制 2 位数字)对应的 ASCII 字符，如"\x61"表示"a"

从表 2-10 中可以看出，利用预定的字符集可以很容易地完成某些正则匹配。例如，大写字母、小写字母和数字可以使用"\w"直接表示；若要匹配 0 到 9 之间的数字可以使用"\d"表示；有效的使用反斜线的这些功能可以使正则表达式更加简洁，便于阅读。

3. 字符的限定与分组

点字符"."用于匹配一个任意字符，限定符(?、+、*、{})用于匹配某个字符连续出现的次数。关于点字符和限定符的详细说明如表 2-11 所示。

表 2-11   点字符和限定符

字符	说　　明	示例	结　　果
.	匹配一个任意字符	p.p	可匹配 php、pap、pup 等
?	匹配前面的字符零次或一次	hone?y	可匹配 honey 和 hony
+	匹配前面的字符一次或多次	co+me	可匹配范围从 come 到 co…me
*	匹配前面的字符零次或多次	co*me	可匹配范围从 cme 到 co…me
{n}	匹配前面的字符 n 次	ne{2}d	只能匹配 need
{n,}	匹配前面的字符最少 n 次	ne{2,}d	可匹配范围从 need 到 ne…d
{n,m}	匹配前面字符最少 n 次，最多 m 次	lug{0,2}	可匹配 lu、lug 和 lugg 三种情况

接下来具体演示如何使用正则表达式完成一个 11 位数组组成的手机号的验证。具体需求为，要求手机号以 1 开头，第 2 位数字是 3、4、5、7、8 中的一个，剩余的数字可以是 0~9 之间的任意数字，具体实例代码如下：

```
1    <?php
2        $resulr=preg_match('/^1[34578]\d{9}$/','400-812-4000');
3        echo $resulr==0?'未匹配':'匹配';            //输出结果：未匹配
4        $resulr=preg_match('/^1[34578]\d{9}$/','18232364682');
5        echo $resulr==0?'未匹配':'匹配';            //输出结果：匹配
```

```
6        $resulr=preg_match('/^1[34578]\d{9}$/','16233654755');
7        echo $resulr==0?'未匹配':'匹配';                    //输出结果：未匹配
8    ?>
```

4. 贪婪与懒惰匹配

当点字符和限定符连用时，可以实现匹配指定数量范围的任意字符。例如，"^start. *end$"可以匹配从 start 开始到 end 结束，中间包含零个或多个任意字符的字符串。正则表达式在实现指定数量范围的任意字符匹配时，支持贪婪匹配和惰性匹配两种方式。所谓贪婪表示匹配尽可能多的字符，默认情况下是贪婪匹配惰性表示匹配尽可能少的字符；若想要实现惰性匹配，需在上一个限定符的后面加上"?"符号。具体示例代码如下：

```
//贪婪匹配
preg_match('/p.*h/','phabcdphphp',$matches);
print_r($matches);//输出结果：Array([0]=>phabcdphph)


//懒惰匹配
preg_match('/p.*?h/','phabcdphphp',$matches);
print_r($matches);//输出结果：Array([0]=>ph)
```

在上述代码中，贪婪匹配时，会获取最先出现的 p 到最后出现的 h，即可获得匹配结果 "phabcdphph"；懒惰匹配时，会获取最先出现的 p 到最先出现的 h，因此获得结果为"ph"。

5. 括号字符

在正则表达式中，括号字符"( )"有两个作用：一是改变限定符的作用范围，二是用于分组。

1) 改变限定符的作用范围

在改变作用范围前，如果存在正则表达式 p|en|cil，则可得到以下匹配的结果：p、pen、pencil。如果通过"( )"定义正则表达式 p(en|cil)，则改变作用范围后，可得到匹配的结果为 pen、pencil。可见，小括号实现了匹配 pen 和 pencil，如果不使用小括号，则变成了 p、pen、pencil。

2) 分组

分组前如果存在正则表达式：bana{2}，可匹配的结果为 banaa；如果通过"( )"定义正则表达式：ba(na){2}，则可匹配的结果为 banana。可见在上述示例中，当未分组时，表示匹配 2 个 a 字符；而分组后，表示匹配 2 个"na"字符串。

接下来通过案例具体演示如何使用正则进行日期格式的匹配。假设匹配 1000～9999 范围的年份，月份从 1 到 12 月，天数从 1 至 31 天，忽略复杂月份的天数。匹配的日期格式为"年-月-日"，示例代码如下：

```
1    <?php
2        //匹配表达式
3        $pattern='/^[1-9]\d{3}-([1-9]|1[0-2])-([1-9]|[1-2]\d|3[01])$/';
4        $resulr=preg_match($pattern,'23-5-6');
```

```
5      var_dump((bool)$resulr);          //输出结果:bool(false)
6      $resulr=preg_match($pattern,'2023-5-6');
7      var_dump((bool)$resulr);          //输出结果:bool(true)
8      $resulr=preg_match($pattern,'2023-03-01');
9      var_dump((bool)$resulr);          //输出结果:bool(false)
10    ?>
```

6. 模式修饰符

在 PHP 正则表达式的定界符外，还可以使用模式修饰符，用于进一步对正则表达式进行设置。其中，常见的模式修饰符如表 2-12 所示。

表 2-12 常见的模式修饰符

模式符	说　　明	示　例	可匹配结果
i	模式中的字符将同时匹配大小写字母	/con/i	Con、con、cOn 等
m	目标字符串视为多行	/P.*/m	PHP\nPC
s	将字符串视为单行，换行符作为普通字符	/Hi.*my/s	Hi\nmy
x	将模式中的空白忽略	/need/x	need
A	强制仅从目标字符串的开头开始匹配	/good/A	相当于/^good/
D	模式中$元字符仅匹配目标字符串的结尾	/it$/D	忽略最后的换行
U	匹配最近的字符串	/<.+>/U	匹配最近一个字符串

从表 2-12 中和之前示例代码中可知，若要忽略匹配字符的大小写，除了可以使用选择符"|"和中括号"[]"外，还可以直接在定界符外添加 i 模式符；若要忽略目标字符串中的换行符，可以使用模式修饰符 s 等。除此之外，模式修饰符还可以根据实际需求多个组合在一起使用。例如，既要忽视大小写又要忽视换行，则可以使用直接使用 is。在编写多个模式修饰符时没有顺序要求。因此，模式修饰符的合理使用，可以使正则表达式变得更加简洁、直观。

在实际运行时，正则表达式中的运算符有很多，各种运算符会遵循优先级顺序，PHP中常用的正则表达式运算符优先级(由高到低)的顺序如表 2-13 所示。

表 2-13 正则运算符优先级顺序

运　算　符	说　　明
\	转义符
( )、(?:)、(?=)、[ ]	括号和中括号
*、+、?、{n}、{n,}、{n,m}	限定符
^、$、\任何元字符、任何字符	定位点和序列
|	替换

想要在开发中能够熟练使用正则完成指定规则的匹配，在掌握正则运算符含义与使用的情况下，还要了解各个正则运算符的优先级，才能保证编写的正则表达式按照指定的模式进行匹配。

◆ 知识点 4　PCRE 兼容正则表达式函数

在 PHP 中，提供了两套支持正则表达式的函数库，分别是 PCRE 兼容正则表达式函数库和 POSIX 函数库。由于 PCRE 函数库在执行效率上优于 POSIX 库，且 POSIX 函数库中的函数已经过时。因此，下面仅对 PCRE 兼容正则表达式函数库中的常见函数进行讲解。

1. preg_grep( )函数

该函数实现对于数组中的元素进行正则匹配，函数具体声明如下：

```
preg_grep(string$pattern,array$array,int$flags=0):array|false
```

在函数声明中，$pattern 表示要搜索的模式，以字符串的形式表示；第二个参数$array 表示待匹配的数组；第三个参数如果设置为 PREG_GREP_INVERT，则表示这个函数返回输入数组中与给定模式 pattern 不匹配的元素组成的数组。该函数的返回值是符合正则规则的数组，同时保留原数组中的键值关系。当匹配失败时，则返回 false。具体示例代码如下：

```
1    <?php
2        $arr=['PHP','Lucky','C','Java','Python','C++'];
3        $matches=preg_grep('/^[A-Z]*$/',$arr);
4        print_r($matches);     输出结果:Array([0]=>PHP[2]=>C[3]=>Java)
5        $matches=preg_grep('/^[A-Z]*$/',$arr,PREG_GREP_INVERT);
6        print_r($matches);     输出结果:Array([1]=>Lucky[4]=>Python[5]=>C++)
7    ?>
```

在上述代码中，定义数组对象$arr；在第 3 行代码处使用 preg_grep 函数进行匹配，匹配数组中字符全部是大写的元素；在第 5 行代码处通过设置 PREG_GREP_INVERT 参数，将不匹配的结果进行筛选并输出。

2. preg_replace( )函数

在程序开发中，如果想通过正则表达式完成字符串的搜索和替换，可以使用 preg_replace( )函数。与字符串处理函数 str_replace( )相比，preg_replace( )函数的功能更加强大。其具体声明如下：

```
preg_replace(
        string|array$pattern,
        string|array$replacement,
        string|array$subject,
        int$limit=-1,
        int&$count=null
    ):string|array|null
```

通过上述声明可以看出，该函数是搜索 subject 中匹配 pattern 的部分，以 replacement 进行替换。其中，参数 limit 的值是每个模式在每个 subject 上进行替换的最大次数。默认是 -1，表示无限次数；参数 count 如果被指定，则表示被填充完成时的替换次数。

1) 替换指定内容

preg_replace( )函数首先搜索第 3 个参数中符合第 1 个参数正则规则的内容，然后使用第 2 个参数进行替换。其中，第 3 个参数的数据类型决定了函数的返回值类型。例如，第 3 个参数是字符串，则返回值是字符串类型，如果第 3 个参数是数组，则返回值即是数组类型。示例代码如下：

```php
1   <?php
2       //要替换的敏感词列表
3       $sensitiveWords=array('/敏感词 1/','/敏感词 2/','/敏感词 3/');
4       //要检查和替换的字符串
5       $string="这是一段包含敏感词 1 和敏感词 2 的文本，需要进行过滤。";
6       //进行替换
7       $filteredString=preg_replace($pattern,'***',$string);
8       //输出结果
9       echo  $filteredString;   //输出结果：这是一段包含***和***的文本，需要进行过滤。
10  ?>
```

上述代码中，首先在第 3 行代码处，定义了一个敏感词列表$sensitiveWords，然后在代码第 4 行处定义了一个包含敏感词的字符串$string。接下来我们使用 preg_replace( )函数来进行替换操作，将敏感词进行替换。需要注意的是，正则匹配的规则和替换内容是数组时，其替换的顺序仅与数组定义时编写的顺序有关，与数组的键名无关。

2）限定替换次数

在使用 preg_replace( )函数实现正则匹配内容替换时，默认允许的替换次数是所有符合规则的内容，其值是 −1，表示无限次。另外在实际开发过程中，可以根据实际情况设置允许替换的次数，具体示例代码如下：

```php
1   <?php
2       $str="hello world,world is beautiful";        //定义目标字符串
3       $pattern="/world/";                           //定义匹配对象
4       $replacement="earth";                         //定义替换内容
5       $limit=1;                                     //定义替换的次数
6       $result=preg_replace($pattern,$replacement,$str,$limit);
7       echo $result;                                 //输出结果：hello earth,world is beautiful
8   ?>
```

在上述代码中，$str 字符串有两处符合正则$pattern 的匹配，但是 preg_replace( )函数的第 4 个参数将替换次数限定为 1。因此代码执行完成后的结果中只替换掉了第一个“word”，第二个“word”不受影响。

3）获取替换的次数

在实际开发过程中我们会遇到需要替换的内容很多，如果我们需要了解 preg_replace( )函数具体完成了几次指定规则的替换，可以通过以下代码示例实现：

```php
1   <?php
2       $str="hello world,world is beautiful";        //定义目标字符串
3       $pattern="/world/";                           //定义匹配对象
```

```
4          $replacement="earth";                      //定义替换内容
5          $count=0;                                   //定义替换的次数, 初始值 0
6          $result=preg_replace($pattern,$replacement,$str,-1,$count);
7          echo  $count;                               //输出结果: 2
8      ?>
```

3. preg_split( )函数

对于字符串的分隔, 在之前模块的学习中接触过函数 explode( ), 该函数可以利用指定的字符分隔字符串。但在实际应用中可能存在以下需求, 即若在字符串分隔时, 指定的分隔符有多个, explode( )函数显然不能够满足要求。因此, PHP 专门提供了 preg_split( )函数, 则通过正则表达式分隔字符串, 用于完成复杂字符的分隔操作。

1) 按照规则分隔

以下示例代码演示了如何按照字符串中的 "@" 和 "." 两种分隔符进行分隔。

```
$arr=preg_split('/[@,\.]/','xyz@126.com');
print_r($arr);                    //输出结果: Array([0]=>xyz[1]=>126[2]=>com)
```

在上述示例代码中, preg_split( )函数的第 1 个参数为正则表达式分隔符, 第 2 个参数表示待分隔的字符串, 最终结果保存在索引数组中。

2) 指定分隔次数

在使用正则匹配方式分隔字符串时, 可以指定字符串分隔的次数。

```
1      <?php
2          $str="hello world,world is beautiful";      //定义目标字符串
3          $pattern="/,/";                             //定义匹配对象
4          $limit=2;                                   //定义替换的次数
5          $result=preg_split($pattern,$str,$limit);
6          print_r($result);            //输出结果: Array([0]=>hello world[1]=>world is beautiful)
7      ?>
```

在上述代码中, 通过指定 preg_split( )函数中的第 3 个参数实现替换的次数的设定。但值得注意的是, 当指定字符串分隔次数后, 若指定的次数小于实际字符串中符合规则分隔的次数, 则最后一个元素中包含剩余的所有内容。此外, preg_split( )函数中的第 3 个参数值为 -1、0 或者 null 中的任何一种, 都表示不对分隔的次数进行限制。

3) 指定返回值形式

preg_split( )函数中的第 4 个参数指定字符串分隔后的数组中是否包含空格、是否添加该字符串的位置偏移量等内容, 具体示例代码如下:

```
1      <?php
2          $str='apple,orange grapes';       //按照空白字符和逗号分隔字符串
3          $arr=preg_split('/[\s, ]/',$str,-1,PREG_SPLIT_NO_EMPTY);
4          print_r($arr);                   //输出结果: Array([0]=>apple[1]=>orange[2]=>grapes)
5      ?>
```

在上述代码中，preg_split( )函数中的第 4 个参数设置为 PREG_SPLIT_NO_EMPTY 时，返回分隔后非空的部分。除此之外，第 4 个参数还可以设置为 PREG_SPLIT_DELIM_CAPTURE，用于返回子表达式的内容；设置为 PREG_SPLIT_OFFSET_CAPTURE 时，可以返回分隔后内容在原字符串中的位置偏移量。

请结合以上知识点的学习，自行构建导入案例的任务场景，并通过代码完成知识和能力拓展的导入案例。

 知识和能力拓展

项目开发中，经常需要对表单中的文本框输入内容进行格式限制。例如，手机号、身份证号的验证，这些内容遵循的规则繁多而又复杂，如果要成功匹配，可能需要上百行代码，这种做法显然不可取。此时，就需要使用正则表达式，利用最简短的描述语法完成诸如查找、匹配、替换等功能。通过上述引言，我们导入以下案例。

在 Web 页面中我们经常看到页面中某些词被*号所替换，通常情况下被*号所替换的词我们称之为敏感词。敏感词是指那些可能引发争议、冲突或不适当的词语或短语。在许多互联网平台和社交媒体网站上，为了维护秩序和保护用户的感情，常常会采取一种措施，即将敏感词在页面中显示成*号或其他符号。与此同时，许多国家和地区都制定了相关法律法规来规范网络言论和行为，并对使用敏感词的行为进行处罚。因此，作为一名开发人员在互联网中首先应该注意自己的言行，更要遵守法律法规，铭记互联网不是法外之地。

在实际开发过程中，敏感词过滤是一项常见的技术手段，它通过在用户输入文本时进行自动检测，识别并替换其中的敏感词。这种技术的目的是防止用户发布或传播违反规定的内容，以减少争议和冲突的发生。通过将敏感词用*号替换，可以有效地屏蔽这些词语，使其不再被用户看到。

 评价反馈

任务评价表

评价项目	评 价 要 素	评价满分	评价分值
知识技能评价	熟悉并掌握正则表达式的语法规则	10	
	掌握 PHP 中常用的正则表达式处理函数，如 preg_match( )、preg_match_all( )、preg_grep( )、preg_replace( ) 和 preg_splid( )	20	
	掌握如何使用正则表达式进行模式匹配	20	
	掌握如何使用正则表达式实现 Web 表单的正则校验	30	
课程思政评价	培养学生勤于思考、严谨和精益求精的态度，以及树立正确的价值观和道德观	20	
整体评价		100	

任务 2.3　文件数据的读写与文件的上传和下载

在计算机中，我们所熟悉的图片、视频、音频和文档等内容都是通过文件进行存储的，在 Web 项目中也经常涉及文件的相关操作，如文件的读写、目录的创建、文件的上传等。接下来我们将通过任务化的形式完成 PHP 实现文件数据的读写操作，以及文件的上传和下载。

任务目标

(1) 掌握目录和文件的常见操作方法。
(2) 掌握如何处理文件上传和下载。
(3) 掌握如何读取和写入文件中的数据。
(4) 理解如何处理文件的编码和解码。
(5) 掌握如何处理目录的遍历。
(6) 通过学习情境与任务的实现，培养学习者独立分析问题和解决问题的能力。

任务书

本任务书涵盖两个子任务，分别对应实际新开发中常见文件上传与下载，数据文件的读写操作。接下来请根据每一个子任务书中的具体要求完成任务。

子任务 1： 文件的上传与下载。

导入文件上传的素材页面 fileUpload.html，页面如图 2-7 所示。要求提交上传的文本文件，如 word、excel、pdf 或者 txt 等类型文件到 Web 服务器的 upload 目录中。调用 uploadFile.php 实现文件的上传功能。当文件上传成功后则跳转到 fileList.php 页面中显示出 upload 目录中已上传的文件素材信息，同时在 fileList.php 页面中能实现文件简单的下载功能，页面如图 2-8 所示。

图 2-7　文件上传的样例页面　　　　　　图 2-8　fileList.php 页面

子任务 2： 文件数据的读写操作。

修改任务书中的第一个任务代码，重新指定上传文件的保存路径，将学生成绩的数据文件 data.txt 上传至服务器的 data 目录下，学生的数据如图 2-9 所示。创建 fileData.php 文件，并在其中实现读取上传的数据文件，将数据展示在表格中，页面的效果如图 2-10 所示。

学生成绩数据表						
排名	学号	姓名	语文	数学	英语	总分
1	20210218	赵昕	95	91	96	282
2	20210201	韦东	90	96	95	281
3	20210202	华兵	98	79	94	271
4	20210211	韦陆	91	76	90	257
5	20210214	葛昕	97	61	95	253
6	20210217	吕平	84	80	88	252
7	20210213	秦达	94	67	89	250
8	20210205	冯明浩	87	77	84	248
9	20210216	曹霞	82	83	74	239
10	20210215	潘文	80	76	81	237

```
学号,姓名,语文,数学,英语,总分
20210218,赵昕,95,91,96,282
20210201,韦东,90,96,95,281
20210202,华兵,98,79,94,271
20210211,韦陆,91,76,90,257
20210214,葛昕,97,61,95,253
20210217,吕平,84,80,88,252
20210213,秦达,94,67,89,250
20210205,冯明浩,87,77,84,248
20210216,曹霞,82,83,74,239
20210215,潘文,80,76,81,237
```

图 2-9　学生的数据　　　　　　　　图 2-10　读取的学生数据列表

 任务实施

子任务 1：文件的上传与下载。

(1) 导入文件上传的素材表单页面。该页面中 form 表单的提交方式为 POST，action 属性值设置成"uploadFile.php"，同时需要设置 form 表单的 enctype 属性值为"multipart/form-data"，这是专门为表单提交数据设计的一种高效的编码格式，文件上传控件的 name 属性为 upload。素材页面中的 form 表单代码如下：

```
<form class="form-signin"action="uploadFile.php"
    method="post"enctype="multipart/form-data">
    <img class="mb-4"src="img/bootstrap-solid.svg"
        alt=""width="72"height="72">
    <h1 class="h3mb-3font-weight-normal">实现文件的上传</h1>
    <input type="file" name="upload"class="form-controlmb-3"placeholder="请选择要上传的文件" required
autofocus>
    <button class="btnbtn-lgbtn-primarybtn-block"type="submit">上传</button>
</form>
```

(2) 定义处理文件上传的 PHP 文件。当用户通过上传文件表单选择一个文件并提交后，PHP 会将用户提交上传文件信息保存在超全局变量数组 $_FILES 中。接下来编写 uploadFile.php 文件，完成所上传文件的保存功能。实现代码如下：

```
1    <?php
2    //判定是否存在上传文件的信息
3    if(isset($_FILES['upload'])){
4        //判断是否存在保存上传文件的目录,没有则创建
5        if(file_exists("upload")==FALSE){
```

```
6              mkdir("upload");        //调用 mkdir 函数创建目录
7          }
8          //获取上传文件的后缀
9          $file_name=$_FILES['upload']['name'];
10         $suffix=substr($file_name,strrpos($file_name,'.'));
11         //定义要保存的文件类型
12         $fileType=array(".doc",".docx",".xlsx",".xls",".pdf",".txt");
13         //判定上传的文件后缀是否满足要求
14         if(in_array($suffix,$fileType)){
15             //使用时间生成文件名称
16             $save="upload/".time( ).$suffix;
17             //调用 move_uploaded_file( )函数将上传的文件从临时目录移到新的位置
18             $is_ok=move_uploaded_file($_FILES['upload']['tmp_name'],$save);
19             //判断保存的结果
20             if($is_ok==TRUE){
21                 echo "<script>
22                 alert('文件上传成功');location='fileList.php'
23                 </script>";
24             }else{
25                 echo "<script>
26                 alert('文件上传失败');location='fileUpload.html'
27                 </script>";
28                 exit;
29             }
30         }else{
31             echo "<script>alert('请上传 word、excel、pdf 或 txt 等类型文件');location=
                'fileUpload.html'</script>";
32             exit;
33         }
34 }else{
35     echo "<script>
36         alert('未能获取到上传的文件信息');location='fileUpload.html';
37         </script>";
38     exit;
39 }
40 ?>
```

上述代码在保存上传文件时，需要判断保存上传文件的目录是否存在。如果不存在保存上传文件的 upload 目录，则调用 mkdir( )函数进行创建；通过读取超全局数组变量$_FILES 中的文件名称，解析出上传文件后缀，通过对后缀的判定确保上传文件满足任务需要；利用 time( )函数生成时间戳自动构建文件名,同时拼接截取的文件后缀,生成服务器中文件保存的最后信息。这种方式可以防止客户端提交非法的文件名造成程序错误,也能防止客户端提交 .php、.bat 扩展名的文件,造成恶意脚本的执行。最后调用 move_uploaded_file( )函数将上传文件从临时目录移到新的位置,最终完成文件的上传任务。

当成功完成文件上传的任务后,跳转到 fileList.php 页面。调用 scandir( )函数扫描 upload 目录下已上传的文件,并在表格中加载所长传的文件数据信息,fileList.php 具体代码实现如下:

```
1    <htmllang="zh-CN">
2        <head>
3            <meta http-equiv="Content-Type"content="text/html;charset=UTF-8">
4            <meta name="viewport"content="width=device-width,initial-scale=1,shrink-to-fit=no">
5            <!--引入 bootstrap 的样式-->
6            <link href="https://cdn.bootcdn.net/ajax/libs/twitter-bootstrap/4.6.2/css/bootstrap.min.
             css"rel="stylesheet"integrity="sha384-xOolHFLEh07PJGoPkLv1IbcEPTNtaed2xpHsD9E
             SMhqIYd0nLMwNLD69Npy4HI+N"crossorigin="anonymous">
7        </head>
8
9        <body>
10           <div class="container">
11               <div class="rowmt-5">
12                   <h4 align="center">服务器文件列表</h4>
13               </div>
14               <div class="row">
15                   <table class="table table-bordered table-hover text-center">
16                       <thead class="thead-dark">
17                           <tr>
18                           <th>序号</th>
19                           <th>样图</th>
20                           <th>文件名称</th>
21                           <th>文件大小</th>
22                           <th>操作</th>
23                           </tr>
24                       </thead>
25                       <tbody>
26                           <?php
27                               //调用 scandir 函数扫描 upload 文件目录
28                               $files_arr=scandir("./upload");
29                               //使用 for 循环遍历扫描的结果
30                               for($i=2;$i<count($files_arr);$i++){
31                                   //在循环中按照表格的列标题输出文件信息
```

32	echo "<tr>";
33	echo "<td style='vertical-align:middle;'>".($i-1)."</td>";
	//输出序号
34	//获取文件的后缀
35	$fix=strchr($files_arr[$i],".");
36	$img="<img src='./img/default.jpg' width= '50px' height='50px'>";
37	//通过文件后缀的判定引用文件对应图标
38	if($fix==".doc"||$fix==".docx"){
39	$img="<img src='./img/word.jpg' width= '50px' height='50px'>";
40	}elseif($fix==".xlsx"||$fix==".xls"){
41	$img="<img src='./img/excel.jpg' width= '50px' height='50px'>";
42	}elseif($fix==".pdf"){
43	$img="<img src='./img/pdf.jpg' width= '50px' height='50px'>";
44	}elseif($fix==".txt"){
45	$img="<img src='./img/txt.jpg' width= '50px' height='50px'>";
46	}
47	//输出列的图标信息
48	echo "<td style='vertical-align:middle;'>{$img}</td>";
49	//输出文件名称
50	echo "<td style='vertical-align:middle;'>". $files_arr[$i]."</td>";
51	//计算文件大小单位 KB 显示小数点后两位
52	$path='./upload/'.$files_arr[$i];
53	//计算文件的大小,并输出文件大小
54	$size=filesize($path);
55	echo "<td style='vertical-align:middle;'>". rand($size/1024,2)."KB</td>";
56	//通过 a 标签实现文件的下载功能
57	echo "<td style='vertical-align:middle;'>
58	<a class='text-success'href='./upload/ $files_arr[$i]'target='_blank'>下载</a></td>";
59	echo "</tr>";
60	}
61	?>

```
62                                    </tbody>
63                                 </table>
64                              </div>
65                          </div>
66                      </body>
67                  </html>
```

在上述代码中 scandir 函数的作用是列出指定路径中的文件和目录，其声明方式如下：

array|false scandir(string $directory,int $sorting_order=SCANDIR_SORT_ASCENDING, resource $context=null)

首先，通过该函数实现扫描 upload 文件目录，该函数如果操作成功则返回包含有文件名的数组对象 array，如果失败则返回 false。如果被扫描的对象不是个目录，则返回布尔值 false，同时并生成一条 E_WARNING 级的错误。其次，通过 for 循环遍历扫描结果的数组对象，取出每一个上传文件的名称，并解析文件名称获取其后缀；使用选择结构判定后缀信息，选择对应的代表图标信息；调用 filesize( )函数计算每个文件的大小；同时使用 a 标签设置其 href 连接为上传文件的路径信息，实现简单的文件下载功能。最终，将上述信息组织好后形成一条行数据展示在表格中。

子任务 2：文件数据的读写操作。

通过子任务一的完成，我们已经能将文件上传至服务器。任务二则需要将现有服务器 data 目录下学生成绩文件中的数据，通过文件操作的函数进行数据的读取操作，并解析文件中的数据，最终将数据信息完整的加载在页面表格中。具体实现代码如下：

```
1    <html lang="zh-CN">
2        <head>
3            <meta http-equiv="Content-Type"content="text/html;charset=UTF-8">
4            <meta name="viewport"content="width=device-width,initial-scale=1,shrink-to-fit=no">
5            <!--引入 bootstrap 的样式-->
6            <link href="https://cdn.bootcdn.net/ajax/libs/twitter-bootstrap/4.6.2/css/bootstrap.min.css"rel=
                "stylesheet"integrity="sha384-xOolHFLEh07PJGoPkLv1IbcEPTNtaed2xpHsD9ESMhqIY
                d0nLMwNLD69Npy4HI+N"crossorigin="anonymous">
7        </head>
8        <body>
9            <div class="container">
10               <div class="rowmt-5">
11                   <h4align="center">学生成绩数据表</h4>
12               </div>
13               <div class="row">
14                   <table class="table table-bordered table-hover text-center">
15                           <?php
16                           //调用 file( )函数将整个文件读入数组中
17                           $file_datas=file("./data/data.txt");
18                           //使用 explode( )函数解析第一行数据获取表头的数据
```

```
19            $title=explode(",",$file_datas[0]);
20            echo "<thead class='table-info'>";
21            echo "<tr>";
22            echo "<th>排名</th>";
23            //使用 foreach 循环加载表格的列标题
24            foreach($title as $t){
25                 echo "<th>{$t}</th>";
26            }
27            echo "</tr>";
28            echo "</thead>";
29            echo "<tbody>";
30            //通过 for 循环加载表格中的每一行数据
31            for($i=1;$i<count($file_datas);$i++){
32                 $line=$file_datas[$i];
33                 //使用 explode( )函数解析一行学生成绩数据
34                 $student_scores=explode(",",$line);
35                 echo "<tr>";
36                 //输出排名列
37                 echo "<td>{$i}</td>";
38                 foreach($student_scores as $value){
39                      //输出学生的成绩信息
40                      echo "<td>{$value}</td>";
41                 }
42                 echo "</tr>";
43            }
44            echo "</tbody>";
45            ?>
46                 </table>
47            </div>
48         </div>
49      </body>
50 </html>
```

　　上述代码中借助到了 file( )函数完成数据文件的读取，该函数可以将整个文件读入数组中，如果该函数执行成功，则返回一个数组，数组中的每一个元素都是文件中的一行数据，包括换行符在内。如果执行失败，则返回 false。根据数据文件格式，读取第一行数据，结合使用 explode( )函数，按照分隔符将字符信息转换成数组对象，形成表格的列标题并输出。之后再遍历每一行的学生成绩数据，同样的结合 explode( )函数的使用，取出学生的每一列信息，并通过 echo 语句输出到表格的每一列中。最终完成学生成绩表格数据的展示输出。

知识链接

◆ 知识点 1　文件的上传

1. 文件上传的 form 表单

文件的上传与下载是 Web 开发中常见的功能之一。PHP 可以接收来自浏览器的上传文件，支持文本、图片或其他二进制文件。在实现文件上传时，首先需要创建文件上传的 form 表单，这个表单的提交方式为 POST，表单的 enctype 属性值需要设置成"multipart/form-data"，这是专门为表单提交数据设计的一种高效的编码格式。以下为典型的文件上传表单代码。

```
1    <form action="upload.php" method="post" enctype="multipart/form-data">
2        <input type="hidden"name="MAX_FILE_SIZE" value="1048576">
3        <input type="file" name="upload">
4        <input type="submit" value="上传文件">
5    </form>
```

在上述表单中，第 1 行中设置 form 的 action、metho 以及 enctype 三个属性。第 2 行的隐藏域 MAX_FILE_SIZE 用于指定允许上传文件的最大字节数，第 3 行是一个文件上传输入框，它可以提供一个按钮用于选择上传文件。其中，MAX_FILE_SIZE 隐藏域必须放在文件上传输入框的前面。

对于上传文件大小的限制，分为客户端和服务器端两个方面。客户端的限制，可以避免用户因上传超过限制的文件导致时间和流量的浪费；服务器端的限制，能确保实际接收到的文件大小符合要求。在配置服务器时，Apache 配置文件 http.conf 中的 LimitRequestBody，以及 php.ini 中的 post_max_size、upload_max_filesize 都可以限制请求数据量，而表单中的 MAX_SILE_SIZE 只是一种方便开发人员判断文件大小是否合法的参考值，并不能限制浏览器可上传的数据量，且可以被客户端伪造。

2. PHP 处理上传文件

当用户通过上传文件表单选择一个文件并提交后，PHP 会将用户提交的上传文件信息保存在超全局变量数组$_FILES 中。获取到提交的上传文件信息后，可以通过 var_dump( ) 函数打印该数组，具体如下：

```
<?php var_dump($_FILES);?>
```

通过上述代码，可以查看文件上传后的数组结构，运行结果如图 2-11 所示。

```
array(1) {
  ["upload"]=>
  array(5) {
    ["name"]=>
    string(7) "php.pdf"
    ["type"]=>
    string(15) "application/pdf"
    ["tmp_name"]=>
    string(24) "D:\xampp\tmp\php5CF1.tmp"
    ["error"]=>
    int(0)
    ["size"]=>
    int(271020)
  }
}
```

图 2-11　超全局变量数组$_FILES 中长传文件的运行结果

从图 2-11 中可以看出，$_FILES 的一维数组键名是文件上传输入框的 name 属性值
"upload"，二维数组中保存了该上传文件的具体信息，这些信息说明如下。

$_FILES['upload']['name']表示上传文件的名称，如 php.pdf。

$_FILES['upload'][type]表示上传文件的 MIME 类型，如 application/pdf。

$_FILES['upload']['tmp_name']表示保存在服务器中的临时文件路径。

$_FILES['upload']['error']表示文件上传的错误代码，0 表示成功。

$_FILES['upload']['size']表示上传文件的大小，以字节为单位。

当上传文件出现错误时，$_FILES['upload']['error']中会保存不同的错误代码，具体如表
2-14 所示。

表 2-14　上传文件出现错误时保存的错误代码

代　码	常　量	代　码　描　述
0	UPLOAD_ERR_OK	文件上传成功
1	UPLOAD_ERR_INI_SIZE	文件大小超过了 php.ini 中 upload_max_filesize 选项限制的值
2	UPLOAD_ERR_FORM_SIZE	文件大小超过了表单中 MAX_FILE_SIZE 的值
3	UPLOAD_ERR_PARTIAL	文件只有部分被上传
4	UPLOAD_ERR_NO_FILE	没有文件被上传
5	UPLOAD_ERR_NO_TMP_DIR	找不到临时目录
6	UPLOAD_ERR_CANT_WRITE	文件写入失败

文件上传成功后会暂时保存在服务器的临时目录中，(如 D:\xampp\tmp\php5CF1.tmp)，
为了让文件保存在指定目录中，需要使用 move_uploaded_file( )函数将上传文件从临时目录
移动到新的位置。如果只需要判断而不移动文件，则可以使用 is_uploaded_file( )函数。另
外，move_uploaded_file( )函数在移动时候遇到了同名文件，则会自动进行替换。

◆ 知识点 2　文件的读写操作

1. file_get_contents( )函数读取文件内容

在 PHP 中，使用 file_get_contents( )函数用于将文件的内容全部读取到一个字符串中，其
声明方式如下：

```
string file_get_contents(string $filename[, bool $use_include_path=false[, resource $context[, int$offset=
0[, int$maxlen]]]])
```

在上述函数声明中，具体参数信息描述如下：

$filename：指定要读取的文件路径。

$use_include_path：为可选参数，若想在 php.ini 中配置的 include_path 路径中搜寻文件，
可将该参数设为 1。

$context：用于资源流上下文件操作。

$offset：用于指定在文件中开始读取的位置，默认从文件头开始读取。

$maxlen：用于指定读取的最大字节数，默认为整个文件的大小。

file_get_contents( )函数的使用代码具体如下：

```php
1    <?php
2        $filename='../data/data.txt';                        //相对路径
3        echo file_get_contents($filename);                   //输出当前项目 data 目录下 data.txt 内容
4        $filename='C:\Windows\System32\drivers\etc\hosts';   //绝对路径
5        echo file_get_contents($filename);                   //输出操作系统的 hosts 文件内容
6    ?>
```

上述代码运行后，就会读取指定路径的文件数据并输出到页面中。除了读取文本文件，file_get_contents( )还可以读取图片等其他类型的文件。例如，读取图片信息，具体代码实现如下：

```php
1    <?php
2        header("Content-type:image/jpeg");
3        echo   file_get_contents("../img/default.jpg");
4    ?>
```

上述代码实现中需要调用 header( )告诉浏览器当前输出的内容类型为图片，格式为jpeg。需要注意的是，整个脚本中不能有其他的输出内容，否则会导致图片格式被破坏，同时还需确保代码中指定路径下的 default.jpg 是一个正确的图片文件。

2. file( )函数按行读取文件

file( )函数可以将整个文件读入数组中。如果该函数执行成功，则返回一个数组，数组中的每一个元素都是文件中的一行数据，包括换行符在内。如果函数执行失败，则返回false。其声明方式如下：

```
array file(string$filename[,int$flags=0[,resource$context]])
```

在上述声明中，$filename 指定读取的文件路径，$flags 指定读取方式的选项。$flags可以指定的具体常量定义如下：

FILE_USE_INCLUDE_PATH：在 include_path 中查找文件。

FILE_IGNORE_NEW_LINES：指定返回值数组中的每个元素值末尾不添加换行符。

FILE_SKIP_EMPTY_LINES：跳过空行。

file( )函数具体使用代码如下，如读取 data 目录下 data.txt 的数据。

```php
1    <?php
2        $filename='../data/data.txt';
3        foreach(file($filename) as $k=>$v){
4            echo   "Line#$k:$v<br>";
5        }
6    ?>
```

上述代码运行后，在浏览器中可以看到数据文件中的内容，如图 2-12 所示。从图 2-12中可以看出，file( )函数按行读取当前文件的内容，输出的结果包括的换行符。

```
Line #0: 学号,姓名,语文,数学,英语,总分
Line #1: 20210218,赵昕,95,91,96,282
Line #2: 20210201,韦东,90,96,95,281
Line #3: 20210202,华兵,98,79,94,271
Line #4: 20210211,韦陆,91,76,90,257
Line #5: 20210214,葛昕,97,61,95,253
Line #6: 20210217,吕平,84,80,88,252
Line #7: 20210213,秦达,94,67,89,250
Line #8: 20210205,冯明浩,87,77,84,248
Line #9: 20210216,曹霞,82,83,74,239
Line #10: 20210215,潘文,80,76,81,237
```

图 2-12　file( )函数按行读取当前文件

3. 文件的写操作

在 Web 开发中，当需要使用文件记录程序处理的结果时，可以使用 file_put_contents( ) 函数来完成，其声明方式如下：

```
int file_put_contents(string $filename,mixed $data[, intflags=0[, resource $context]])
```

上述声明中，$filename 指定要写入的文件路径，该路径包含了具体的文件名称；$data 为要写入的内容，$flags 指定写入的选项，在此可以使用常量 FILE_USE_INCLUDE_PATH 表示在 include_path 中查找$filename，或者使用常量 FILE_APPEND 表示以追加的形式写入内容。函数如果执行成功，则返回写入文件内的字节数，失败时则返回 false。

接下来通过示例演示 file_put_contents( ) 函数的具体使用，具体代码如下：

```
1    <?php
2        $filename="../data/write.txt";                          //定义要保存的文件
3        $data="课程名称";                                        //定义要保存的数据
4        file_put_contents($filename,$data);                     //数据写入文件
5        echo  file_get_contents($filename)."<br>";              //输出写入的内容
6        $data="PHP 程序设计";
7        file_put_contents($filename,$data,FILE_APPEND);         //以追加的形式写入文件
8        echo  file_get_contents($filename);                     //输出写入的数据
9    ?>
```

上述代码执行后，第 1 次输出时，文件中只有一个"课程名称"；使用追加的形式写入"PHP 程序设计后"，第 2 次的输出结果中将为"课程名称 PHP 程序设计后"。

值得注意的是，在 PHP 脚本中书写中文字符串时，字符串的编码取决于 PHP 脚本文件所使用的编码。在进行文件读写操作时，应该注意字符编码的问题，以防字符编码不同导致的中文乱码。为此，PHP 提供了 iconv( )函数用于编码的转换。代码如下：

```
1    <?php
2        //PHP 脚本中 UTF-8 的编码
3        $filename="../data/content.txt";
4        //将 UTF-8 编码的内容转换成 GBK 并保存在文件中
5        $content=iconv("UTF-8","GBK","字符编码测试");
6        file_put_contents($filename,$content);                  //读取保存的文件进行输出
```

```
7        echo  file_get_contents($filename);
8    ?>
```

上述代码中，将 UTF-8 编码的内容转换成 GBK 编码保存在文件中，再将保存好的文件内容输出到浏览器中，但没有告知浏览器正确的文件编码格式，此时会得到乱码，如下图 2-13 所示。

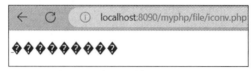

图 2-13   数据文件的中文乱码

因此，需要修改上述代码，在第 7 行代码处使用 header( )函数告知浏览器正确的编码格式，插入以下代码：

```
header("Content-type:text/html;charset=GBK");
```

再次运行则得到正确显示，如图 2-14 所示。

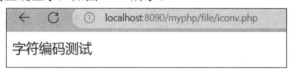

图 2-14   告知浏览器正确编码格式后的正确显示

◆ 知识点 3   文件的常用操作

除了对文件的读写操作以外，在实际开发过程中还涉及对文件本身的移动、重命名、复制和删除的操作。以下将详细讲解文件的常见操作。

1. 文件重命名和移动

rename( )函数用于实现文件的重命名或者路径的移动，其声明方式如下：

```
bool rename(string $oldname,string $newname[, resource $context])
```

上述声明中，$oldname 表示原文件路径，$newname 表示目标路径。如果两个文件路径在同一个目录下，则执行重名操作；如果不在同一个目录下，则执行移动操作。该函数执行成功时返回 true，执行失败时返回 false。具体演示代码如下：

```
//重命名 test.txt 为 test.bak
rename("../data/test.txt","../data/test.bak");
//移动 test.bak 到 D:/web/test.txt
rename("../data/test.bak","D:/web/test.txt");
```

上述代码实现了文件的重命名或移动。需要注意的是，在对文件进行操作时，如果目标路径已经存在，则会自动覆盖。若 rename( )函数第一个参数是目录，则可以实现对目录重命名或者移动。但需要值得注意的是，当目标路径已经存在，或者目标路径的上级目录不存在时，会失败并提示 E_WARNING 级别的错误。

2. 文件的复制

copy( )函数用于实现文件的复制功能，其声明方式如下：

```
bool copy(string $source,string $dest[,resource $context])
```

在 copy( )函数中，$source 表示源文件的路径，$dest 表示目标的路径。当函数执行成功时候返回 true，执行失败时返回 false。具体演示代码如下：

```php
1    <?php
2        $source="./data/example.txt";
3        $dest="./data/example.txt.bak";
4        if(!copy($source,$dest)){
5            echo "$source 文件拷贝失败...";
6        }
7    ?>
```

在进行文件的复制时，若目标文件已经存，则会自动使用源文件 $source 覆盖目标文件$dest。

3. 文件的删除

unlink( )函数和 Unix C 的 unlink( )函数相似，用于实现文件的删除，其声明方式如下：

```
bool unlink(string $filename[,resource $context])
```

在 unlink( )函数中，$filename 表示被删除文件的路径，如果删除成功将返回 true，失败则返回 false，发生错误时会产生一个 E_WARNING 级别的错误。

4. 判断文件是否存在

在操作一个文件时，如果该文件不存在，则会出现错误，为了避免上述情况的发生，PHP 封装并提供了对应的函数，用于检查文件或者目录是否存在，具体函数定义如下。

bool file_exists(string$filename)：用于判断制定文件或者目录是否存在。

bool is_file(string$filename)：判断给定文件名是否为一个正常的文件。

bool is_dir(string$filename)：判断给定文件名是否一个目录。

在上述函数中，is_file( )函数和is_dir( )函数可以区分给定路径是一个文件还是一个目录。

◆ 知识点 4　文件类型和属性

使用 PHP 的 filetype( )函数可以获取文件的类型，其函数的声明方式如下：

```
string|bool filetype(string $filename)
```

该函数的返回值为文件的类型，在 Windows 系统中，PHP 只能获得 file(文件)、dir(目录)和 unknow(未知)3 种文件类型，而在 Linux 系统中，还可以获取 block(块设备)、char(字符设备)、fifo(命名管道)和 link(符号连接)等文件类型。如果出错，则返回 false。如果调用失败或者文件类型未知的话 filetype( )函数还会产生一个 E_NOTICE 消息。当发生错误或者抛出异常时会抛出 E_WARNING 警告。示例代码如下：

```php
1    <?php
2        echo    filetype('./data/example.txt');    //输出结果：file
3        echo    "\n";
4        echo    filetype('./data/');                //输出结果：dir
5    ?>
```

PHP 还提供了一系列函数用于获取文件的属性，如文件的大小、权限、创建时间等信息，具体如表 2-15 所示。

表 2-15   获取文件属性的函数

函　数	功　能
int filesize(string$filename)	获取文件大小
int filectime(string$filename)	获取文件的创建时间
int filemtime(string$filename)	获取文件的修改时间
int fileatime(string$filename)	获取文件的上次访问时间
bool is_readable(string$filename)	判断给定文件是否可读
bool is_writable(string$filename)	判断给定文件是否可写
bool is_executable(string$filename)	判断给定文件是否可执行
array stat(string$filename)	获取文件的信息

值得注意的是，因为 PHP 的整数类型是有符号整型而且很多平台使用 32 位整型，所以 filesize( )函数对于 2 GB 以上的文件，并不能准确获取其大小，在使用的过程中需要斟酌使用。

接下来是使用示例演示以上函数的具体使用。

```php
1    <?php
2    //设置时区
3    date_default_timezone_set("PRC");
4    $filename='../data/example.txt';
5    if(is_file($filename)){
6        echo "文件的路径信息为:$filename<br>";
7        echo "文件的类型为:".filetype($filename)."<br>";
8        echo "文件大小为:".filesize($filename)."字节<br>";
9        echo "文件创建时间为:".date("Y-m-dH:i:s",filectime($filename))."<br>";
10       echo "文件修改时间为:".date("Y-m-dH:i:s",filemtime($filename))."<br>";
11       echo "文件访问时间为:".date("Y-m-dH:i:s",fileatime($filename))."<br>";
12       echo is_readable($filename)?"该文件可读":"该文件不可读";
13       echo "<br>";
14       echo is_writable($filename)?"该文件可写":"该文件不可写";
15       echo "<br>";
16       echo is_executable($filename)?"该文件可执行":"该文件不可执行"."<br>";
17   }else{
18       echo "该文件不存在";
19   }
20   ?>
```

◆ 知识点 5   目录的与路径的解析

为了便于搜索和管理计算机中的文件，PHP 提供了相应的函数来操作目录，如目录的创建、目录的遍历等。

1. 目录的创建

在 PHP 中，使用 mkdir( )函数用于创建目录信息，其声明方式如下：

```
boolmkdir(string$directory,[int$permissions=0777[,bool$recursive=false[,resource$context=null]]])
```

在上述声明中，$directory 指定要创建的目录；$permissions 指定目录的访问权限(用于 Linux 环境，在 Windows 环境下被忽略)，默认权限是 0777，意味着最大可能访问权限；$recursive 指定是否递归创建目录，默认为 false。该函数执行成功时返回 true，执行失败时返回 false。

值得注意的是如果创建的目录已存在，则视为错误，仍然返回 false。因此，在尝试创建之前需要使用 is_dir( )函数或者 file_exists( )函数检查目录是否已经存在。演示代码如下：

```
1    <?php
2        mkdir("/upload");                        //创建名称为 upload 的目录
3        mkdir("/upload/depth1/depth2",0777,true);  //递归创建目录
4    ?>
```

在上述代码中，第 3 行的 mkdir( )函数的第 3 个参数指定为 true，可以自动创建给定路径中不存在目录；若省略该参数，则会失败并提示 Warning 错误。此外，还需要注意的是当要创建的最后一级目录已经存在时，也会创建失败并提示 Warning 的错误。

2. 文件目录的删除

与 mkdir( )函数相对应，rmdir( )函数用于删除目录，其声明方式如下：

```
bool rmdir(string $directory[,resource $context])
```

上述声明中，$directory 指定要删除的目录名称。函数执行成功时返回 true，失败时返回 false。具体示例代码如下：

```
1    <?php
2        if(!is_dir('examples')){
3            mkdir('examples');
4        }
5        rmdir('examples');     //删除空目录，返回 true
6        rmdir('examples1');    //删除非空目录，返回 false
7    ?>
```

对于非空目录，使用 mkdir( )删除时，只有先清空里面的文件，才能够删除目录。

3. 遍历目录

glob( )函数用于寻找与模式(pattern)匹配的文件路径，也可以用于遍历目录，其声明方式如下：

```
array|false glob(string $pattern[,int $flags=0])
```

glob( )函数参数描述如下。

$pattern：表示匹配模式，其写法与 libc(C 语言函数库)中的 glob( )函数指定的模式相同。"*"表示匹配零个或多个字符；"?"表示匹配单个任意字符；"[...]"匹配一组字符中的一个字符。如果第一个字符是!,则为否定模式，即匹配不在这组字符中的任意字符。

$flags：用于指定一些选项，有效标记如表 2-16 所示。

表 2-16   glob( )函数参数$flags 的有效标记

有效标记	描　　述
GLOB_MARK	在每个返回的项目中加一个斜线
GLOB_NOSORT	按照文件在目录中出现的原始顺序返回(不排序)
GLOB_NOCHECK	如果没有文件匹配则返回用于搜索的模式
GLOB_NOESCAPE	反斜线不转义元字符
GLOB_BRACE	扩充{a,b,c}来匹配'a', 'b'或'c'
GLOB_ONLYDIR	仅返回与模式匹配的目录项
GLOB_ERR	停止并读取错误信息(比如说不可读的目录)，默认的情况下忽略所有错误

glob( )函数使用的实例代码如下所示。通过该函数的参数设置，可以获取当前目录下的文件列表，或者获取当前目录下的指定扩展名的文件。

```
print_r(glob("./*"));                //获取当前目录下的文件列表
print_r(glob("./*.php"));            //获取当前目录下所有扩展名为"php"的文件
print_r(glob("./upload/*"));         //获取 upload 目录下的文件列表
```

在上述代码中，以 glob("./*")为例，其返回的数组结构如下：

```
Array
(
    [0]=>./1683270416.pdf
    [1]=>./1683508848.docx
    [2]=>./1683508866.xlsx
    [3]=>./1683508896.docx
    [4]=>./1683509004.txt
)
```

此外，还可以使用 scandir( )函数可以实现列出指定路径中的文件和目录，其声明方式如下：

```
array|false scandir(string $directory,int $sorting_order=SCANDIR_SORT_ASCENDING, resource $context=null)
```

上述声明中$directory 为被浏览的目录；$sorting_order 遍历结果的排序顺序，默认的排序顺序是按字母升序排列。如果使用了可选参数 sorting_order(设为 1)，则排序顺序是按字母降序排列。该函数执行成功则返回包含有文件名的 array，如果失败则返回 false。如果$directory 不是个目录，则返回布尔值 false 并生成 Warning 的错误。

scandir( )函数示例代码如下：

```
1    <?php
2        $dir='/tmp';
3        $files1=scandir($dir);                              //默认升序
4        $files2=scandir($dir,SCANDIR_SORT_DESCENDING);      //降序
5        print_r($files1);
```

```
6        print_r($files2);
7    ?>
```

在上述代码中，扫描"/tmp"目录下的所有文件，默认得到的文件名信息是按照升序排列。当然也可以使用降序的方式扫描目录下的文件。scandir( )函数其返回结果如下：

```
Array
(
    [0]=>.
    [1]=>..
    [2]=>bar.php
    [3]=>foo.txt
    [4]=>somedir
)
Array
(
    [0]=>somedir
    [1]=>foo.txt
    [2]=>bar.php
    [3]=>..
    [4]=>.
)
```

4. 解析路径

在程序中经常需要对文件路径进行操作，如解析路径中的文件名或目录等。PHP 提供了 basename( )函数、dirname( )函数和 pathinfo( )函数来完成对目录的解析操作。接下来简要介绍这三个函数的使用。

basename( )函数用于返回路径中的文件名，其声明方式如下：

```
string basename(string $path[,string $suffix])
```

上述声明中，$path 用于指定路径名；$suffix 是可选参数，如果指定了该参数，且文件名是以$suffix 结尾的，则返回的结果中会被去掉这一部分字符。basename( )函数使用实例代码如下：

```
1    <?php
2        $path='D:\xampp\htdocs\index.php';
3        echo basename($path);              //输出的结果为 index.php
4        echo basename($path,'.php');       //输出的结果为 index
5    ?>
```

以上示例可以看出 basename( )函数的第 2 个参数可以去掉文件名中的扩展名。

dirname( )函数用于返回路径中的目录部分，其声明方式如下：

```
string dirname(string $path[,int $levels=1])
```

在上述声明中，$path 用于指定路径名；$level 是 PHP7 新增的参数，表示上移目录的层数。dirname( )函数使用实例代码如下：

```
1    <?php
2        $path='D:\xampp\htdocts\index.php';
3        echo dirname($path)."<br>";            //输出结果：D:\xampp\htdocts
4        echo dirname($path,2)."<br>";          //输出结果：D:\xampp
5        echo dirname($path,3)."<br>";          //输出结果：D:\
6    ?>
```

以上实例代码可以看出，利用 dirname( ) 函数可以轻松获取文件的所在目录。

pathinfo( ) 函数用于以数组形式返回路径的信息，包括目录名、文件名和扩展名等。其声明方式如下：

array|string pathinfo(string $path[,int $options=PATHINFO_DIRNAME|

PATHINFO_BASENAME|PATHINFO_EXTENSION|PATHINFO_FILENAME])

在上述声明中，$path 用于指定路径名；$options 用于指定要返回哪些项，默认返回全部，具体包括 PATHINFO_DIRNAME(目录名)、PATHINFO_BASENAME(文件名)、PATHINFO_EXTENSION(扩展名)、PATHINFO_FILENAME(不含扩展名的文件名)。pathinfo( ) 函数使用实例代码如下：

```
1    <?php
2        $path_parts=pathinfo('D:\xampp\htdocts\index.php');
3        echo $path_parts['dirname'],"<br>";      //输出结果：D:\xampp\htdocts
4        echo $path_parts['basename'],"<br>";     //输出结果：index.php
5        echo $path_parts['extension'],"<br>";    //输出结果：php
6        echo $path_parts['filename'],"<br>";     //输出结果：index
7    ?>
```

以上实例代码可以看出，pathinfo( ) 函数的返回值是一个关联数组，通过该数组可以获取路径的信息。

◆ 知识点 6   文件的指针操作

在对于文件的进阶操作中，PHP 还提供了一些较为复杂的文件操作方法，以便更加灵活地处理文件和目录。若要使用文件指针方式进行文件操作，首先需要打开文件，创建文件指针，然后使用文件指针进行文件的读写操作，最后关闭文件。

1. 文件的打开

在 PHP 中打开文件使用的是 fopen( ) 函数，其声明方式如下：

resource|false fopen(string $filename,string $mode[,bool

$use_include_path=false[,resource $context]])

在上述声明中，$filename 表示打开的文件路径，包括本地文件，HTTP 或 FTP 协议的 URL 地址；$mode 表示文件打开的模式；$use_include_path 表示是否需要在 include_path 中搜寻文件；$context 用于资源流上下文操作。该函数执行成功后，返回资源类型的文件指针，失败时返回 false。表 2-17 给出了常用的文件打开模式。

表 2-17　常用的文件打开模式

模式	说　　明
r	只读方式打开，将文件指针指向文件头
r+	读写方式打开，将文件指针指向文件头
w	写入方式打开，将文件指针指向文件头并将文件大小截为 0
w+	读写方式打开，将文件指针指向文件头并将文件大小截为 0
a	写入方式打开，将文件指针指向文件末尾
a+	读写方式打开，将文件指针指向文件末尾
x	创建并以写入方式打开，将文件指针指向文件头。如果文件已存在，则 fopen( ) 调用失败，返回 false，并生成 E_WARNING 级别的错误信息
x+	创建并以读写方式打开，其他行为和"x"相同

对于除"r"、"r+"模式外的其他操作，如果文件不存在，会尝试自动创建。

2. 关闭文件

在 PHP 中关闭文件使用的是 fclose( ) 函数，其声明方式如下：

```
bool fclose(resource$stream)
```

在上述声明中，fclose( ) 函数只有 1 个参数$stream，表示 fopen( ) 函数成功打开文件时返回的文件指针。如果文件关闭成功则返回 true，失败则返回 false。

3. 读取文件

在 PHP 中，可以通过 fread( ) 函数、fgetc( ) 函数、fgets( ) 函数可以进行不同形式的文件读取操作。

1）fread( ) 函数

fread( ) 函数用于读取指定长度的字符串，其声明方式如下：

```
string|false fread(resource $stream,int $length)
```

在上述声明中，$stream 参数表示文件指针；$length 用于指定读取的字节数。该函数在读取到$length 指定的字节数，或读取到文件末尾(EOF)时就会停止读取，返回读取到的内容；如果读取失败，则返回 false。使用 fopen( ) 函数实现文件数据读取的示例代码如下：

```
1    <?php
2        $filename="../data/example.txt";
3        $stream=fopen($filename,"r");              //打开文件
4        $contents=fread($stream,filesize($filename));  //读取文件中全部数据
5        echo $contents;                            //输出读取的结果
6        fclose($stream);                           //关闭文件
7    ?>
```

注意，当处理的数据文件不大时，如果只是想将其内容读入一个字符串中，建议使用 file_get_contents( ) 函数，它的性能比上面的代码好得多。

2) fgetc( )函数

fgetc( )函数用于从文件指针中读取字符，其声明方式如下：

```
string|false fgetc(resource $stream)
```

fgetc( )函数声明中，$stream 文件指针必须是有效的。该函数执行成功则返回从$stream 指向的文件中得到含有一个字符的字符串，碰到 EOF 则返回 false。fgetc( )函数的示例代码如下：

```
1    <?php
2        $fp=fopen('../data/test.txt','r');
3        if(!$fp){
4        echo '../data/example.txt 文件打开失败';
5        }
6        while(false!==($char=fgetc($fp))){
7        echo "$char<br>";
8        }
9    ?>
```

值得注意的是，fgetc( )函数可能返回布尔值 false，但也可能返回等同于 false 的非布尔值。因此在判定时应使用==运算符来测试此函数的返回值。

3) fgets( )函数

fgets( )函数用于读取文件中的一行，其声明方式如下：

```
string |false    fgets(resource$stream[,int$length])
```

fgets( )函数的声明中，$stream 文件指针也必须是有效的，即必须指向由 fopen( )或 fsockopen( )成功打开的文件，并还未由 fclose( )关闭；$length 表示从$stream 指向的文件中读取一行并返回长度最多为 length - 1 字节的字符串。如果碰到换行符、EOF 或者已经读取了 length - 1 字节后停止。如果没有指定 length，则默认为 1 KB，即 1024 字节。该函数如果执行成功，则从指针$stream 指向的文件中读取了 length - 1 字节后返回的字符串。如果文件指针中没有更多的数据则返回 false。fgetc( )函数的示例代码如下：

```
1    <?php
2        $fp=fopen("../data/example.txt","r");    //打开文件
3        if($fp){
4            //使用 fgets 每次读取 2 KB 数据
5            while(($buffer=fgets($fp,2048))!==false){
6            echo $buffer;                //输出读取的内容
7        }
8        if(!feof($fp)){
9            echo "错误:文件未能正常结束";
10        }
11        fclose($fp);                //关闭文件
12        }
13    ?>
```

4. 写入文件

fwrite( )函数用于写入文件，其声明方式如下：

```
int|false fwrite(resource $stream,string $data[,int $length])
```

在上述声明中，$stream 表示文件指针；$data 表示要写入的字符串；$length 表示指定写入的字节数，如果省略表示写入整个字符串。fwrite( )函数的使用示例代码如下：

```php
1    <?php
2        $filename='../data/test.txt';
3        $somecontent="黄河远上白云间,一片孤城万仞山。\n";
4        //首先确认文件存在且可写
5        if(is_writable($filename)){
6            //在示例中，使用追加模式打开$filename。
7            if(!$fp=fopen($filename,'a')){
8                echo "($filename)打开失败";
9                exit;
10           }
11           //将$somecontent 写入打开的文件。
12           if(fwrite($fp,$somecontent)===FALSE){
13               echo "不能将文件写入($filename)中";
14               exit;
15           }
16           echo "操作成功,已写入($somecontent)到文件($filename)中";
17           fclose($fp);                    //关闭文件
18       }else{
19           echo "$filename 文件是不可写文件";
20       }
21       //使用 file_get_contents( )函数读取文件内容
22       echo "<br>读取文件{$filename}中的内容<br>".file_get_contents($filename);
23   ?>
```

需要注意的是，fwrite( )函数会从文件指针的位置开始写入内容。若文件指针的位置原来已经有了内容，会被自动覆盖。

◆ 知识点 7　PHP 处理文件下载

文件的下载在任务一中通过赋值 a 标签的 href 属性可以简单地实现。除此之外，还可以通过设置 HTTP 响应消息头，告诉浏览器不要直接解析该文件，而是将文件通过下载的方式打开。接下来编写 download.php 文件，下载项目所在服务器下 img 目录中的图片，实现文件下载的具体代码如下：

```php
1    <?php
2        $filename="./img/default.jpg";        //保存待下载文件的路径
3        $size=filesize($filename);            //计算下载文件的大小
4        header("Content-type:image/jpeg");    //设置 HTTP 响应头的信息 Content-type
```

```
5      header("Content-Length:".$size);                    //设置 HTTP 响应头的信息 Content-Length
6      //设置 HTTP 响应头的信息 Content-Disposition 信息
7      header('Content-Disposition:attachment;filename="'.$filename.'"');
8      echo file_get_contents($filename);                  //读取文件并输出
9    ?>
```

在上述代码中，Content-type 用于告诉浏览器以何种 MIME 类型打开下载文件；Content-Length 用于告诉浏览器文件内容的大小，以显示下载的进度信息；Content-Disposition 用于描述文件，其中 attachment 表示是一个附件，filename 则用于指定下载后的文件名。在通过 header( )函数设置响应头后，调用 file_get_contents( )函数获取文件内容并通过 echo 输出，最后文件的内容都将被浏览器当成文件内容进行下载和保存。

值得注意的是，以上方式是将文件全部读取到内存中，但并不适合体积较大的文件。因此，可以改造上述的代码，使用文件指针的方式读取文件，以减少内存的占用空间，具体实现代码如下：

```
1    <?php
2      $filename="./img/default.jpg";                     //保存待下载文件的路径
3      $size=filesize($filename);                          //计算下载文件的大小
4      header("Content-type:image/jpeg");                  //设置 HTTP 响应头的信息 Content-type
5      header("Content-Length:".$size);                    //设置 HTTP 响应头的信息 Content-Length
6      //设置 HTTP 响应头的信息 Content-Disposition 信息
7      header('Content-Disposition:attachment;filename="'.$filename.');
8      $limit=2048;                                        //指定每次读取文件的字节数
9      $count=0;                                           //记录已读的字节数
10     $handle=fopen($filename,"r");                       //使用 fopen 函数打开文件
11     //使用循环读取并下载文件
12     while(!feof($handle)&&($size-$count>0)){
13         echo fread($handle,$limit);
14         $count+=$limit;
15     }
16     fclose($handle);                                    //关闭文件指针
17   ?>
```

上述代码实现了一次性读取 2 KB 的文件内容，第 10 行使用 fopen( )函数打开文件，获取文件的指针信息；第 12 行调用 feof( )函数，用于判断$handle 是否已经读取到了文件末尾。但是由于 feof( )函数在处理文件遇到错误时也会返回 false，因此结合"$size-$count>0"进组合判定更加严谨。操作完成后需要第 16 行函数，即关闭文件指针。

请结合以上知识点的学习，自行构建导入案例的任务场景，并通过代码完成知识和能力拓展的导入案例。

知识和能力拓展

在当今信息化时代，文件和目录操作是每个程序员都必须掌握的基本技能。无论是开发网站、编写应用程序还是进行数据处理，对文件和目录操作都是不可或缺的工作。通过学习和使用这些技术，程序员可以在实际工作中学以致用，有效地管理文件系统，提高程序的性能和可维护性，进而增强自己的技术自信，提升自己在计算机科学与技术领域的竞争力。通过上述引言，导入以下案例。

编写程序实现多文件上传，并展示上传目录文件中的全部文件信息。要求只允许上传图片文件，上传成功的文件保存在程序目录下的"uploads/年份/月份/"目录中，并使用时间生成文件名称。上传文件的后缀仍使用原文件的后缀。上传成功后提示上传成功，并跳转到上传文件列表页面，显示服务器上所有上传图片的文件名称、文件大小、文件下载链接等信息，并能实现上传文件的下载。多文件上传的 HTML 表单样例代码如下：

```
<formaction="upload.php" method="post" enctype="multipart/form-data">
    <input type="hidden" name="MAX_FILE_SIZE" value="1048576">
    <input type="file"name="upload[ ]">
    <input type="file"name="upload[ ]">
    <input type="file"name="upload[ ]">
    <input type="submit"value="上传文件">
</form>
```

 评价反馈

任 务 评 价 表

评价项目	评 价 要 素	评价满分	评价分值
知识技能评价	掌握目录和文件的常见操作方法	10	
	掌握处理文件上传和下载，能熟练使用超全局变量数组$_FILES、move_uploaded_file( )函数实现文件的上传	30	
	掌握使用 PHP 读取和写入文件中的数据常用的函数	30	
	掌握如何处理目录的遍历，并将遍历的结果显示在 table 标签中	10	
课程思政评价	通过学习情境与任务的实现，培养学习者独立分析问题和解决问题的能力，达到学以致用，增强技术自信	20	
整体评价		100	

 ## 任务 2.4　PHP 实现签名墙和验证码的制作

PHP 中的图像技术在互联网实际应用开发中发挥着重要的作用，PHP 为开发人员提供了丰富的图像处理功能，使我们能够轻松地处理和操作图像。无论是创建动态图像、生成缩略图、编辑图像还是拷贝复制图像，PHP 都能够提供强大的工具和函数来满足各种图像处理需求。接下来我们将通过任务化的形式根据 PHP 中的图像技术实现签名墙和验证码的制作。

 任务目标

(1) 了解常见的图片格式和 GD 库。

(2) 掌握图像的创建与生成方法。

(3) 掌握基本图形与文本的绘制。

(4) 通过学习情境与任务的实现，培养学习者独立分析问题和解决问题的能力，以及精益求精的工匠精神和职业价值观。

 任务书

本任务书涵盖两个子任务，分别为签名墙和验证码的制作。接下来请根据每一个子任务书中的具体要求完成任务。

子任务 1：签名墙的制作。

在 PHP 中，使用图形绘制函数常用于开发验证码、文字等功能。借助 PHP 中的图像创建和生成方法，我们可以构建一张签名墙，最后将生成的签名墙的图像保存为文件或输出到浏览器。效果图如图 2-15 所示。

图 2-15　签名墙制作的样例

子任务 2：验证码的制作。

随着互联网的快速发展和普及，网站的安全性和用户隐私的保护变得越来越重要。为了防止恶意攻击和滥用，网站管理员必须采取一系列措施来保护网站和用户的信息。其中，应用验证码是一种非常重要的安全措施。

验证码其实是一种人机验证机制，通过要求用户输入一串随机生成的字符或数字来确认用户身份。这种验证机制的目的是区分人类用户和自动化机器人，从而防止恶意攻击者通过自动化程序对网站进行恶意操作。作为一名程序开发人员，在实际工作中要认真面对项目中的每一个环节，不放过任何一个安全漏洞，要始终追求精益求精的工匠精神和良好的职业价值观，保护用户的权益不受到侵犯，做到防患于未然。基于上述描述，使用 PHP 的图像处理函数绘制一张简单的验证码图片。

 任务实施

1. 签名墙的制作

在项目中创建 signwall.php 文件。按照流程图 2-16 完成编码工作。

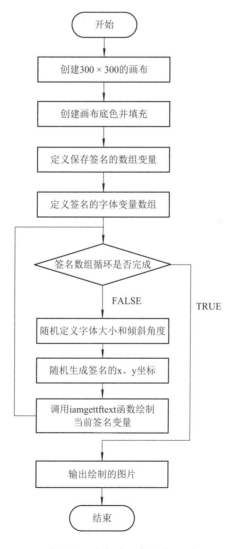

图 2-16　签名墙的实现流程图

项目的代码如下：

```
1    <?php
2        $img=imagecreatetruecolor(300,300);              //创建画布
3        $white=imagecolorallocate($img,255,255,255);      //定义背景颜色
4        imagefill($img,0,0,$white);                       //填充背景色
5        $name=['Tom','Jimmy','Lucy','PHP','大数据'];       //保存名字数组
6        $font='C:/windows/Fonts/simhei.ttf';              //引入系统字体库
7        foreach($name as $v){                             //制作签名墙
8            $size=mt_rand(15,40);                         //定义字体大小
9            $angle=mt_rand(-70,70);                       //定义字体转动量
10           $x=mt_rand(50,250);                           //随机文字 x 坐标
11           $y=mt_rand(50,250);                           //随机文字 y 坐标
12           $color=imagecolorallocate($img,
13               mt_rand(10,240),
14               mt_rand(10,240),
15               mt_rand(10,240));                         //为名字分配颜色
16           //绘制文本
17           imagettftext($img,$size,$angle,$x,$y,$color,$font,$v);
18       }
19   header('Content-Type:image/png');                    //设置头信息
20   imagepng($img);                                       //输出图像
21   imagedestroy($img);                                   //销毁图像
22   ?>
```

上述代码中首先定义了一个 300×300 的画布，并为画布填充白色背景；接着定义保存签名的数组变量$name；在代码第 6 行处引入系统字体库；第 7～18 行通过循环遍历签名数组变量$name，为每一个签名随机分配字体大小、转动的角度、定义绘制的(x，y)坐标信息，同时调用 imagettftext( )函数将签名绘制在画布上；最后在第 19～21 行代码处则完成绘制图像在浏览器中的输出。

2. 验证码的制作

制作简单的图片验证码的实现思路为：首先创建一个固定长宽的画布，并给画布填充背景颜色；然后设置生成字符的信息、颜色，并将所生成的字符写入画布中；接着将生成的干扰元素绘制在画布中；最后输出绘制成的验证码。根据以上思路，创建 captcha.php 文件，并按照流程图 2-17 实现任务的编码。

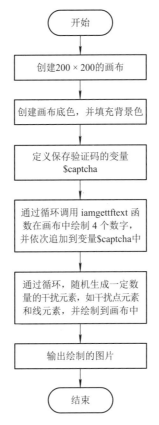

图 2-17　验证码的绘制流程图

项目的代码实现如下：

```php
1    <?php
2        $w=120;
3        $h=50;                                          //定义画布的大小
4        $image=imagecreatetruecolor($w,$h);            //创建真彩画布
5        $color=imagecolorallocate($image,220,220,220);  //定义背景颜色
6        imagefill($image,0,0,$color);                   //背景色填充画布
7        //使用循环绘制 2000 个干扰点,点的颜色随机生成
8        for($i=0;$i<1000;$i++){
9            $color=imagecolorallocate($image,
10           mt_rand(10,240),
11           mt_rand(10,240),
12           mt_rand(10,240));                          //随机定义点的颜色
13           $x=mt_rand(1,imagesx($image));             //随机生成每个点的 x 坐标
14           $y=mt_rand(1,imagesy($image));             //随机生成每个点的 y 坐标
15           imagesetpixel($image,$x,$y,$color);        //在画布中绘制点
16       }
17       //使用循环绘制 10 条随机颜色干扰线
```

```
18      for($i=0;$i<10;$i++){
19          $color=imagecolorallocate($image,
20          mt_rand(10,240),
21          mt_rand(10,240),
22          mt_rand(10,240));                    //随机定义线段的颜色
23          $x1=mt_rand(10,imagesx($image));
24          $y1=mt_rand(10,imagesy($image));
25          $x2=mt_rand(10,imagesx($image));
26          $y2=mt_rand(10,imagesy($image));     //随机生成线段的(x，y)坐标
27          imageline($image,$x1,$y1,$x2,$y2,$color);  //在画布中绘制线段
28      }
29
30      //使用循环绘制 4 位数字+字母的验证码
31      $yzm="";                                 //定义验证码最终的空字符串
32      //定义存储验证码字符的数组
33      $yzm_arr=array_merge(range("A","Z"),range(0,9));
34      $fontfile="C:\Windows\Fonts\simhei.ttf"; //引入系统的字体库
35      for($i=0;$i<4;$i++){
36          $idx=mt_rand(0,35);                  //每次循环随机出一个索引下标,索引下标[0，35]
37          $code=$yzm_arr[$idx];                //从数组中取出一个字符放在变量$code 中
38          $yzm.=$code;                         //将生成的 code 拼接到$yzm 字符串中
39          $x=($i*120/4)+mt_rand(5,15);         //定义每个验证码的 x 坐标
40          $y=mt_rand(30,40);                   //定义每个验证码的 y 坐标
41          $color=imagecolorallocate($image,
42          mt_rand(10,240),
43          mt_rand(10,240),
44          mt_rand(10,240));                    //定义每个验证码的随机颜色
45          //调用 imagettftext( )函数绘制文本信息
46          imagettftext($image,                 //画布对象
47              25,                              //字体大小
48              mt_rand(5,35),                   //字体转动的角度
49              $x,                              //每个验证码出现的 x 坐标信息
50              $y,                              //每个验证码出现的 y 坐标信息
51              $color,                          //每个验证码的颜色
52              $fontfile,                       //引用的系统字体库
53              $code);                          //被绘制的每个验证码
54      }
55      session_start( );                        //开启 session
56      $_SESSION['yzm']=$yzm;                   //生成的验证码保存在超全局数组变量 session 中
```

```
57        header("Content-type:image/png");       //设置头信息
58        imagepng($image);                        //浏览器中输出图像
59        imagedestroy($image);                    //销毁图像
60    ?>
```

上述代码中，我们定义一个 120×50 的真彩画布，同时填充画布的背景颜色；第 7～16 行代码通过循环语句在画布中绘制 2000 个干扰点，其中每一个干扰点的颜色借助随机函数 mt_rand( ) 函数生成，并且点的(x，y)坐标也是通过随机函数生成的，同时为了保证点的坐标最大值有效，还借助了 imagesx( ) 和 imagesy( ) 两个函数获取画布的最宽、最高像素值；第 17～29 行使用 imageline( ) 函数绘制 10 条随机颜色的干扰线；第 45～54 行代码则使用 imagettftext( ) 函数绘制字母和数字组合的验证码，每一个验证码随机一个颜色，同时将生成的每一个验证码拼接在一起放在变量$zym 中；第 55～56 行将生成的验证码保存在 SESSION 中，待到用户登录时进行用户验证码的校验；最后将生成的验证码输出到浏览器中。

 知识链接

◆ 知识点 1　常见图片格式

图片格式是计算机中存储图片的格式。对图片格式有一定的了解有助于在项目开发中，根据具体的需要选择合适的图像生成函数。下面介绍一下在 PHP 中可以处理的常见图片格式。

1. JPEG

JPEG 是联合图像专家组(joint photographic experts group)的缩写，是第一个国际图像压缩标准，也是目前网络上最流行的图像格式，其文件扩展名为 jpg 或 jpeg。JPEG 格式通常用来存储照片或者存储具有丰富色彩和色彩层次的图像。这种格式使用了有损压缩，当图形压缩成更小文件时，图片可以保留基本的图像和颜色的层次，但是图像的质量有所破坏。因此，JPEG 格式不适用于线条、文本或颜色块等较为简单的图片。

2. GIF

GIF 是图像文件交换格式(graphics interchange format)的缩写。它是一种基于 LZW 算法的连续色调的无损压缩格式，在减小文件大小的同时，保证了图片的可视质量。GIF 格式使用了 24 位 RGB 颜色空间的 256 种不同颜色的调色板，并且支持动画，但不适合高画质以及需要扩展颜色的图像，常用于网络中存储包含文本、直线和单块颜色的图像，如具有特定颜色区域的图像或者徽标。

3. PNG

PNG 是可移植的网络图像(portable network graphics)的缩写，该图像具有无损压缩、可变透明度、微细修正和二维空间交错等特性，因此常被描述为"一种强壮的图像格式"，但其缺点是文件的体积通常比较大。该格式在 Web 页面设计中适合保存包含文本、直线和单块颜色的图像，如网站 logo 和各种按钮。

4. WBMP

WBMP 是无线位图(wireless bitmap)的缩写，是一种移动计算机设备使用的标准图像格式，该文件格式支持 1 位颜色，只包含黑色和白色像素，而且不能制作得过大，这样在 Wap 手机里才能被正确显示，但最终并没有得到广泛的应用。

5. WebP

WebP 是由 Google 推出的一种同时兼容有损压缩和无损压缩的图片文件格式。WebP 的推出是为了改善 JPEG 的图片压缩技术。与 JPEG 相比，在质量相同的情况下，WebP 格式图像的体积要比 JPEG 格式小 40%，但其格式图像的编码时间却比 JPEG 格式图像长 8 倍。WebP 技术可以对网页图片进行有效压缩，同时又不影响图片格式兼容与实际清晰度，进而让整体网页下载速度加快。

◆ 知识点 2　PHP 中 GD 库简介

GD 库是 PHP 处理图像的扩展库，它提供了一系列用来处理图像的函数，可用于实现验证码、缩略图和图片水印等功能。PHP 中的 GD 库不仅支持 GIF、JPEG、PNG 等格式的图像文件，还支持 FreeType、Type1 等字体库。在 PHP 中使用 GD 库需要打开 PHP 配置文件 php.ini，找到“;extension=php_gd2.dll”这一行记录，并去掉前面的“;”注释并保存配置文件，之后重新启动 Apache 服务使得配置生效。通过 phpinfo( )函数查看 GD 库是否开启成功，如图 2-18 所示。

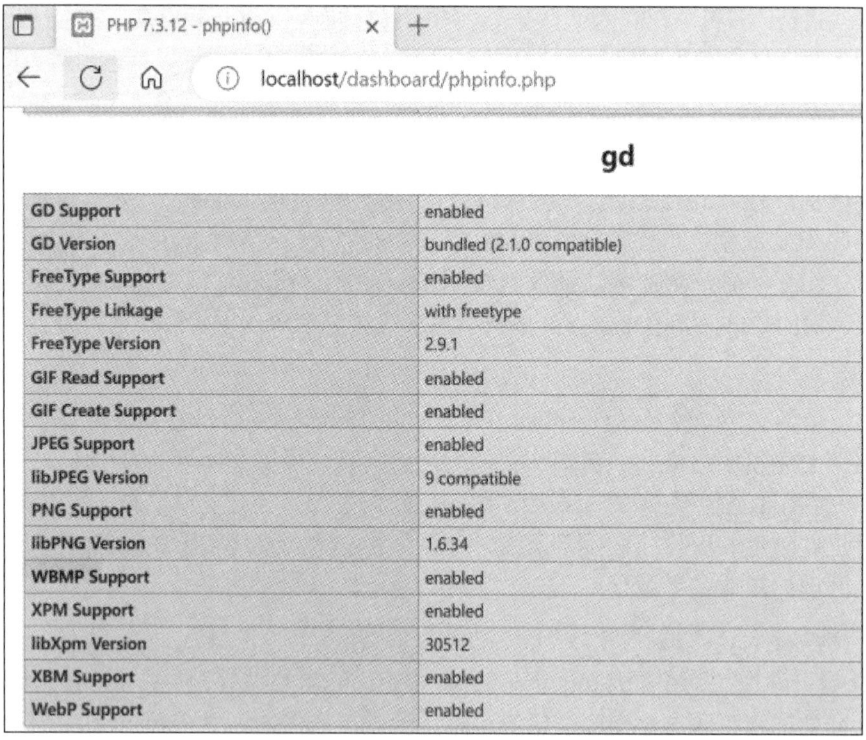

GD Support	enabled
GD Version	bundled (2.1.0 compatible)
FreeType Support	enabled
FreeType Linkage	with freetype
FreeType Version	2.9.1
GIF Read Support	enabled
GIF Create Support	enabled
JPEG Support	enabled
libJPEG Version	9 compatible
PNG Support	enabled
libPNG Version	1.6.34
WBMP Support	enabled
XPM Support	enabled
libXpm Version	30512
XBM Support	enabled
WebP Support	enabled

图 2-18　phpinfo( )函数查看 GD 库

◆ 知识点 3　图像的常见操作

PHP 中的图像操作流程与在纸上绘图类似，如图 2-19 所示。不同的是，在 PHP 中通过内置函数的调用完成相关操作的。

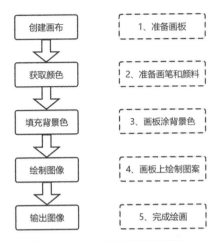

图 2-19　PHP 操作图像的流程

1. 图像的基本操作

1) 画布的创建

PHP 创建画布的方式有多种，可以基于一个已有文件创建，也可以直接创建一个空白画布，常见的创建图像资源的函数如表 2-18 所示。

表 2-18　PHP 中创建图像资源的函数

函　　数	功　　能
resource imagecreate(int $width,int $height)	创建指定宽高的空白画布图像
resource imagecreatetruecolor(int $width,int $height)	创建指定宽高的真彩色空白画布图像
resource imagecreatefromgif(string $filename)	从给定的文件路径创建 GIF 格式的图像
resource imagecreatefromjpeg(string $filename)	从给定的文件路径创建 JPEG 格式的图像
resource imagecreatefrompng(string $filename)	从给定的文件路径创建 PNG 格式的图像

在创建一个画布时，需要设定画布的宽($width)和画布的高($height)；imagecreate( )函数创建的画布仅支持 256 色，而 imagecreatetruecolor( )创建一个真彩色画布，色彩比较丰富，但不支持 GIF 格式；若根据已有的图像创建画布，则仅需要传递文件路径，调用"imagecreatefrom 图片类型"的函数即可。

例如，依据 PNG 格式的图像创建画布，则需调用 imagecreatefrompng( )函数。以下实例代码给出了 PHP 中不同画布创建函数的使用方法。

```
1    <?php
2        $image1=imagecreate(300,200);                    //创建 300×200 的画布
3        $image2=imagecreatetruecolor(300,200);           //创建 300×200 的真彩色画布
4        //依据 GIF 格式文件创建画布
5        $image_gif=imagecreatefromgif('/img/test_gif.gif');
6        //依据 JPEG 格式文件创建画布
7        $image_jpeg=imagecreatefromjpeg('/img/test_jpeg.jpeg');
8        //依据 PNG 格式文件创建画布
```

```
9        $image_png=imagecreatefrompng('/img/test_png.png');
10    ?>
```

在上述代码中，我们可以根据实际的业务需求选择合适的函数创建画布。

2) 颜色处理

在图像画布中绘制图形、文本时，需要先创建一个表示颜色的变量。常用分配颜色的函数分别为 imagecolorallocate( )和 imagecolorallocatealpha( )，后者在设置颜色的同时可以指定颜色透明度，具体语法如下：

> int imagecolorallocate(resource $image, int $red, int $green, int $blue)

在上述语法中，$image 是由画布创建函数返回的图像资源标识符。$red、$green 和$blue 参数分别表示 RGB 中的三种颜色，其取值范围可以是 0~255 的整数，或是 0x00~0xFF 的十六进制数。

需要注意的是，在使用 imagecolorallocate( )函数为画布分配颜色时，对于使用 imagecreate( )函数创建的画布，第一次调用 imagecolorallocate( )表示为新建的画布添加背景色；而对于 imagecreatetruecolor( )函数创建的画布，在 imagecolorallocate( )函数为其分配好颜色后，还需要调用 imagefill( )函数为画布添加背景色。此外，在分配颜色时可能还会使用 imagecolorallocatealpha( )函数，其定义的语法格式如下：

> int imagecolorallocatealpha (resource $image , int $red , int $green , int $blue , int $alpha)

imagecolorallocatealpha( )函数的前 4 个参数与 imagecolorallocate( )中的参数作用相同，不同的是增加了第 5 个参数，用于设置颜色的透明度，其取值范围在 0~127 之间，0 表示完全不透明，127 表示全透明。

3) 图像的输出

完成图像制作后，可以将图像直接输出到浏览器中或者保存到指定的文件路径中。PHP 中常用于图像输出的函数如表 2-19 所示。

表 2-19   PHP 图像输出函数

函　数	功　能
imagejpeg (resource $image [,string $filename [,int $quality =75]])	输出 JPEG 格式图像
imagegif (resource $image [, string $filename])	输出 GIF 格式图像
imagepng (resource $image [, string $filename])	输出 PNG 格式图像
imagewbmp (resource $image [, string $filename [, int $foreground]])	输出 WBMP 格式图像
imagewebp(resource $image,string $filename[,int $quality=80])	输出 WebP 格式图像

在 PHP 图像输出的所有函数中，其返回值皆为布尔类型，执行成功返回 true，否则返回 false。参数$image 表示图像资源标识符，通常是调用 imagecreate( )或 imagecreatetruecolor( ) 函数后的返回值。参数$filename 表示包含图片名称的路径；参数$quality 用于设置生成的图像质量，取值范围在 0~100 之间，0 表示质量最差，文件最小，100 表示质量最佳，文件最大。

此外，在调用输出图像的相关函数前，需要使用 header( )函数发送 HTTP 响应头给浏览器，告知输出内容的 MIME 类型，从而使浏览器进行解析。其语法格式定义如下：

> header('Content-Type:image/图片的格式');

在上述 header( )函数的声明中，image 关键字后面要指明具体输出图片的格式，如 png、jpeg 或 gif 等。如果要输出的图片是 png 格式，则调用 imagepng( )函数输出图片，如果要输出的图片是 gif 格式，则调用 imagegif( )函数输出图片。当输出图片结束后，可以调用 imagedestroy( )函数销毁图像，其语法格式定义如下：

```
bool imagedestroy(resource $image)
```

接下来通过示例代码演示 PHP 图像的基本操作，示例代码如下：

```
1    <?php
2        $image=imagecreatefromjpeg('./img/test.jpg');        //创建画布
3        $color=imagecolorallocate($image,220,210,200);        //分配颜色
4        imagefill($image,$color);                             //填充背景色
5        imagejpeg('./img/test_new.jpg');                      //保存图片
6        imagedestroy($image);                                 //销毁图像
7    ?>
```

上述代码中，通过 imagecreatefromjpeg( )函数根据已知图片 test.jpg 创建一个画布资源，第 3 行中使用 imagecolorallocate( )函数分配一个颜色，并在第 4 行代码中使用 imagefill( )函数为画布填充背景颜色，第 5 行代码通过 imagejpeg( )的函数将图像保存在 img 目录中，最后在第 6 行中销毁图像占用的内存资源。

2. 绘制基本形状

在绘制图像时，无论多么复杂的图形都离不开一些基本图形，如点、线、面(矩形、圆等)。只有掌握了这些最基本图形的绘制方式，才能绘制出各种独特风格的图形。在 GD 函数库中，提供了许多绘制基本图形的函数，如表 2-20 所示。

表 2-20　绘制基本图形常见函数

函　数	功　能
imagesetpixel(resource $img, int $x, int $y, int $color)	在($x, $y)坐标处，利用$color 颜色在$img 上绘制一个点
imageline(resource $img, int $x1, int $y1, int $x2, int $y2, int $color)	从坐标(x1, y1)到坐标(x2, y2)，利用$color 色在$img 上绘制一条直线
imagerectangle(resource $img, int $x1, int $y1, int $x2, int $y2, int $color)	用$color 色在$img 图像中绘制一个矩形，其左上角坐标为(x1, y1)，右下角坐标为(x2, y2)
imagepolygon(resource $img, array $points, int $num_points , int $color)	用$color 色在$img 中创建一个多边形，$points 包含了多边形的各个顶点坐标，$num_points 是顶点的总数
imagearc(resource $img, int $cx, int $cy, int $w, int $h, int $s, int $e, int $color)	在$img 图像中绘制一个以坐标(cx, cy)为中心的椭圆弧。$w 和$h 表示圆弧的宽度和高度，$s 和$e 表示起点和终点的角度。0° 位于三点钟位置，以顺时针方向绘画
imageellipse(resource $img, int $cx, int $cy, int $w, int $h, int $color)	在$img 图像中绘制一个以坐标($cx, $cy)为中心的椭圆。其中，$w 和$h 表示椭圆的宽度和高度。若$w 和$h 相等，则为正圆

上述表中列举了常用的基本图形函数，用法比较简单。需要注意的是，图像画布左上角的横纵坐标起点为"0，0"，右下角的横纵坐标是"画布长度-1，画布宽度-1"，在画布中绘制图像时，需要计算图形在画布中的起笔相对坐标。接下来使用上述表格中的图像绘制函数绘制几个简单的图形。如使用 imageellipse( )函数绘制 3 个相交的彩色圆环，示例代码如下：

```
1    <?php
2        $width=300;
3        $height=300;                                            //设置画布大小
4        $image=imagecreatetruecolor($width,$height);            //创建一个画布
5        $gray=imagecolorallocate($image,240,240,240);           //获取画布背景色
6        $red=imagecolorallocate($image,255,0,0);                //定义红颜色
7        $green=imagecolorallocate($image,0,255,0);              //定义绿颜色
8        $blue=imagecolorallocate($image,0,0,255);               //定义蓝颜色
9        imagefill($image,0,0,$gray);                            //为画布设置背景色
10       imageellipse($image,150,180,150,150,$red);              //绘制红色圆
11       imageellipse($image,90,120,150,150,$green);             //绘制绿色圆
12       imageellipse($image,210,120,150,150,$blue);             //绘制蓝色圆
13       header('Content-Type:image/png');                       //设置头信息
14       imagepng($image);                                       //浏览器中输出图像
15       imagedestroy($image);                                   //销毁图像
16    ?>
```

上述代码中，创建了一个 300×300 的画布；通过第 5 行代码，定义出画布的背景颜色灰色，并在第 9 行代码处调用 imagefill( )函数填充画布的背景色；接着通过调用 imageellipse( )函数绘制出红、绿、蓝三色相交的彩色圆；最后定义头信息，在浏览器中输出图形，并销毁图像占用的内存资源。运行结果如图 2-20 所示。

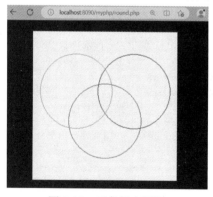

图 2-20　三色相交圆环

此外，PHP 还为绘制各种基本形状及颜色的填充，也提供了多种内置函数。绘制形状并填充颜色的函数名称与绘制基本图像的函数类似，区别是需要填充颜色的函数是在"image"与相关英文名称之间添加了"filled"。常见的绘制并填充颜色的函数如表 2-21 所示。

表 2-21　常见的绘制并填充颜色的函数

函　　　数	功　　　能
imagefill(resource $img, int $x, int $y, int $color)	在$img 图像的坐标($x，$y)处用$color 色执行区域填充(即与$x，$y 点颜色相同且相邻的点都会被填充)
imagefilledrectangle(resource $img, int $x1, int $y1, int $x2, int $y2, int $color)	画一个矩形并填充，用$color 色在$img 图像中填充矩形，其左上角坐标为(x1，y1)，右下角坐标为(x2，y2)
imagefilledpolygon(resource $img, array $points, int $num_points, int $color)	画一个多边形并填充，$num_points 的值必须大于 3
imagepolygon(resource $img, array $points, int $num_points , int $color)	用$color 色在$img 中创建一个多边形，$points 包含了多边形的各个顶点坐标，$num_points 是顶点的总数
imagefilledarc(resource $img, int $cx, int $cy, int $w, int $h, int $s, int $e, int $color, int $style)	画一个椭圆弧且填充，绘制一个以坐标($cx，$cy)为中心的椭圆弧，$w 和$h 表示圆弧的宽度和高度，$s 和$e 为起点和终点的角度，$style 为圆弧的样式
imagefilledellipse(resource $img, int $cx, int $cy, int $w, int $h, int $color)	画一个椭圆并填充，绘制一个以坐标($cx，$cy)为中心的椭圆，$w 和$h 分别指定了椭圆的宽度和高度

接下来以 imagefilledrectangle( )函数的使用为例讲解，通过函数绘制一个柱状图，具体示例代码如下：

```php
1    <?php
2        $width=300;
3        $height=300;                                      //设置画布大小
4        $image=imagecreatetruecolor($width,$height);      //创建画布
5        $bkcolor=imagecolorallocate($image,240,240,240);  //定义背景色
6        imagefill($image,0,0,$bkcolor);                   //填充背景色
7        $blue=imagecolorallocate($image,0,128,255);       //定义浅蓝色
8        $darkblue=imagecolorallocate($image,0,128,192);   //定义深蓝色
9        for($i=220;$i>120;--$i){                          //设置立体效果
10            imagefilledellipse($image,150,$i,120,60,$darkblue);
11        }
12       //绘制椭圆并填充
13       imagefilledellipse($image,150,120,120,60,$blue);
14       header('Content-Type:image/png');                //设置头信息
15       imagepng($image);                                 //浏览器中输出图像
16       imagedestroy($image);                             //销毁图像
17   ?>
```

上述代码中，第 1～6 行为定义画布对象并为画布填充背景颜色。第 7～11 行为从圆心坐标(150，121)至(150，220)处通过循环绘制宽度为 120，高度为 60 的深蓝色椭圆，形成一个立体的圆柱体，第 13 行代码用于绘制圆柱体的顶层，最终效果图如图 2-21 所示。

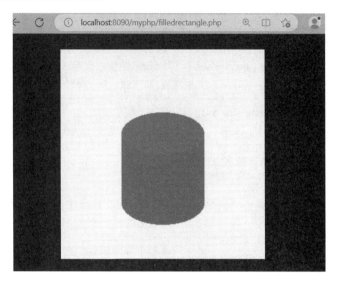

图 2-21   圆柱体

通过上述案例可知，灵活运用 PHP 图像中的内置函数，可以形成多种多样的图像。例如，使用图像处理中带有填充功能的函数，实现填充带透明度的三色圆。具体实现的示例代码如下：

```
1     <?php
2         $width=300;
3         $height=300;                                    //设置画布大小
4         $image=imagecreatetruecolor($width,$height);   //创建画布对象
5         //定义画布的背景颜色
6         $bkcolor=imagecolorallocate($image,255,255,255);
7         imagefill($image,0,0,$bkcolor);                //填充画布的背景颜色
8         //使用 imagecolorallocatealpha( )函数定义红、黄、蓝的颜色，透明度为 80
9         $yellow=imagecolorallocatealpha($image,255,255,0,80);
10        $red=imagecolorallocatealpha($image,255,0,0,80);
11        $blue=imagecolorallocatealpha($image,0,0,255,80);
12        $yellow_x=100;                                 //定义黄颜色的 x 坐标
13        $yellow_y=120;                                 //定义黄颜色的 y 坐标
14        $red_x=140;                                    //定义红颜色的 x 坐标
15        $red_y=185;                                    //定义红颜色的 y 坐标
16        $blue_x=190;                                   //定义蓝颜色的 x 坐标
17        $blue_y=125;                                   //定义蓝颜色的 y 坐标
18        $radius=150;                                   //定义圆的半径
19        //画三个相交的圆
20        imagefilledellipse($image,$yellow_x,$yellow_y,$radius,$radius,$yellow);
21        imagefilledellipse($image,$red_x,$red_y,$radius,$radius,$red);
22        imagefilledellipse($image,$blue_x,$blue_y,$radius,$radius,$blue);
```

23	header('Content-type:image/png');	//设置头信息
24	imagepng($image);	//浏览器中输出图像
25	imagedestroy($image);	//销毁图像
26	?>	

上述代码中使用 imagecolorallocatealpha( )函数分配红、黄、蓝三种颜色，每种颜色的透明度均为 80；接着使用 imagefilledellipse( )函数在画布中绘制三个相交的圆，程序运行的结果如图 2-22 所示。

图 2-22　绘制填充带透明度的三色圆

3. 绘制文本

在 PHP 中绘制文本技术通常用于开发验证码、文字水印等功能。PHP 可通过 imagettftext( )函数将文字写入图像中，该函数的参数说明如下：

```
arrayimagettftext(
        resource$image,          //画布资源(通过 imagecreatetruecolor( )创建)
        float $size,             //文字大小(字号)
        float $angle,            //文字倾斜角度，0°为从左向右读的文本
        int $x,                  //绘制位置的 x 坐标
        int $y,                  //绘制位置的 y 坐标
        int $color,              //文字颜色(通过 imagecolorallocate( )创建)
        string $font_filename,   //文字字体文件(即.ttf 字体文件的保存路径)
        string $text             //文字内容
)
```

在上述函数声明中，$image 为创建的画布对象，如通过 imagecreatetruecolor( )创建的画布；$angle 文字倾斜角度，0°为从左向右读的文本，文本随着倾斜角度的变大呈逆时针旋转，如 90°表示从下向上读的文本；在绘制文本时，文本字体的颜色需要使用 imagecolorallocate( )函数创建；此外，在使用 imagettftext( )函数时，还需要注意文字字体的设置，可以使用 Windows 系统中安装的字体文件(在 C:\Windows\Fonts 目录中)，如"C:\Windows\Fonts\simhei.ttf"，也可以通过网络获取其他字体文件放在项目目录下使用。imagettftext( )函数使用实例代码如下：

```
1    <?php
2        //根据已存在的图片创建画布
3        $image=imagecreatefrompng("../img/php.png");
4        $text='优秀的语言';                               //定义要输出的文本
5        $fontfile="C:\Windows\Fonts\simhei.ttf";        //定义系统字体库
6        $color=imagecolorallocate($image,0,0,0);        //字体颜色的定义
7        //调用 imagettftext( )函数绘制文本信息
8        imagettftext($image,                            //画布对象
9                25,                                     //字体大小
10               0,                                      //字体转动的角度
11               90,                                     //字体出现的 x 坐标信息
12               250,                                    //字体出现的 y 坐标信息
13               $color,                                 //字体的颜色
14               $fontfile,                              //字体库
15               $text);                                 //输出的文本信息
16      header("Content-type:image/png");               //设置头部信息
17      imagesavealpha($image,true);                    //保留原图像的透明通道
18      imagepng($image);                               //输出图像
19      imagedestroy($image);                           //浏览器中销毁图像
20   ?>
```

上述代码中，根据已存在的图片创建画布资源$image；使用 Windows 系统中安装的字体文件作为 imagettftext( )函数的字体库信息；通过 imagecolorallocate( )函数为要显示的文本信息定义颜色，同时在画布的(90，250)坐标处开始，在画布中绘制转动量为 0，大小 25 的文本信息"优秀的语言"；最后在浏览器中输出结果，代码运行效果图如图 2-23 所示。

图 2-23   使用 imagettftext( )函数绘制图像

任务 1 和任务 2 的实现均借助了 imagettftext( )函数实现文本的绘制，除了上面介绍的 imagettftext( )函数之外，对于文本的绘制，PHP 还提供了其他的一些常用函数，具体如表 2-22 所示。

表 2-22　PHP 中常见的文本绘制函数

函　　数	功 能 描 述
imagechar (resource $img, int $font, int $x, int $y, string $c, int $color)	将字符串$c 的第一个字符绘制在$img 中,坐标为($x,$y),颜色为$color,字体为$font,$font 值越大,字体越大
imagecharup (resource $img, int $font, int $x, int $y, string $c, int $color)	将字符串$c 的第一个字符垂直绘制在$img 中,坐标为($x,y),颜色为$color,字体为$font,其值越大字体越大
imagestring (resource $img, int $font, int $x, int $y, string $s, int $color)	将字符串$s 画到$img 中,其坐标为($x,$y),颜色为$color,字体为$font,$font 值越大,字体越大
imagestringup (resource $img, int $font, int $x, int $y, string $s, int $$color)	将字符串$s 垂直画到$img 中,其坐标为($x,$y),颜色为$color,字体为$font,其值越大,字体越大

表 2-22 中的函数不仅可以将文本绘制到画布上,还可以将特殊字符当作文本绘制到画布上,下面以函数 imagechar( )的使用为例,完成圣诞雪花图的绘制,具体示例代码如下:

```php
1    <?php
2        $width=400;
3        $height=300;                                    //设置画布大小
4        $image=imagecreatetruecolor($width,$height);    //创建真彩画布
5        $bkcolor=imagecolorallocate($image,240,240,240); //定义背景色
6        imagefill($image,0,0,$bkcolor);                 //画布填充背景色
7        //使用 for 循环在画布中输出 500 个不同颜色的雪花
8        for($i=0;$i<500;++$i){
9            //使用 imagechar( )函数将*当作文本随机输出到画布上,雪花的颜色随机分配
10           $red=mt_rand(10,200);
11           $green=mt_rand(10,200);
12           $blue=mt_rand(10,200);
13           //定义每一个雪花的颜色
14           $color=imagecolorallocate($image,$red,$green,$blue);
15           $x=mt_rand(0,$width);
16           $y=mt_rand(0,$height);
17           imagechar($image,4,$x,$y,'*',$color);       //绘制雪花
18       }
19       header('Content-type:image/gif');              //设置头部信息
20       imagegif($image);                              //输出图像
21       imagedestroy($image);                          //销毁图像
22   ?>
```

上述代码中,第 8～18 行通过循环在画布中随机绘制 500 个不同颜色的"*",此处借助了随机函数 mt_rand(min,max),该函数可以随之生成[min,max]之间的一个整数,通过该函数可随机生成不同的颜色色号,同时也可随机生成每一个雪花的(x,y)坐标信息;

最后在浏览器中显示出生成的雪花图像。程序的运行结果如图 2-24 所示。

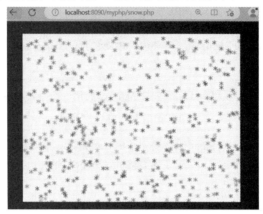

图 2-24　使用 imagechar 函数绘制雪花效果

◆ 知识点 4　图像的复制与处理

在 Web 项目开发过程中，经常会遇到图像的缩放、叠加效果、对图像进行过滤、为图片添加水印、生成缩略图等常见的需求。PHP 的 GD 库中提供了许多图像处理的函数，可以助我们实现这些功能。常见的图像处理函数如表 2-23 所示。

表 2-23　常见的图像处理函数

函　　数	功　　能
imagecopy (resource $dst_img, resource $src_img, int $dst_x, int $dst_y, int $src_x, int $src_y, int $src_w, int $src_h)	将$src_img 图像中坐标从($src_x，$src_y)开始，宽度为$src_w，高度为$src_h 的一部分复制到$dst_img 图像中坐标为($dst_x，$dst_y)的位置上
imagecopymerge (resource $dst_img, resource $src_img, int $dst_x, int $dst_y, int $src_x, int $src_y, int $src_w, int $src_h, int $pct)	$pct 决定合并程度，其值范围是 0～100。当$pct = 0 时，$dst_img 中不显示$src_img；而$pct = 100 与 imagecopy( )效果相同
imagecopymergegray (resource $dst_img, resource $src_img, int $dst_x, int $dst_y, int $src_x, int $src_y, int $src_w, int $src_h, int $pct)	本函数和 imagecopymerge( )相似，但在合并时会通过在复制前将目标像素转换为灰度级来保留了原色度
imagecopyresampled (resource $dst_img, resource $src_img, int $dst_x, int $dst_y, int $src_x, int $src_y, int $dst_w, int $dst_h, int $src_w, int $src_h)	将$src_img 从坐标($src_x，$src_y)开始，宽度为$src_w，高度为$src_h 的一部分复制到$dst_img 图像中坐标为($dst_x，$dst_y)，宽度为$dst_w，高度为$dst_h 的位置。目标宽度和高度不同，则会进行相应的收缩和拉伸
imagecopyresized (resource $dst_img, resource $src_img, int $dst_x, int $dst_y, int $src_x, int $src_y, int $dst_w, int $dst_h, int $src_w, int $src_h)	将$src_img 从坐标($src_x，$src_y)开始，宽度为$src_w，高度为$src_h 的一部分复制到$dst_img 图像中坐标为($dst_x，$dst_y)，宽度为$dst_w，高度为$dst_h 的地方。目标宽度和高度不同，则会进行相应的收缩和拉伸

从表 2-23 中可以看出，所有的函数都可以实现图像的叠加，imagecopymerge( )和 imagecopymergegray( )函数还可以设置图片叠加时合并的程度；imagecopyresampled( )和 imagecopyresized( )函数在图片叠加时，可以实现按比例缩放，不同的是前者在缩放时图像边缘比较平滑，后者缩放的图像比较粗糙，但是后者处理速度比前者快。

1. 图像叠加

实现图像叠加时，可以将原图完整地叠加到目标图中，也可以只将原图的局部图像叠加到目标图中。实现图像叠加时可以使用 imagecopyresampled( )函数，该函数的定义如下。

bool imagecopyresampled(resource $dst_image,resource $src_image, int $dst_x, int $dst_y, int $src_x, int $src_y, int $dst_width, int $dst_height, int $src_width, int $src_height)

以完整叠加为例，示例代码如下：

```
1    <?php
2        $source='./img/php_wz.png';                   //加载源图像
3        $target="./img/php_bk.png";                   //加载目标图像
4        list($src_w,$src_h)=getimagesize($source);    //获取原图像的大小
5        $src_image=imagecreatefrompng($source);       //创建原图像的画布
6        $dst_image=imagecreatefrompng($target);       //创建目标图像的画布
7        imagecopyresampled($dst_image,$src_image,     //进行图像的叠加
8            2,2,0,0,$src_w,$src_h,$src_w,$src_h);
9        header('Content-Type:image/png');             //输出图像
10       imagepng($dst_image);
11       imagedestroy($src_image);
12       imagedestroy($dst_image);                     //销毁图像
13   ?>
```

在上述代码中，使用 getimagesize( )函数获取图像的信息，该函数返回一个数组对象，从中获取图像的宽$width$ 和高$height$；接着创建原图像和目标图像的画布对象src_image 和dst_image；通过 imagecopyresampled( )函数将原图像整体叠加到目标图像(2，2)坐标处开始的位置；最后在浏览器中输出图像。代码的运行效果如图 2-25 所示。

图 2-25　PHP 实现图像的叠加

2. 图像缩放

在 Web 程序开发中，如果想实现图像的缩放，首先需要获取原图的宽和高，然后根据不同的需求选择不同的缩放方法。其中常用的缩放方法有等比例缩放、缩放后填充、居中裁剪、左上角裁剪、右下角裁剪和固定尺寸缩放等。在制作缩略图时，为了保证绘制图像的画质，通常情况下使用 imagecopyresampled( ) 函数。

imagecopyresampled( ) 将一幅图像中的一块正方形区域拷贝到另一个图像中，平滑地插入像素值。因此，在放大了图像局部的大小的同时，仍然保持了极大的清晰度。换句话说，imagecopyresampled( ) 会从 src_image 中取出一个宽度为 src_width 高度为 src_height 的矩形区域，在位置(src_x、src_y)处将其放置在 dst_image 中宽度为 dst_width 高度为 dst_height 的矩形区域中，位置为(dst_x、dst_y)。

如果源和目标的宽度和高度不同，则会进行相应的图像收缩和拉伸。本函数可用来在同一幅图内部拷贝(如果 dst_image 和 src_image 相同的话)区域，但如果区域交叠的话则结果不可预知。下述示例代码演示了图片的缩放。

```php
1    <?php
2        $filename='./img/php.png';                               //设置要处理的文件信息
3        $percent=0.5;                                            //设置缩放的比例
4        list($width,$height)=getimagesize($filename);//获取图片新的尺寸
5        $new_width=$width*$percent;                              //计算缩放后的图像宽度
6        $new_height=$height*$percent;                            //计算缩放后的图像高度
7        //创建目标图像画布资源
8        $image_dit=imagecreatetruecolor($new_width,$new_height);
9        //创建原图画布资源
10       $image_src=imagecreatefrompng($filename);
11       imagecopyresampled($image_dit,$image_src,0,0,0,0,$new_width,$new_height,$width,$height);
                                                                 //将原图缩放到目标图中
12       header('Content-Type:image/png');
13       imagepng($image_dit,'./img/php_1.png');                 //输出图像
14       imagedestroy($image_dit);
15       imagedestroy($image_src);                               //销毁图像
16   ?>
```

上述代码执行后，会读取 img 目录下的 php.png 图像，第 4 行代码首先获取原图像的宽$width 和高$height，接着在第 5～6 行代码处按照缩放比例重新计算缩放后的图像宽$new_width 和高$new_height；第 8～10 行代码创建目标图像和原图像的画布资源；第 11 行代码使用 imagecopyresampled( ) 函数将原图缩放到目标图中；最后输出缩放后的图片 php_1.png 至 img 目录下，示例代码运行效果见图 2-26。

图 2-26   固定尺寸缩放图像

从图 2-26 的网页标签可以看出，原始图片的大小(347 × 306)，经过上述代码运行进行缩放后的大小变为了(173 × 153)。

3. 图像过滤器

在 PHP 中可以利用 GD 库提供的 imagefilter( )函数对生成的图像做相应的特效，如反色、浮雕、模糊、柔滑等效果，该函数的参数说明如下：

```
bool imagefilter(
    resource $image,  //图像资源
    int $filtertype,   //过滤类型
    int $arg1,        //可选，根据过滤类型确定，是否设置红色值、亮度、对比度、平滑水平和块大小
    int $arg2,        //可选，根据过滤类型确定，是否设置绿色值、是否使用先进的像素效果
    int $arg3,        //可选，根据过滤类型确定，是否设置蓝色值
    int $arg4        //可选，根据过滤类型确定，是否设置透明通道，取值范围在 0～127 之间
);
```

上述参数中，函数 imagefilter( )的可选参数的设置取决于$filtertype 参数，参数$arg1、$arg2、$arg3 和$arg4 的值都是整数类型。$filtertype 参数值的具体说明如表 2-24 所示。

表 2-24   过滤器类型说明

过滤类型	说　　明
IMG_FILTER_NEGATE	将图像中所有颜色反转
IMG_FILTER_GRAYSCALE	将图像转换成灰度
IMG_FILTER_BRIGHTNESS	改变图像的亮度。用$arg1 设定亮度级别，取值范围 –255～255 之间
IMG_FILTER_CONTRAST	改变图像的对比度。用$arg1 设定对比度级别
IMG_FILTER_COLORIZE	用指定颜色转换图像。用$arg1、$arg2、$arg3 指定 red、blue、green。范围为 0～255，$arg4 指定透明度，0 表示完全不透明，127 表示完全透明

续表

过滤类型	说　　明
IMG_FILTER_EDGEDETECT	用边缘检测来突出图像的边缘
IMG_FILTER_EMBOSS	使图像浮雕化
IMG_FILTER_GAUSSIAN_BLUR	用高斯算法模糊图像
IMG_FILTER_SELECTIVE_BLUR	模糊图像
IMG_FILTER_MEAN_REMOVAL	用平均移除法来达到轮廓效果
IMG_FILTER_SMOOTH	使图像更柔滑，用$arg1 设定柔滑级别
IMG_FILTER_PIXELATE	视频滤镜效果，$arg1 设置块大小，$arg2 设置像素影响模式
IMG_FILTER_SCATTER	将散射效果应用于图像，使用 args 和 arg2 定义效果强度，另外使用 arg3 仅应用选定像素颜色

参数$agr1 的值具体有 IMG_FILTER_BRIGHTNESS(设置亮度级别)、IMG_FILTER_CONTRAST(设置对比度级别)、IMG_FILTER_COLORIZE(设置红色的值)、IMG_FILTER_SMOOTH(设置平滑度级别)、IMG_FILTER_PIXELATE(设置块大小，以像素为单位)。

参数$arg2 的值具体有 IMG_FILTER_COLORIZE(设置绿色的值)、IMG_FILTER_PIXELATE(是否使用高级像素化效果，默认为 FALSE)。

参数$arg3 的值具体有 IMG_FILTER_COLORIZE，表示蓝色成分的值。

参数$arg4 的值具体有 IMG_FILTER_COLORIZE，表示 Alpha 的通道，该值介于 0 和 127 之间的值。0 表示完全不透明，而 127 表示完全透明。

过滤类型只要涉及参数的设定，在使用时就必须添加对应的参数，否则对图片的过滤就会失败。IMG_FILTER_GRAYSCALE 与 IMG_FILTER_COLORIZE 类型功能类似，区别在于前者利用灰色显示图片，后者可以通过参数设置图片的颜色和透明度。以下通过案例演示 imagefilter( )函数的具体用法。

imagefilter( )函数实现反转图片的颜色实例代码如下：

```
1    <?php
2        $image=imagecreatefrompng('./img/php.png');       //创建画布
3        //调用 imagefilter 函数反转图片颜色
4        imagefilter($image,IMG_FILTER_NEGATE);
5        header('Content-type:image/png');                 //浏览器中输出图片
6        imagepng($image);
7        imagedestroy($image);
8    ?>
```

上述代码中，根据已知图片资源创建画布对象，通过设置 imagefilter( )函数中$filtertype 参数为 IMG_FILTER_NEGATE，实现图片颜色的反转，具体效果对比如图 2-27 所示。

图 2-27　图片颜色的反转

imagefilter( )函数实现滤镜效果的示例代码如下：

```
1    <?php
2        $image=imagecreatefrompng('./img/php.png');            //创建画布
3        imagefilter($image,IMG_FILTER_PIXELATE,10,10);        //设置滤镜效果
4        header('Content-type:image/png');
5        imagepng($image);
6    ?>
```

上述代码中通过设置 imagefilter( )函数中$filtertype 参数为 IMG_FILTER_PIXELATE，实现滤镜效果，函数中的第 3 个和第 4 个参数分别用于设置像素块的大小以及像素的响应模式，具体效果对比如图 2-28 所示。

图 2-28　图片滤镜

图像的过滤器函数的其他过滤类型与案例中的类似，有兴趣的读者可以自己进行练习测试，对比不同过滤类型之间的区别。

请结合以上知识点的学习，自行构建导入案例的任务场景，并通过代码完成知识和能力拓展的导入案例。

知识和能力拓展

PHP 为开发人员提供了丰富的图像处理功能，使我们能够轻松地处理和操作图像。不仅仅能实现签名墙的制作和验证码的生成，同时还能实现图像的各种复杂的处理。通过上述引言，导入以下案例。

(1) 封装函数实现一个有点、线干扰元素的 5 位验证码，其中验证码包括英文大小写字母和数字。并思考如何将生成的验证码图片嵌入登录页面，并能在登录验证的实现中完成用户验证码校验工作。结合前序 Web 表单数据的提交与获取相关知识和技能点，进一步丰富和完善用户的登录验证功能，最终给出一个较为完整的带有验证码的处理登录业务的代码逻辑。

(2) 制作个人信息明信片。载入一幅 PNG 格式的图像作为画布的背景图片；之后定义 form 表单信息，通过 form 表单提交个人的姓名、工作单位、职位/职称和联系方式等信息。提交表单信息给对应的 php 文件(php 文件名自拟)，然后将来自表单的字符串直接作为生成图片的文本，通过设置字体、具体的位置，创建并输出融合文字后的图像。

 评价反馈

任 务 评 价 表

评价项目	评 价 要 素	评价满分	评价分值
知识技能评价	了解常见的图片格式和 GD 库	20	
	掌握图像的创建与生成流程，以及流程中每一步对应函数的具体使用方法	30	
	掌握 PHP 中常见的基本图形与文本绘制函数的具体使用	30	
课程思政评价	通过学习情境与任务的实现，培养学习者独立分析问题和解决问题的能力，以及精益求精的工匠精神和职业价值观	20	
整体评价		100	

任务 2.5   基于面向对象的数据库常规操作的封装

PHP 与经典的面向对象编程语言(如 Java)有所不同，它并不是一种纯面向对象的语言。但随着 PHP 的不断发展，其面向对象语法也在逐步向主流的面向对象语言靠拢，使得 PHP 能够处理越来越复杂的需求。因此，掌握 PHP 的面向对象编程也是一名 PHP 开发者的重要必备技能之一。

 任务目标

(1) 熟悉面向对象的思想。

(2) 掌握类与对象的定义与使用。

(3) 掌握接口的定义和实现。

(4) 了解常用的设计模式。

(5) 通过学习情境与任务的实现，培养学习者善于思考，深入研究的良好习惯，同时培养学习者的创新意识。

任务书

在 PHP 使用 mysqli 操作 MySQL 数据库时，普遍采用面向过程的方式实现，代码显得比较凌乱。通过使用面向对象的思想，实现对数据库操作类的封装，进而简化数据库的操作，完成数据库常见的读写操作。基于上述描述，请结合面向对象的思想完成对 MySQL 数据库常见读写操作的封装，并进行相应的代码测试。通过该任务的完成，旨在培养学习者善于思考，深入研究的良好习惯，同时培养学习者的创新意识，达到学以致用，增强技术自信。

任务实施

1. 基于面向对象的数据库常规操作的封装

若要实现任务一中的需求，其实现步骤大致如下：

(1) 创建用来封装数据库操作的类。

(2) 在类中定义必要的成员属性，如数据库服务的 IP 地址、用户名、密码、要操作的数据库名称、字符集、连接资源等。

(3) 在类中创建公共的方法 get_connect( )，通过该方法获取数据库的连接。

(4) 在类中创建 execute_update( )方法，通过该方法执行对数据的新增、修改和删除操作。

(5) 在类中创建 execute_query( )方法，通过该方法执行对数据的查询操作。

(6) 测试封装的类，并在浏览器中查看运行结果。

2. 任务实现具体代码解析

(1) 创建 DBHelper.php 类。在该文件中封装数据库操作类，类中声明连接数据库的属性和构造方法、初始化数据库的信息，具体代码如下：

```
1    class DBHelper{
2        private $host;        //数据库服务 IP
3        private $user;        //访问数据库用户名
4        private $pwdd;        //访问数据库密码
5        private $dbname;      //要使用的数据库名称
6        private $port;        //数据库端口号
7        private $charset;     //操作数据库字符集
8        public $errorno;      //连接错误代码值
9        public $error;        //连接错误信息
10       private $link;        //连接资源
11   //构造方法
```

```
12    public function __construct(array $dbinfo=[ ]){
13        $this->host= isset($dbinfo['host'])?$dbinfo['host']:'localhost';
14        $this->user = isset($dbinfo['user'])?$dbinfo['user']: 'root';
15        $this->pwd = isset($dbinfo['pwd'])?$dbinfo['pwd']: '';
16        $this->dbname = isset($dbinfo['dbname'])?$info['dbname']:'test';
17        $this->port = isset($dbinfo['port'])?$dbinfo['port']:'3306';
18        $this->charset = isset($dbinfo['charset'])?$dbinfo['charset']: 'utf8';
19    }
20  }
```

上述代码中声明了连接数据库的必要属性，以及初始化数据库信息的构造方法。如果实例化对象没有传递数据库的连接信息，则使用默认值进行数据的连接。

(2) 定义并实现 get_connect( )方法。在该方法中实现数据库的创建，具体代码实现如下：

```
1     private function get_connect( ){
2         $this->link=mysqli_connect($this->host,
3         $this->user, $this->pwd,
4         $this->dbname, $this->port);        //调用 mysqli 扩展获取数据库连接
5         if (!$this->link) {                 //判定连接是否有效，无效时记录错误信息
6             $this->errorno = mysqli_connect_errno( );
7             $this->error = mysqli_connect_error( );
8             return false;
9         }
10        return true;
11    }
```

在上述代码中，定义了私有(private)方法 get_connect( )，在该方法中通过调用 mysqli 的扩展实现获取数据库的连接。值得注意的是在第 5～7 行代码处需要判定数据库连接是否有效，无效则需要记录错误的信息，正确则返回 true。

此外，为了保证数据库数据能正常显示，还需要设置字符集，具体代码如下：

```
1     private function set_charset( )
2     {
3         $result = mysqli_set_charset($this->link, $this->charset);
4         if (!$result) {
5             $this->errorno = mysqli_errno($this->link);
6             $this->error = mysqli_error($this->link);
7             return false;
8         }
9         return true;
10    }
```

在上述代码中，定义了私有(private)方法 set_charset( )，该方法主要通过调用 mysqli 扩展中的 mysqli_set_charset( )方法实现数据库编码集的设置。

由于 get_connect( )方法和 set_charset( )方法定义成了私有方法，可以改动类的构造方法代码，当实例化数据库对象的时候就获取数据库连接并设置字符集，改造代码如下：

```
1    public function    __construct(array $dbinfo=[ ]){
2        .....(原有代码)
3        if (!$this->get_connect( )) {
4            return;
5        }
6        $this->set_charset( );
7    }
```

(3) 实现 execute_update( )的方法。通过该方法执行对数据的新增、修改和删除操作，具体实现代码如下：

```
1    public function execute_update($sql){
2        $result = mysqli_query($this->link, $sql);
3        if (!$result) {
4            $this->errorno = mysqli_errno($this->link);
5            $this->error = mysqli_error($this->link);
6            return false;
7        }
8        return mysqli_affected_rows($this->link);
9    }
```

上述代码中，通过调用 mysqli 扩展中的 mysqli_query( )方法可以执行新增、删除和修改 SQL 语句，并将影响的行数作为返回结果。

(4) 实现 execute_query( )方法。通过该方法执行对数据的查询操作，具体实现代码如下所示：

```
1    public function execute_query($sql){
2        $result = mysqli_query($this->link, $sql);
3        if (!$result) {
4            $this->errorno = mysqli_errno($this->link);
5            $this->error = mysqli_error($this->link);
6            return false;
7        }
8        $list = array( );              //定义保存最终结果的数组
9        while ($row = mysqli_fetch_assoc($result)) {
10            $list[ ] = $row;          //遍历查询结果，将结果每一行数据保存在数组中
11        }
12        return $list;
13    }
```

由于数据库的查询结果形式多样，在上述实现查询的代码中使用数组保存最终的查询结果，通过遍历查询语句的结果集，将结果中的每一行数据保存在数组变量$list中，最终

返回$list 的对象。

至此，完成了数据库操作类的封装。读者可以尝试实例化一个数据库操作的对象，调用 execute_query( )和 execute_update( )方法，实现对数据库的增、删、改、查操作。简单示例代码如下：

```
1   $dbinfo=["pwd"=>"root",'dbname'=>"php"];   //定义数据库的连接信息
2   $db = new DBHelper($dbinfo);               //创建数据库连接对象
3   $sql="";                                   //定义数据库更新语句 insert、update 或者 delete 语句
4   $result = $db->execute_update($sql);       //调用封装的方法执行 SQL
5   var_dump($result);                         //输出执行的结果
6   $sql = "select * from ...... ";            //定义数据库查询语句
7   $result = $db->execute_query( );           //调用封装的方法执行 SQL
8   var_dump($result);                         //输出查询的执行结果
```

 知识链接

◆ **知识点 1　面向对象思想**

1. 区别面向对象与面向过程

在学习面向对象之前，首先考虑一下什么是面向过程？面向过程就是分析解决问题所需要的步骤，然后利用函数把这些步骤依次实现，使用时一一调用即可，之前的学习任务如验证码的生成、文件的上传等都是基于这样的编程思想。

与面向过程不同的是，面向对象是一种更符合人类思维习惯的编程思想，它分析现实生活中存在的各种形态不同的事物，通过程序中的对象来映射现实中的事物。由于这些事物之间存在着各种各样的联系，因此使用对象的关系来描述事物之间的联系。在面向对象编程过程中强调数据的封装、继承、多态和动态绑定等特性，以使得程序具有更好的可扩展性、可维护性和可重用性。

下面通过伪代码演示面向过程和面向对象实现 MySQL 数据库操作时的区别。

```
//面向过程方式                          //面向对象方式
创建 MySQL 数据库连接( );               连接对象->创建 MySQL 数据库连接( );
设置字符集( );                         连接对象->设置字符集( );
执行 SQL 语句并获得执行结果( );         执行结果对象 = 连接对象->执行 SQL( );
处理执行的结果( );                     执行结果对象->处理结果( );
关闭数据库连接( );                     数据库连接对象->关闭( );
```

从上面的伪代码中可以看出，在面向过程方式中，开发者关心的是完成任务所经历的每一个步骤，将这些步骤定义成函数后，依次调用定义好的函数来完成任务。而在面向对象方式中，开发者更关心任务中涉及的对象，即数据库连接对象和执行结果对象。

可见，面向对象就是把要解决的问题，按照一定规则划分为多个独立的对象，再调用对象的方法解决问题，所以通常会在一个应用程序中包含多个对象，有时需多个对象相互配合来实现指定功能，当功能发生变动时，只需修改个别的对象就可以了，从而使代码更容易维护。

2. 面向对象中的类与对象

在面向对象中，最重要的两个概念是类和对象。其中类是对某一类事物的抽象描述，即描述多个对象的共同特征，它是对象的模板。对象用于表示现实中该事物的个体，它是类的实例。简单来说，类表示一个客观世界的某类群体，而对象表示某类群体中一个具体的东西。类是对象的模板，类中包含该类群体的一些基本特征；对象是以类为模板创建的具体事物，也就是类的具体实例。例如，水果类，具有"名称""价格"和"产地"三个属性，它是对客观世界的某类群体的统一描述。"苹果"和"橘子"是水果类的对象，是一个具体的东西，具有水果类的全部属性。可见对象是由类创建的，并且一个类可以创建多个对象。

3. 面向对象的特征

面向对象的特征主要可以概括为封装、继承和多态。

封装是面向对象的核心思想，将对象的属性和行为封装起来，不需要让外界知道具体实现细节，这就是封装的思想。例如，用户使用全自动洗衣机只需选择需要的功能按钮就可以了，无须知道全自动洗衣机内部具体是如何工作的。

继承主要描述的是类与类之间的关系，通过继承，可在无须重新编写原有类的情况下，对原有类的功能进行扩展。继承不仅增强了代码的复用性，提高了程序的开发效率，而且为程序的修改补充提供了便利。

多态指的是同一操作作用于不同的对象，会产生不同的执行结果。例如，电脑上的 USB 接口，当使用 U 盘插入电脑时就可以识别是 U 盘，完成 U 盘数据的读写；当鼠标或者键盘插入时，则识别为输入设备，完成电脑的操作。可见不同 USB 接口对象，所表现的行为是不一样的。

◆ 知识点 2　类与对象的定义与使用

1. 类的定义与实例化

面向对象思想最核心的就是对象，为了在程序中创建对象，首先需要定义一个类。类的组成要素包括 class 关键字、类名和成员。类的成员包括属性和方法。其中，属性是描述对象的特征，如人的姓名、年龄等。方法用于描述对象的行为，如工作、学习等。PHP 中类的定义格式如下：

```
class  类名
{
    // 成员属性
    // 成员方法
}
```

从上述类的定义语法中可知，类名称后面的"{}"中是类的成员。其中，在类中声明的变量被称为成员属性，在类中声明的函数被称为成员方法。需要注意的是，类的命名规则要遵循以下的要求。

(1) 类的名称不区分大小写，如 Student、student 都表示同一个类。

(2) 推荐使用大驼峰法命名，即每个单词的首字母大写，如 Student。

(3) 类名要见其名知其意，如 Student 表示学生类，Teacher 表示教师类。

根据 PHP 有关类定义的描述，Student 类的定义如下代码：

```
1 <?php
2    class Student
3    {
4        // 声明属性
5        public $sno;              //定义成员属性
6        public $name;
7        public $sex;
8        // 声明方法
9        public function displayStudent( ) {
10            echo    $this->sno;
11            echo    $this->name;
12            echo    $this->sex;
13        }
14    }
15?>
```

上述代码中，类的名称为 Student，里面有三个属性$sno、$sname 和$sex，有一个方法用于显示学生类 Student 中的全部属性信息。

类仅是一个模板，若想要使用类的功能，还需要根据类创建具体的对象，也就是要实例化类。PHP 中使用 new 关键字创建对象，语法格式如下：

$对象名 ＝new 类名([参数 1，参数 2，…]);

在上述语法格式中，"$对象名"表示一个对象的引用名称，通过这个引用可以访问对象中的成员。"$对象名"遵循 PHP 变量的命名规则，用户可随意定义，尽量做到见其名知其意；"new"表示要创建一个新的对象"类名"表示对象的类型类名后面括号中的参数是可选的，具体将在构造方法中进行讲解。以下代码示例为类的定义与实例化：

```
1 <?php
2    class Student
3    {
4        // 声明属性
5        public $sno;              //定义成员属性
6        public $name;
7        public $sex;
8        // 声明方法
9        public function displayStudent( ) {
10            echo    $this->sno;
11            echo    $this->name;
12            echo    $this->sex;
13        }
14    }
15    $stu1 = new Student( );              //实例化 Student 类
```

```
16      $stu1->sno="20230301";          //给 stu1 对象属性赋值
17      $stu1->name= "张宏";
18      $stu1->sex= "男";
19      $stu1->displayStudent( );        //调用 stu1 的方法
20      $stu2 = new Student;
21 ?>
```

上述示例代码 15 行中，通过 new 关键字定义了一个 Student 类的对象$stu1，如果在创建对象时，不需要传递参数，则可以省略类名后面的括号，即使用"new 类名"的方式创建，如第 20 行代码；接着在 16～18 行对$stu1 对象中的属性进行赋值，在第 19 行通过调用类中的方法 displayStudent( )输出$stu1 对象的每一个属性。

2. 对象的基本使用

在创建对象后，就可以通过"对象->成员"的方式来访问成员属性和成员方法。

1) 成员属性

默认情况下，在定义类时可以直接为成员属性赋初始值。实例化类后，就可以对属性进行多种操作，包括调用属性、为属性赋值、修改属性值、删除属性等，示例代码如下：

```
1 <?php
2      class Student {
3          // 声明属性
4          public $sno;                //定义成员属性
5          public $name;
6          public $sex;
7          public $addr;
8          // 声明方法
9          public function displayStudent( ) {
10             echo    $this->sno."<br>";
11             echo    $this->name."<br>";
12             echo    $this->sex."<br>";
13             echo    $this->addr."<br>";
14         }
15     }
16     $stu1 = new Student( );           //定义 Student 类的对象
17     $stu1->sno="20230301";           //给 stu1 对象属性赋值
18     $stu1->name= "张宏";
19     $stu1->sex= "男";
20     $stu1->addr="上海";
21     echo   $stu1->sno."<br>";        //输出 stu1 对象的 sno 属性
22     echo   $stu1->name."<br>";       //输出 stu1 对象的 name 属性
23     echo   $stu1->sex."<br>";          //输出 stu1 对象的 sex 属性
```

```
24        echo    $stu1->addr."<br>";            //输出 stu1 对象的 addr 属性
25        $stu1->addr="北京";                     //修改属性值
26        echo    $stu1->addr."<br>";            //输出 stu1 对象修改后的 addr 属性
27        unset($stu1->addr);                    //删除 stu1 对象 addr 属性的值
28        var_dump(isset($stu1->addr));          //检测属性值是否被设置,输出结果：bool (false)
29 ?>
```

上述第 17~20 行代码为 Student 类对象$stu1 的每一个属性进行赋值；之后在第 21~24 行输出显示对象的每一个属性值；在第 25 行修改对象$stu1 的属性 addr 的值，并显示修改后的结果；第 27 行使用 unset 函数删除属性 addr 的值，并在第 28 行使用 isset( )判断属性是否设置，属性值为 null 或者使用 unset( )删除后判断的结果都为 false。从上述代码示例中可以看出，设置对象操作类的属性时，对象成员访问符号"->"后面直接跟属性名称即可，如 sno、name，而非$sno、$name。

2）成员方法

类中的成员方法调用很简单，只需在对象成员访问符号"->"后面跟上方法名称，然后跟上小括号"( )"即可。若方法需要参数，可以将参数写在小括号中。示例代码如下：

```
1 <?php
2    class Student {
3        // 声明属性
4        public $sno;                    //定义成员属性
5        public $name;
6        public $sex;
7        public $addr;
8        // 声明方法
9        public function displayStudent( ) {
10           echo    $this->sno."<br>";
11           echo    $this->name."<br>";
12           echo    $this->sex."<br>";
13           echo    $this->addr."<br>";
14       }
15       public function study($course){
16           echo    $this->name."正在学习".$course;
17       }
18   }
19   $stu1 = new Student( );              //定义 Student 类的对象
20   $stu1->sno="20230301";              //给 stu1 对象属性赋值
21   $stu1->name= "张宏";
22   $stu1->sex= "男";
23   $stu1->addr="上海";
24   $stu1->displayStudent( );            //调用类中的方法输出对象的信息
```

```
25      $stu1->study("PHP 程序设计");        //调用结果：张宏正在学习 PHP 程序设计
26 ?>
```

在上述代码中，displayStudent( )和 study( )方法中都使用了一个特殊的变量$this，该变量表示当前对象，用于完成对象内部成员之间的访问。例如，当 stu1 对象执行成员方法时，此时$this 代表的就是$stu1 对象。但是$this 只能在类定义的方法中使用，不能在类的外部使用。

3) 可变类与可变成员

与可变变量和可变函数类似的是，PHP 还支持可变类、可变属性和可变方法。示例代码如下：

```
1     <?php
2         class AreaCalculate{
3             public $width=40;
4             public $length=50;
5             public function getArea( ){
6                 return $this->width *$this->length;
7             }
8         }
9         $className ='AreaCalculate';
10        $c = new $className( );
11        $attr1 = 'width';
12        $attr2 = 'length';
13        $area = 'getArea';
14        echo   '宽='.$c->$attr1.'<br>';
15        echo   '长='.$c->$attr2.'<br>';
16        echo   '矩形面积='.$c->$area( ).'<br>';
17    ?>
```

在上述代码中，使用可变类和可变成员(属性、方法)时，对象成员访问符"->"后面跟的是"$变量名称"。例如，示例代码中的第 10 行、第 14～16 行，PHP 在实例化可变类时，会自动寻找与变量值相同的类进行实例化，或者访问其属性和方法。

4) 对象的克隆

PHP 中的变量默认是传值赋值，通过赋值运算符(=)可以得到两个值相同的变量，当一个变量的值改变时，另一个变量的值不变。因此，在 PHP 中对象赋值的操作，仅实现了同一个标识符的赋值，这个标识符指向同一个对象的内容。如果想要获取多个相同的对象，并且其中一个对象的成员发生改变不影响其他对象的成员，可以使用 clone 关键字来实现，其语法格式如下：

```
$object2 = clone $object1;
```

通过以下代码示例演示 PHP 中克隆对象的使用。

```
1     <?php
```

```
2          class Shap
3          {
4               public $name = '三角形';
5          }
6          $shap1 = new Shap( );
7          $shap2 = clone $shap1;
8          $shap1->name = '正方形';
9          var_dump($shap1->name );        //输出结果：正方形
10         var_dump($shap2->name );        //输出结果：三角形
11    ?>
```

在上述代码中，通过 clone 关键字实现对 Shap 类对象 $shap1 的克隆生成对象 $shap2，当修改 $shap1 对象的属性时，并不影响 $shap2 的属性值。

PHP 中提供了很多的魔术方法，魔术方法不需要手动调用，它会在某一时刻自动执行。因此魔术方法给程序开发带来了极大的便利。PHP 中常见的魔术方法如表 2-25 所示。

表 2-25　PHP 中常见的魔术方法

魔术方法	描　　述
__get( )	当调用一个未定义或无权访问的属性时自动调用此方法
__set( )	给一个未定义或无权访问的属性赋值时自动调用此方法
__isset( )	当在一个未定义或无权访问的属性上执行 isset( )操作时调用此方法
__unset( )	当在一个未定义或无权访问的属性上执行 unset( )操作时调用此方法
__construct( )	构造方法，当一个对象被创建时调用此方法
__destruct( )	PHP 将在对象被销毁前(即从内存中清除前)调用此方法
__tostring( )	用于一个类被当成字符串时应怎样回应
__invoke( )	以调用函数的方式调用一个对象时会被自动调用
__sleep( )	可用于清理对象，在 serialize( )序列化前执行
__wakeup( )	用于预先准备对象需要的资源，在 unserialize( )反序列化前执行
__call( )	在对象中调用一个不可访问方法时会被调用
__callstatic( )	静态上下文中调用一个不可访问方法时会被调用，该方法需要声明为 static 静态方法

◆ 知识点 3　构造方法和析构方法

1. 构造方法

每个类都有一个构造方法，在创建对象时会被自动调用。它主要用于在创建对象的同时，完成初始化功能。若类中没有显式声明，PHP 会自动生成一个无参且无任何操作的默认构造方法，当在类中显式声明了构造方法时，默认构造方法将不存在。构造方法的声明与成员方法的定义类似，其语法规则如下：

```
访问控制修饰符  function __construct(参数列表)
{
    // 初始化操作
}
```

上述语法中，__construct( )是构造方法的名称，访问控制修饰符可以省略，默认为 public。

```
1    <?php
2        class Student {
3            // 声明属性
4            public $sno;   //定义成员属性
5            public $name;
6            public $sex;
7            public $addr;
8            // 声明方法
9            public function __construct($sno,$name,$sex,$addr){
10               $this->sno = $sno;
11               $this->name = $name;
12               $this->sex = $sex;
13               $this->addr = $addr;
14           }
15           public function displayStudent( ){
16               echo    $this->sno."<br>";
17               echo    $this->name."<br>";
18               echo    $this->sex."<br>";
19               echo    $this->addr."<br>";
20           }
21       }
22       $stu1 = new Student("20230301","张宏","男","上海");
23       $stu1->displayStudent( );
24       $stu2 = new Student("20230302","李雪","女","北京");
25       $stu2->displayStudent( );
26 ?>
```

上述示例代码中，第 22 和第 24 行分别定义了两个 Student 类的对象，在实例化类对象的同时，通过自动调用构造函数完成对象成员属性的初始化操作，上述代码可以看出，利用构造方法可以很方便地完成成员属性的初始化操作。除此之外，构造方法与成员方法之间还可以根据需求相互调用。

2. 析构方法

与构造方法相对应的是析构方法，它会在对象被销毁之前自动调用，完成一些功能或操作的执行。例如，关闭文件、释放结果集等。其语法规则如下：

```
访问控制修饰符 function __destruct(参数列表)
{
        // 清理操作
}
```

析构方法一般情况下不需要手动调用。在使用 unset( )释放对象，或者 PHP 脚本执行结束自动释放对象时，析构方法将会被自动调用。

```
1 <?php
2    class Student {
3        //构造方法声明
4        public function __construct( ){
5              echo  "正在构造方法.....<br>";
6        }
7        //析构方法声明
8        public function __destruct( ) {
9              echo  "正在执行析构方法.....<br>";
10       }
11   }
12   $stu  = new Student( );
13   unset($stu);
14 ?>
```

上述代码通过 unset( )函数释放对象$stu，就会自动调用析构方法。如果不使用 unset( )函数释放对象，PHP 脚本执行结束时候也会自动释放$stu 对象。

◆ 知识点 4　类常量与静态成员

类在实例化后，对象中的成员只被当前对象所有。如果希望在类中定义的成员被所有对象共有，此时可以使用类常量或静态成员来实现。

1. 类常量

在 PHP 中，类内除了可以定义成员属性、成员方法之外，还可以定义类常量。其被定义后值不变，可以被所有对象共享。在类内使用 const 关键字可以定义类常量，其语法格式如下：

```
const 类常量名 = '常量值';
```

类常量的命名规则与普通常量一致，在开发习惯上通常以大写字母表示类常量名。访问类常量时，需要通过"类名::常量名称"的方式进行访问。其中"::"称为范围解析操作符，简称双冒号。以下示例代码演示了类常量的使用方式。

```
1 <?php
2      class   School{
3            const SCHOOL_TYPE = '双高院校';    //定义类常量
4      }
5      echo   School::SCHOOL_TYPE;              //访问类常量
```

6 ?>

上述代码演示了如何在类的外边访问类常量。类常量也可以在类的内部进行访问，在类的内部进行访问时，可以使用关键字 self 代替类名称，如"self::SCHOOL_TYPE"，以此避免修改类名称后还需修改代码所带来的不必要麻烦。在实际开发过程中，类常量的使用不仅可以在语法上限制数据不被修改，还可以简化说明数据，便于开发人员的阅读和数据的维护。

2. 静态成员

除了类常量外，若想要类中的某些成员只保存一份，并且可以被所有实例的对象所共享时，就可以使用静态成员。在 PHP 中，静态成员使用 static 关键字修饰，它是属于类的成员，可以通过类名直接访问，不需要实例化对象。具体语法如下：

```
// 静态成员的声明
public static  属性名;                        //声明静态属性
public static  方法名( ) { }                   //声明静态方法
// 静态成员的访问
类名::静态成员
```

需要注意的是，静态成员是属于类的，不需要通过对象调用，所以$this 在静态方法中不可以使用。当访问类中成员时，需要使用范围解析操作符"::"。以下示例代码演示了静态成员的定义和访问。

```
1  <?php
2    class   Student{
3        public static $info;
4        public static function showInfo( ){
5            echo   '学生信息为: '.self::$info.'<br>';    //类内访问静态属性
6        }
7        public static function test{
8            self::showInfo( );                      //类内访问静态方法
9        }
10       Student::$info='技术能手';                    //类外访问静态属性
11       Student::showInfo( );                        //类外访问静态方法
12   ?>
```

在上述代码中，类的静态成员在类没有被实例化的情况下就可以访问。通常在类外使用类名称访问，类内使用 self 关键字进行访问。

◆ 知识点 5　面向对象的三大特征

1. 封装

封装是面向对象的核心思想，将对象的属性和行为封装起来，不需要让外界知道具体实现细节，这就是封装思想。在面向对象思想中，封装是指将数据和对数据的操作捆绑到一起，形成对外界的隐蔽，同时对外提供可以操作的接口。

在 PHP 中，类的封装是通过访问控制修饰符实现的，共有 3 种，分别为 public(公有修饰符)、protected(保护成员修饰符)和 private(私有修饰符)。具体作用范围如表 2-26 所示。

表 2-26　修饰符的作用范围

范围类型	同一个类内	子　类	类　外
public	√	√	√
protected	√	√	×
private	√	×	×

如果类的成员没有指定访问控制修饰符，则默认为 public。

2. 继承

继承是面向对象思想中实现代码复用的重要特性，类的继承是指在一个现有类的基础上去构建一个新的类，构建出来的新类被称作子类，现有类被称作父类，子类会自动拥有父类所有可继承的属性和方法。继承的本质是子类通过继承可以直接使用父类的操作，PHP 中使用 extends 关键字表示继承，子类也被称为派生类，父类则被称为基类。继承性主要描述的是类与类之间的关系，通过继承，可在无须重新编写原有类的情况下，对原有类的功能进行扩展。继承不仅增强了代码的复用性，提高了程序开发效率，而且为程序的修改补充提供了便利。其语法格式如下：

```
class 子类名 extends 父类名
{
    // 类体
}
```

需要注意的是，PHP 只允许单继承，即，每个子类只能继承一个父类，不能同时继承多个父类。以下示例代码演示了 PHP 中的继承关系。

```php
1   <?php
2       //定义父类 People
3       class People{
4           public $name;
5           public function work( ){
6               echo   $this->name.' 正在工作中......';
7           }
8       }
9       //定义子类 Man 类继承 People 类
10      class Man extends People
11      {
12          public function __construct($name)
13          {
14              $this->name = $name;
15          }
16      }
```

```
17          $man = new Man('李宏');
18          $man->work( );                    //输出结果：李宏正在工作中......
19      ?>
```

上述代码中，第 10 行定义了子类 Man 使用关键字 extends 继承了父类 People 类。当子类继承父类时，会自动拥有父类的成员。因此，实例化后的$man 对象，拥有来自父类的成员属性$name、成员方法 work( )和子类本身的构造方法。需要注意的是，当子类中有父类同名的方法时，子类的方法会覆盖父类的方法。示例代码如下：

```
1      <?php
2          //定义父类 People
3          class People{
4              public $name;
5              public function work( ){
6                  echo    $this->name.' 正在工作中...... ';
7              }
8          }
9          //定义子类 Man 类继承 People 类
10         class Man extends People
11         {
12              public $addr='软件公司';
13              public function __construct($name)
14              {
15                  $this->name = $name;
16              }
17          //子类中有父类的同名方法
18          public function work( ){
19              echo    $this->name.' 正在'.$addr.'中努力地工作...... ';
20          }
21         }
22         $man = new Man('李宏');
23         $man->work( );                 //输出结果：李宏正在软件公司中努力地工作......
24      ?>
```

上述代码中，子类的第 18 行代码重写了父类中的同名方法。需要注意的是，如果重写父类方法，该方法在子类和父类中同时存在。在重写方法时，首先，要保证参数数量必须一致；其次，子类中的方法的访问级别应等于或弱于父类中被重写的方法的访问级别。子类重写父类的方法后，若想继续使用父类的方法时，需要使用 parent 关键字来实现，使用方式是 parent 关键字加上范围解析操作符。其语法格式如下：

parent::父类方法( );

PHP 中的继承为程序编写带来了巨大的灵活性，但有时可能需要在继承的过程中保证某些类或方法不被改变，此时就需要使用 final 关键字。final 关键字具有"无法改变"或

"最终"的含义,因此使用 final 修饰的类和成员的方法不能被修改,其语法格式如下:

```
final class 类名                          // 最终类
{
    public final function  方法名( ){}        // 最终方法
}
```

final 关键字的示例代码如下:

```
1    <?php
2        class People
3        {
4            protected final function work( )
5            {
6                // final 方法不能被子类重写
7            }
8        }
9        final class Student extends People
10       {
11           // final 类不能被继承,只能被实例化
12       }
13   ?>
```

上述代码中,在 People 类里定义了 final 修饰的方法 work( ),在子类 Student 中不能重写父类中定义的 final 方法,但可以访问该方法。同时 Student 类被定义成 final 类,表示该类不能被继承,但可以进行实例化。在实际开发过程中,使用 final 关键字可以从代码层面限制类的使用方式,从而减少不必要的沟通和避免意外的情况发生。

3. 多态

多态是指相同操作或函数可作用在多种类型的对象上并获取不同的结果,即不同的对象,所表现的行为是不一样的。多态的发生必须有继承关系,即子类继承父类,并在子类中重写父类方法,父类拥有子类的形态,因此可以表现出子类的特性。在 PHP 中,我们可以通过使用抽象类和接口来实现多态性。以下是一个使用 PHP 实现多态的简单示例:

```
1    <?php
2        abstract class Animal {
3            abstract public function makeSound( );
4        }
5        class Dog extends Animal {
6            public function makeSound( ) {
7                echo    "Woof! Woof!";
8            }
9        }
10       class Cat extends Animal {
```

```
11              public function makeSound( ) {
12                  echo    "Meow! Meow!";
13              }
14          }
15      $dog = new Dog( );$cat = new Cat( );
16      $dog->makeSound( );              // 输出结果：Woof! Woof!
17      $cat->makeSound( );              // 输出结果：Meow! Meow!
18  ?>
```

在上面的示例中，首先，我们定义了一个抽象类 Animal，它包含一个抽象方法 makeSound；然后，我们创建了两个具体的类 Dog 和 Cat，它们分别继承了 Animal 类并实现了自己的 makeSound 方法；最后，我们创建了一个 Dog 对象和一个 Cat 对象，并调用它们的 makeSound 方法。根据对象的类型不同，输出的结果也会有所不同。

通过使用抽象类和接口，我们可以在 PHP 中实现多态性，提高代码的灵活性和可扩展性。这种特性使得我们能够更好地应对不同的需求和变化。对于抽象类和接口的知识将在知识点 6 中详细讲解。

◆ 知识点 6　抽象类与接口

1. 抽象类

抽象类是一种特殊的类，用于定义某种行为，但其具体的实现需要子类来完成。例如，定义一个运动类，对于跑步这个行为，有基础跑、长距离跑、减速跑等多种跑步方式。此时，可以使用 PHP 提供的抽象类和抽象方法来实现，在定义时使用 abstract 关键字进行修饰。具体语法格式如下：

```
abstract class  类名                    // 定义抽象类
{
    public abstract function  方法名( );   // 定义抽象方法
}
```

上述语法中，使用关键字 abstract 修饰定义抽象类和抽象方法。但在使用 abstract 关键字修饰抽象类和抽象方法时需要注意以下几点。

(1) 抽象方法是只有方法声明而没有方法体的特殊方法。

(2) 含有抽象方法的类必须被定义成抽象类。

(3) 抽象类中可以有非抽象方法、成员属性和常量。

(4) 抽象类不能被实例化，只能被继承。

(5) 子类实现抽象类中的抽象方法时，访问控制修饰符必须与抽象类中的一致或者更宽松。

(6) 子类继承抽象类时必须实现抽象方法，否则也必须定义成抽象类，由下一个继承类来实现。

抽象类的示例代码如下：

```
1   <?php
2       //定义抽象类 Sport
```

```
3          abstract class Sport{
4              protected $name;
5              public function __construct($name){
6                  $this->name = $name;
7              }
8              abstract public function sport_type( );        //定义抽象方法
9          }
10     //定义抽象类的子类 Run
11     class Run extends Sport{
12         //实现抽象类中的抽象方法
13         public function sport_type( ){
14             echo   "当前运动为".$this->name."<br>";
15         }
16     }
17     //定义抽象类的子类 Jump
18     class Jump extends Sport{
19         //实现抽象类中的抽象方法
20         public function sport_type( ){
21             echo   "当前运动为".$this->name."<br>";
22         }
23     }
24 //抽象类的测试
25     $run = new Run("跑步");
26     $run->sport_type( );                            //输出结果：当前运动为跑步
27     $jump = new Jump("跳远");
28     $jump->sport_type( );                           //输出结果：当前运动为跳远
29  ?>
```

在上述代码中，第 13～15 行和第 20～22 行代码中，实现了抽象类中的抽象方法。在实现抽象类中的抽象方法时，不仅要保证访问控制修饰符一致或更为宽泛，参数的类型和数量也要与抽象类中的定义保持一致。

2. 接口

在项目开发中，经常需要定义方法来描述类的一些行为特征，但是这些行为特征在不同情况下又有不同的特点。因此，在程序无法确定的情况下，可以利用 PHP 提供的接口，提高程序的灵活性。

接口用于指定某个类必须实现的功能，用来规范一些共性类必须实现的方法，可通过 interface 关键字来定义接口。在接口中，所有的方法只能是公有的，不能使用 final 关键字来修饰，其定义的语法格式如下：

```
// 定义接口
```

```
interface 接口名
{
    public function 方法名( );
}
// 实现接口
class 类名 implements 接口名
{
    // 类体
}
```

上述语法中，接口与类有类似的结构，但接口不能实例化，接口中的方法没有具体的实现。因此需要通过某个类使用 implements 关键字实现接口。

接口中只能有两个成员，分别是接口常量和接口方法。接口方法为抽象方法且没有方法体，在定义接口中的抽象方法时，由于所有的方法都是抽象的，因此声明时省略了 abstract 关键字。实现接口的类可以访问接口常量，但不能在类中定义同名常量。类中需要实现所有的接口方法，并且不允许添加控制权限。以下示例代码演示了 PHP 接口的定义与使用。

```
1     <?php
2         //定义数据传输接口
3         interface   DataTransferInterface{
4             public function connect( );              //传输接口连接方法
5             public function transfer($data);         //数据传输方法
6             public function close( );                //断开传输连接
7         }
8         //定义类实现接口
9         class Mobile implements DataTransferInterface{
10            //成员私有属性定义
11            private $name;
12            //构造方法
13            public function __construct($name){
14                $this->name = $name;
15            }
16            //接口中传输接口连接方法的实现
17            public function connect( ){
18                echo   $this->name." 设备连接成功！<br>";
19            }
20            //接口中数据传输方法的实现
21            public function transfer($data){
22                echo   "数据传输开始<br>";
23                echo   $this->name." 正在传输 ".$data." 数据…… <br>";
24                sleep(2);                            //休眠 2 秒中模拟数据的传输
```

```
25              echo    "数据传输结束<br>";
26          }
27          //接口中断开传输连接方法的实现
28          public function close( ){
29              echo    $this->name." 设备连接关闭！ ";
30          }
31      }
32  $mobile = new Mobile("华为");                      //定义类的对象
33  $mobile->connect( );                               //调用类中接口 connect( )具体实现
34  $mobile->transfer("PHP 学习资料");                  //调用类中接口 transfer( )具体实现
35  $mobile->close( );                                 //调用类中接口 close( )具体实现
36  ?>
```

上述代码中，Mobile 类必须实现接口 DataTransferInterface 中定义的全部方法，否则 PHP 会报一个致命级别的错误。

值得注意的是，在 PHP 中一个类可以实现多个接口，相互之间可以使用逗号来分隔，但是接口中的方法名称不能重名。同时接口中也可以定义常量，与类常量的用法相同，但是不能被子类或者子接口覆盖。具体实现代码如下：

```
1   <?php
2       interface    A{
3           //定义接口 A 的方法
4       }
5       interface    B{
6           //定义接口 B 的方法
7       }
8       class C implements A, B{
9           //类 C 中的属性定义
10          //类 C 中实现接口 A 和 B 的全部方法
11      }
12  ?>
```

另外一个类也可以在继承的同时实现接口，具体实现代码如下：

```
1   <?php
2       interface    A{
3           //定义接口 A 的方法
4       }
5       interface    B{
6           //定义接口 B 的方法
7       }
8       class C{
9           //定义类 C 中的属性
```

```
10              //定义类 C 中的方法
11          }
12      class D extends C implements A, B{
13              //类 D 中的属性定义
14              //类 D 中继承类 C 中的属性和方法
15              //类 D 中实现接口 A 和 B 的全部方法
16          }
17  ?>
```

 知识和能力拓展

在实际的项目开发过程中，最重要的一个部分就是对数据库的操作。通常情况下，在一个 PHP 脚本运行期间只需要有一个数据库连接。那么如何通过限制实例化次数来保证系统的一致性和数据库连接资源的有效利用呢？这是值得每一名开发人员深思的问题。此时我们就可以借助单例模式，以保证整个程序运行期间该类只存在一个实例对象。请根据上述描述和下面单例模式的基本概念，导入以下案例，并结合前序的知识点学习，自行构建导入案例的任务场景，并通过代码完成导入案例。最终实现通过单例模式创建 PHP 连接 MySQL 数据库的连接对象。

单例模式，是一种常见的软件设计模式。在它的核心结构中包含一个被称为特殊的单例。通过单例模式可以保证系统中一个类只有一个实例，即一个类只有一个对象实例；同时这个类的对象必须是自动创建的。

从单利模式的具体实现角度来讲，需要保证以下几点：

(1) 单例模式的类只提供私有的构造函数。

(2) 类定义中含有一个该类的静态私有属性。

(3) 该类提供了一个静态的公有函数用于创建或者获取它本身的静态私有对象。

(4) 该类需要有一个私有的 clone 方法，防止被克隆。

综合以上知识，根据下面的代码框架，补充其中的空缺代码，最终实现通过单例模式创建数据库的连接对象。

```php
1   <?php
2       class Db
3       {
4           private static $instance = null;        // 保存数据库实例对象
5           private $link;                          // 保存数据库连接
6           // 声明构造方法为私有，阻止类外实例化，构造方法中创建数据库的连接
7
8           // 定义私有的克隆函数阻止用户复制对象实例
9
10          // 通过公共的静态方法获取单例对象
11          public static function getInstance( )
```

```
12              {
13              /*实现逻辑、判断，确认当前对象是否被创建，即$instance 是否为 null
14               * 如果没被创建则创建，并保存在$instance
15               * 否则对象被创建，直接返回$instance
16               */
17              }
18          }
19          // 实例化对象并测试
20          //获取数据库的连接对象$db1
21
22          //获取数据库的连接对象$db2
23
24          //使用全等==判断$db1 和$db2 是否相同
25      ?>
```

在真实的项目开发过程中，项目中的单例模式通常需要多个开发人员共同商讨和协作来实现，这也体现出了良好的团队合作意识和精神。因此，也希望各位读者在今后的岗位工作中也要学会与他人合作、沟通和协调，不断提升自己的团队协作精神。

 评价反馈

任 务 评 价 表

评价项目	评 价 要 素	评价满分	评价分值
知识技能评价	熟悉面向对象的思想	10	
	掌握类与对象的定义与使用，如成员属性、成员方法、构造函数、析构函数、类常量与静态成员等	30	
	掌握面向对象的三大特征；掌握接口的定义和实现	30	
	了解常用的设计模式	10	
课程思政评价	通过学习情境与任务的实现，培养学习者善于思考，深入研究的良好习惯，同时培养学习者的创新意识	20	
整体评价		100	

模块 3　PHP 数据库编程

任何一种编程语言都需要对数据进行处理，PHP 也不例外。PHP 所支持的数据库类型较多，在这些数据库中，由于 MySQL 具有跨平台性、可靠性、访问效率较高等特点，因此它备受 PHP 开发者的青睐，一直以来被认为是 PHP 的最佳搭档。本模块将运用 PHP 和 MySQL 来开发客服系统，围绕 PHP 数据库编程进行技能训练。

 ## 任务 3.1　使用命令提示符构建数据库和表

 任务目标

(1) 使用命令提示符连接和断开 MySQL 服务器。

(2) 使用命令提示符方式创建、查看、选择和删除 MySQL 数据库。

(3) 使用命令提示符方式创建、查看、修改、重命名和删除 MySQL 数据表。

(4) 使用命令提示符方式插入、查询、修改和删除 MySQL 表记录。

(5) 使用命令提示符方式实现 MySQL 数据库的备份与恢复。

(6) 培养勤于思考、严谨自律、精益求精、团结协作的工作作风和质量意识、标准意识、学习意识。

 任务书

使用命令提示符方式构建 leavemessage 数据库和 admins 数据表。admins 表结构如图 3-1 所示。

```
MariaDB [leavemessage]> desc admins;
+-----------+--------------+------+-----+---------+----------------+
| Field     | Type         | Null | Key | Default | Extra          |
+-----------+--------------+------+-----+---------+----------------+
| adminId   | int(11)      | NO   | PRI | NULL    | auto_increment |
| adminName | varchar(20)  | NO   |     | NULL    |                |
| adminPwd  | varchar(100) | NO   |     | 123456  |                |
+-----------+--------------+------+-----+---------+----------------+
3 rows in set (0.003 sec)
```

图 3-1　使用命令提示符显示 admins 表结构

在 admins 表中进行表记录操作并实现 leavemessage 数据库的备份和恢复。

 任务实施

1. 使用命令提示符连接 MySQL 服务器

使用 XMAPP 集成开发环境安装 MySQL 数据库，配置 Windows 环境变量，在命令提示符下输入如下命令：

```
mysql -u root -p
```

然后回车，输入密码，再回车，连接 MySQL 服务器成功，如图 3-2 所示。

```
Microsoft Windows [版本 10.0.22621.1105]
(c) Microsoft Corporation。保留所有权利。

C:\Users\Administrator>mysql -u root -p
Enter password: ****
Welcome to the MariaDB monitor.  Commands end with ; or \g.
Your MariaDB connection id is 9
Server version: 10.4.22-MariaDB mariadb.org binary distribution

Copyright (c) 2000, 2018, Oracle, MariaDB Corporation Ab and others.

Type 'help;' or '\h' for help. Type '\c' to clear the current input statement.

MariaDB [(none)]>
```

图 3-2   使用命令提示符连接 MySQL 服务器

2. 使用命令提示符断开 MySQL 服务器

在 MySQL 服务器连接状态下，通过命令提示符输入如下命令：

```
\q
```

或

```
exit
```

或

```
quit
```

然后回车，断开 MySQL 服务器，如图 3-3 所示。

```
Welcome to the MariaDB monitor.  Commands end with ; or \g.
Your MariaDB connection id is 9
Server version: 10.4.22-MariaDB mariadb.org binary distribution

Copyright (c) 2000, 2018, Oracle, MariaDB Corporation Ab and others.

Type 'help;' or '\h' for help. Type '\c' to clear the current input statement.

MariaDB [(none)]> \q
Bye

C:\Users\Administrator>
```

图 3-3   使用命令提示符断开 MySQL 服务器

3. 使用命令提示符操作 MySQL 数据库

连接 MySQL 服务器后，就可以对 MySQL 数据库进行操作。数据库的基本操作包括创建数据库、查看数据库、选择数据库和删除数据库等。

1) 创建数据库

使用 create database 语句创建 leavemessage 数据库，具体如下：

create database leavemessage;

命令提示符显示内容如图 3-4 所示。

```
C:\Users\Administrator>mysql -u root -p
Enter password: ****
Welcome to the MariaDB monitor.  Commands end with ; or \g.
Your MariaDB connection id is 9
Server version: 10.4.22-MariaDB mariadb.org binary distribution

Copyright (c) 2000, 2018, Oracle, MariaDB Corporation Ab and others.

Type 'help;' or '\h' for help. Type '\c' to clear the current input statement.

MariaDB [(none)]> create database leavemessage;
Query OK, 1 row affected (0.001 sec)

MariaDB [(none)]>
```

图 3-4　使用命令提示符创建 leavemessage 数据库

2) 查看数据库

使用 show 语句查看 MySQL 服务器中的数据库信息，具体如下：

show databases;

命令提示符显示内容如图 3-5 所示。

```
MariaDB [(none)]> show databases;
+--------------------+
| Database           |
+--------------------+
| db_admin           |
| hcit_student       |
| information_schema |
| leavemessage       |
| mysql              |
| performance_schema |
| phpmyadmin         |
| test               |
+--------------------+
8 rows in set (0.001 sec)

MariaDB [(none)]>
```

图 3-5　使用命令提示符查看 MySQL 中的数据库信息

3) 选择数据库

在创建数据库后，并不表示就可以直接操作数据库，还要选择数据库，使其成为当前数据库。使用 use 语句选择 leavemessage 数据库，具体如下：

use leavemessage;

命令提示符显示内容如图 3-6 所示。

```
MariaDB [(none)]> use leavemessage;
Database changed
MariaDB [leavemessage]>
```

图 3-6　使用命令提示符选择 leavemessage 数据库

4) 删除数据库

使用 drop database 语句删除 leavemessage 数据库，具体如下：

drop database leavemessage;

命令提示符显示内容如图 3-7 所示。

使用 show 语句查看 leavemessage 数据库是否被删除，具体如下：

```
show databases;
```

命令提示符显示内容如图 3-8 所示。

图 3-7　使用命令提示符删除 leavemessage 数据库　　图 3-8　使用命令提示符查看 leavemessage
数据库是否被删除

4. 使用命令提示符操作 MySQL 数据表

创建并且选择 leavemessage 数据库后，就可以对其进行数据表操作。MySQL 数据表的基本操作包括创建数据表、查看表结构、修改表结构、重命名表和删除表等。

1) 创建数据表

可以使用 create table 语句来创建 admins 数据表，具体如下：

```
create table admins(
    adminId int(11) not null auto_increment primary key,
    adminName varchar(10) not null
);
```

数据表创建完成后，可以使用 show tables 语句查看 admins 表是否存在于 leavemessage 数据库中，具体如下：

```
show tables;
```

命令提示符显示内容如图 3-9 所示。

图 3-9　使用命令提示符创建 admins 数据表并查看是否存在

2）查看表结构

对于已经创建成功的数据表，可以使用 show columns 语句、describe 语句或 desc 语句查看 admins 数据表的结构，具体如下：

show columns from admins;

或

describe admins;

或

desc admins;

命令提示符显示内容如图 3-10 所示。

图 3-10　使用命令提示符查看 admins 数据表结构

3）修改表结构

修改表结构是指增加或删除字段、修改字段名或字段类型、设置或取消主键外键、设置或取消索引以及修改表的注释等。修改 admins 表的结构，可以使用 alter table 语句来实现。

将 adminName 字段的长度修改为 20，添加 adminPwd 字段，设置默认值为 123456，具体如下：

alter table admins

modify adminName varchar(20) not null,

add adminPwd varchar(100) default '123456' not null;

使用 desc 语句查看修改后的 admins 表结构，具体如下：

desc admins;

命令提示符显示内容如图 3-11 所示。

```
MariaDB [leavemessage]> alter table admins
   -> modify adminName varchar(20) not null,
   -> add adminPwd varchar(100) default '123456' not null;
Query OK, 0 rows affected (0.405 sec)
Records: 0  Duplicates: 0  Warnings: 0

MariaDB [leavemessage]> desc admins;
+-----------+--------------+------+-----+---------+----------------+
| Field     | Type         | Null | Key | Default | Extra          |
+-----------+--------------+------+-----+---------+----------------+
| adminId   | int(11)      | NO   | PRI | NULL    | auto_increment |
| adminName | varchar(20)  | NO   |     | NULL    |                |
| adminPwd  | varchar(100) | NO   |     | 123456  |                |
+-----------+--------------+------+-----+---------+----------------+
3 rows in set (0.003 sec)
```

图 3-11　使用命令提示符修改 admins 数据表结构并查看

4）重命名表

数据库中的表名是唯一的，不能重复，可以通过表名来区分不同的表。重命名表可以使用 rename table 语句来实现。将 admins 表重命名为 tb_admin，具体如下：

rename table admins to tb_admin;

使用 desc 语句查看重命名后的 tb_admin 表结构，具体如下：

desc tb_admin;

命令提示符显示内容如图 3-12 所示。

```
MariaDB [leavemessage]> desc tb_admin;
+-----------+--------------+------+-----+---------+----------------+
| Field     | Type         | Null | Key | Default | Extra          |
+-----------+--------------+------+-----+---------+----------------+
| adminId   | int(11)      | NO   | PRI | NULL    | auto_increment |
| adminName | varchar(20)  | NO   |     | NULL    |                |
| adminPwd  | varchar(100) | NO   |     | 123456  |                |
+-----------+--------------+------+-----+---------+----------------+
3 rows in set (0.005 sec)
```

图 3-12　使用命令提示符重命名 admins 数据表为 tb_admin 并查看表结构

5）删除表

删除表是指删除数据库中已经存在的表。具体删除表时，会直接删除表中所保存的所有数据，所以在删除表时要特别小心。可以使用 drop table 语句删除 tb_admin 表，具体如下：

drop table tb_admin;

使用 show tables 语句查看 tb_admin 表是否已经被删除，具体如下：

show tables;

命令提示符显示内容如图 3-13 所示。

```
MariaDB [leavemessage]> drop table tb_admin;
Query OK, 0 rows affected (0.634 sec)

MariaDB [leavemessage]> show tables;
Empty set (0.001 sec)

MariaDB [leavemessage]>
```

图 3-13　使用命令提示符删除 tb_admin 数据表并查看是否已删除

5. 使用命令提示符操作 MySQL 表记录

连接 MySQL 服务器，选择 leavemessage 数据库，创建 admins 数据表以后，就可以对表记录进行操作。在命令提示符中使用 SQL 语句可以实现在数据表中插入、浏览、修改和删除记录等操作。

1) 插入表记录

可以使用 insert into 语句给 admins 数据表添加三条数据，具体如下：

```
insert into admins(adminId,adminName) values(null, 'admin');
insert into admins(adminId,adminName,adminPwd)
values(null, 'boss', '888888');
insert into admins(adminId,adminName,adminPwd)
values(3, 'master', '666666');
```

命令提示符显示内容如图 3-14 所示。

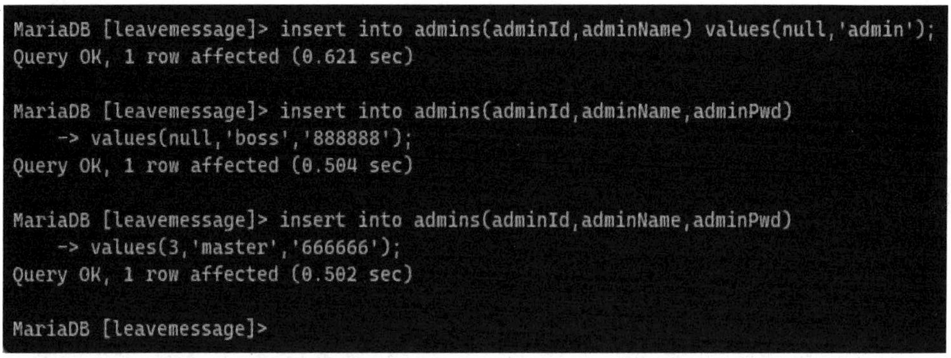

```
MariaDB [leavemessage]> insert into admins(adminId,adminName) values(null,'admin');
Query OK, 1 row affected (0.621 sec)

MariaDB [leavemessage]> insert into admins(adminId,adminName,adminPwd)
    -> values(null,'boss','888888');
Query OK, 1 row affected (0.504 sec)

MariaDB [leavemessage]> insert into admins(adminId,adminName,adminPwd)
    -> values(3,'master','666666');
Query OK, 1 row affected (0.502 sec)

MariaDB [leavemessage]>
```

图 3-14　使用 insert into 语句给 admins 数据表插入记录

2) 查询表记录

使用数据查询语句 select 可以将 admins 数据表插入的记录数据查询出来。

(1) 使用 select 语句查询 admins 数据表的全部记录，具体如下：

```
select * from admins;
```

命令提示符显示内容如图 3-15 所示。

```
MariaDB [leavemessage]> select * from admins;
+---------+-----------+----------+
| adminId | adminName | adminPwd |
+---------+-----------+----------+
|       1 | admin     | 123456   |
|       2 | boss      | 888888   |
|       3 | master    | 666666   |
+---------+-----------+----------+
3 rows in set (0.535 sec)
```

图 3-15　使用 select 语句查询 admins 数据表的全部记录

(2) 使用 select 语句查询 admins 数据表的一列或多列，具体如下：

```
select adminId,adminName from admins where
adminId=1;
```

命令提示符显示内容如图 3-16 所示。

图 3-16　使用 select 语句查询 admins 数据表的一列或多列

3) 修改表记录

要修改 admins 表的某条记录，可以使用 update 语句，具体如下：

```
update admins set adminName='manager',adminPwd='123456'
where adminId=2;
```

使用 select 语句查询 admins 表的记录修改情况，具体如下：

```
select adminId,adminName,adminPwd from admins where
adminId=2;
```

命令提示符显示内容如图 3-17 所示。

图 3-17　使用 update 语句修改 admins 表记录并查询修改结果

4) 删除表记录

对于 admins 数据表中已经失去意义或者错误的数据，可以使用 delete 语句进行删除，具体如下：

```
delete from admins where adminId=3;
```

使用 select 语句查询 admins 表的记录删除情况，具体如下：

```
select * from admins;
```

命令提示符显示内容如图 3-18 所示。

图 3-18　使用 delete 语句删除 admins 表记录并查询删除结果

6. 使用命令提示符实现 MySQL 数据库的备份和恢复

为了方便数据的恢复和迁移，可以对 MySQL 数据库进行备份和恢复操作。

1) 数据库的备份

使用 mysqldump 命令可以实现对 leavemessage 数据库的备份，将数据以文本文件的形式存储在指定文件夹下，具体如下：

```
mysqldump -u root -p leavemessage
>D:\DevBackup\MySQL\leavemessage.txt
```

回车执行命令，输入密码，再回车，完成备份，如图 3-19 所示。

图 3-19　使用 mysqldump 命令备份 leavemessage 数据库

打开上述命令中备份文件的存储位置，可以看到生成的备份文件，如图 3-20 所示。

图 3-20　生成的 leavemessage 数据库备份文件

2) 数据库的恢复

使用 leavemessage 数据库的备份文件可以轻松地对数据库文件进行恢复操作。可以使用 MySQL 命令执行数据库的恢复操作。在进行数据库恢复时，必须已经存在一个空的、将要恢复的数据库，否则将出现错误，且无法完成恢复，具体过程如下：

(1) 连接 MySQL 服务器：

```
mysql -u root -p
```

(2) 删除已经完成备份的数据库：

```
drop database leavemessage;
```

(3) 恢复数据库前要先创建一个空数据库：

```
create database leavemessage;
```

(4) 查看一下新建数据库的状态，是空的：

```
use leavemessage;
show tables;
```

(5) 断开 MySQL 服务器：

```
\q
```

或

```
exit
```

或

```
quit
```

以上步骤的执行过程如图 3-21 所示。

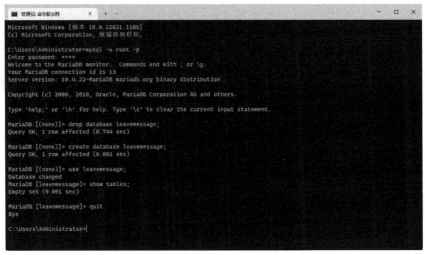

图 3-21　恢复 leavemessage 数据库的准备工作

(6) 恢复数据库：

mysql -u root -p leavemessage

<D:\DevBackup\MySQL\leavemessage.txt

回车执行命令，输入密码，再回车，完成 leavemessage 数据库的恢复并查看恢复情况，如图 3-22 所示。

图 3-22　恢复 leavemessage 数据库并查看恢复情况

知识链接

◆ **知识点 1 MySQL 数据库简介**

MySQL 是目前最为流行的数据库管理系统，它是一种开放源代码的关系型数据库管理系统(Relational Database Management System，RDBMS)，其开发者为瑞典 MySQL AB 公司，该公司于 2008 年 1 月 16 日被 Sun 公司收购。

目前 MySQL 被广泛应用于 Internet 上的中小型网站中。由于其体积小，速度快，总体拥有成本低，尤其是开放源代码，因此为许多中小型网站所喜爱。MySQL 官方网站的网址是"www.mysql.com"。

MySQL 的标志是一只名叫"sakila"的海豚，如图 3-23 所示。它代表了 MySQL 及其团队的速度、可靠性和适应性。

图 3-23　MySQL 的标志

◆ **知识点 2 MySQL 数据库的特点**

MySQL 具有如下特点：

(1) 支持跨平台。MySQL 支持 Windows、Linux、Mac OS 和 Solaris 等多种操作系统平台。在任何平台下编写的程序都可以移植到其他平台，而不需要对程序做任何修改。

(2) 支持多种开发语言。MySQL 为多种开发语言提供了 API 支持。这些开发语言包括 C、C++、C#、Java、Perl、PHP、Python 和 Ruby 等。

(3) 运行速度快。MySQL 使用优化的 SQL 查询算法，有效地提高了查询速度。

(4) 数据库的存储容量大。MySQL 数据库的最大有效表容量通常由操作系统对文件大小的限制决定，而不是由 MySQL 内部限制决定。InnoDB 存储引擎将 InnoDB 表存储在一个表空间内，该表空间的容量最大为 64 TB，可由数个文件创建，可轻松处理拥有上千万条记录的大型数据库。

(5) 安全性高。灵活安全的权限和密码系统允许主机只进行基本验证。连接到服务器时，所有密码传输均采用加密的形式。

(6) 成本低。MySQL 数据库是一种完全免费的产品，用户可以直接从网上下载。

◆ **知识点 3 SQL 和 MySQL**

SQL(Structured Query Language，结构化查询语言)与其说是一门语言，倒不如说是一种标准——数据库系统的工业标准。大多数 RDBMS 开发商的 SOL 都基于该标准，虽然在有些地方并不完全相同，但这并不妨碍对 SQL 的学习和使用。

下面给出 SQL 标准的关键字及其功能，见表 3-1。

表 3-1　SQL 标准的关键字及其功能

功能类型	SQL 关键字	功　能
数据查询语言	select	从一个或多个表中查询数据
数据定义语言	create/alter/delete table create/alter/drop index	创建/修改/删除表 创建/修改/删除索引
数据操纵语言	insert delete update	向表中插入新数据 删除表中的数据 更新表中现有的数据
数据控制语言	grant revoke	为用户赋予特权 收回用户的特权

MySQL 不仅支持 SQL 标准，还对其进行了扩展，因此 MySQL 具有更为强大的功能。MySQL 支持的 SQL 关键字见表 3-2。

表 3-2　MySQL 支持的 SQL 关键字

SQL 关键字	功　能
创建、删除和选择数据库	create/drop database/use
创建、更改和删除表/索引	create/alter/drop table create/alter/drop index
查询表中的信息	select
获取数据库、表和查询的有关信息	describe、explain、show
修改表中的信息	delete、insert、update、load data、optimize table、replace
管理语句	flush、grant、kill、revoke
其他语句	create/drop function、lock/unlock tables、set

◆ 知识点 4　创建数据库语法说明

使用 create database 语句可以轻松创建 MySQL 数据库。其语法格式如下：

```
create database  数据库名;
```

在具体创建数据库时，数据库名不能与已存在的数据库名重名。另外，数据库的命名最好遵循以下规则：

(1) 数据库名可以由字母、数字、下画线、@、#和$字符组成。其中，字母可以是小写或大写的英文字母，也可以是其他语言的字母字符。

(2) 首字母不能是数字或$字符。

(3) 不能使用 MySQL 关键字作为数据库名或表名。

(4) 数据库名中不能有空格。

(5) 数据库名最长可为 64 个字符，而别名最多可达 256 个字符。

(6) 默认情况下，Windows 下数据库名和表名的大小写是不敏感的，而在 Linux 下数据库名和表名的大小写是敏感的。为了便于数据库在平台之间移植，建议采用小写形式来定义数据库名和表名。

◆ **知识点 5   创建数据表语法说明**

使用 create table 语句可以轻松创建 MySQL 数据表。其语法格式如下：

```
create [temporary] table [if not exists]  数据表名
[(create_definition,…)] [table_options] [select_statement]
```

create table 语句的关键字及其说明见表 3-3。

表 3-3   create table 语句的关键字及其说明

关键字	说　　明
temporary	如果使用该关键字，表示创建一个临时表
if not exists	该关键字用于避免表存在时 MySQL 报告的错误
create_definition	这是表的列属性。在创建表的时候，MySQL 要求表至少包含一列
table_options	表的一些特性参数
select_statement	select 语句的描述部分，用它可以快速地创建表

下面介绍列属性 create_definition，每一列定义的具体格式如下：

```
字段名  type [not null][null] [default default_value]
[auto_increment] [primary key] [reference_definition]
```

属性 create_definition 的参数说明见表 3-4。

表 3-4   属性 create_definition 的参数说明

参　　数	说　　明
type	字段类型
not null|null	指出该列是否允许为空值
default default_value	表示默认值
auto_increment	表示是否自动编号，每个表只能有一个 auto_increment 列，并且必须被索引
primary key	表示是否为主键。一个表只能有一个 primary key
reference_definition	为字段添加注释

◆ **知识点 6   修改表结构语法说明**

修改表结构采用 alter table 语句。修改表结构是指增加或删除字段、修改字段名称或者字段类型、设置或取消主键外键、设置或取消索引以及修改表的注释等。其语法格式如下：

```
alter [ignore] table alter_spec[,alter_spec,…];
```

当指定 ignore 时，如果出现重复关键的行，则只执行一行，其他重复的行则被删除。其中，alter_spec 子句定义要修改的内容，语法见表 3-5。

表 3-5   alter_spec 子句的语法格式

语 法 格 式	说　明
add [column] create_definition [first | after column_name]	添加新字段
add index [index_name] (index_col_name,…)	添加索引名称
add primary key (index_col_name,…)	添加主键名称
add unique [index_name] (index_col_name,…)	添加唯一索引
alter [column] col_name {set default literal | drop default}	修改字段名称
change [column] old_col_name create_definition	修改字段类型
modify [column] create_definition	修改字句定义字段
drop [column] col_name	删除字段名称
drop primary key	删除主键名称
drop index index_name	删除主键名称
rename [as] new_tbl_name	更改表名

alter table 语句允许指定多个动作，其动作间使用逗号分隔，每个动作表示对表结构的一个修改。

◆ 知识点 7　查询表记录语法说明

要从数据表中查询数据，就要用到数据查询语句 select。select 语句是最常用的查询语句，它的使用方式有些复杂，但功能强大，其语法格式如下：

```
select selection_list            //要查询的内容，选择哪些列
from  数据表名                    //指定数据表
where primary_constraint         //查询时需要满足的条件，行必须满足的条件
group by grouping_columns        //如何对查询结果进行分组
order by sorting_columns [asc|desc]  //对查询结果进行排序
having secondary_constraint      //查询时满足的第二条件
limit row_count                  //限定输出的查询结果
```

◆ 知识点 8　为 MySQL 配置 Window 环境变量

安装 XAMPP 以后，还需要为 MySQL 配置 Window 环境变量，才可以在命令提示符中直接使用 MySQL 的相关命令。配置环境变量的具体过程如下：

在 Windows 中选择"设置"→"系统"→"系统信息",在窗口中点击"高级系统设置",如图 3-24 所示。

图 3-24　在"系统信息"窗口选择"高级系统设置"

在弹出的"系统属性"窗口点击"环境变量"按钮,如图 3-25 所示。

图 3-25　在"系统属性"窗口点击"环境变量"按钮

在弹出的"环境变量"窗口选择"系统变量"中的环境变量 Path,点击下方的"编辑"按钮,如图 3-26 所示。

图 3-26   选择系统变量中的环境变量 Path 进行编辑

确认 MySQL 安装目录 bin 文件夹的路径，点击"编辑环境变量"窗口中的"新建"按钮，将 MySQL 安装目录 bin 文件夹的完整路径填入，点击"确定"完成设置，如图 3-27 所示。

图 3-27   将 MySQL 安装目录 bin 文件夹的完整路径追加到 Path 变量值中

◆ 知识点 9   使用命令提示符设置 MySQL 数据库 root 账户密码

如果要为 root 账户设置密码，可以在登录 MySQL 数据库后，输入代码"set password for root@localhost = password('root');"，设置 root 用户密码为"root"，也可以将其设置为其他密码，如图 3-28 所示。

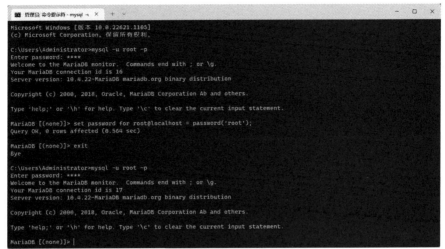

图 3-28　使用命令提示符设置 MySQL 数据库 root 账户密码

设置用户密码后，再执行连接 MySQL 服务器操作时就要输入密码。

 知识和能力拓展

　　开发人员在使用 MySQL 命令连接 MySQL 服务器时，弹出错误信息"'mysql'不是内部或外部命令，也不是可运行的程序或批处理文件"，表示连接 MySQL 服务器失败。实际上只需要配置好 MySQL 系统环境变量就可以解决这个问题。

　　在工作中，开发人员应当充分利用自己所掌握的相关知识，发现问题出现的位置，分析产生问题的原因，找到解决问题的办法。同时在日常工作中要努力强化自己的质量意识和标准意识，做到精益求精，尽可能做到少出错误和不出错误。

 评价反馈

任务评价表

评价项目	评价要素	评价满分	评价得分
知识技能评价	使用命令提示符连接和断开 MySQL 服务器	10	
	使用命令提示符的方式创建、查看、选择和删除 MySQL 数据库	20	
	能使用命令提示符的方式创建、查看、修改、重命名和删除 MySQL 数据表	20	
	使用命令提示符的方式插入、查询、修改和删除 MySQL 表记录	20	
	使用命令提示符的方式实现 MySQL 数据库的备份与恢复	10	
课程思政评价	培养学生勤于思考、严谨自律、精益求精、团结协作的工作作风和质量意识、标准意识、学习意识	20	
整体评价		100	

任务 3.2　使用 phpMyAdmin 管理数据库

 任务目标

(1) 安装和配置 phpMyAdmin。

(2) 使用 phpMyAdmin 操作数据库和数据表。

(3) 使用 SQL 语句模板在数据表中插入、修改、查询和删除数据。

(4) 在可视化界面插入、编辑、浏览、删除和搜索数据。

(5) 生成和执行 MySQL 数据库脚本。

(6) 养成勤于思考、善于钻研的良好自主学习习惯。

任务书

使用图形化管理工具 phpMyAdmin 构建 leavemessage 数据库和 users 数据表。users 表结构如图 3-29 所示。

图 3-29　使用 phpMyAdmin 显示 users 表结构

通过 phpMyAdmin 可视化界面对 users 表进行添加、修改、查询和删除数据的操作并生成和执行 leavemessage 数据库脚本。

 任务实施

在安装 XAMPP 时，选择安装 phpMyAdmin 图形化管理工具，并进行必要的配置。

1. 登录 phpMyAdmin

在浏览器地址栏中输入 phpMyAdmin 的访问网址"http://localhost/phpmyadmin/"，按回车键，打开登录页面，如图 3-30 所示。

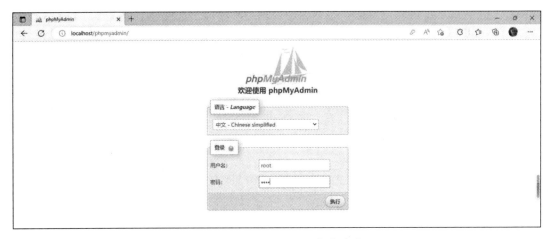

图 3-30　phpMyAdmin 登录页面

输入设置好的用户名和密码(例如，用户名和密码均为 root)，点击"执行"按钮，即可登录 phpMyAdmin，进入其主页面，如图 3-31 所示。

图 3-31　phpMyAdmin 主页面

phpMyAdmin 主页面列出了当前数据库的一些基本信息，包括数据库和网站服务器的相关信息以及 phpMyAdmin 的相关信息，如数据库版本、数据库类型、连接用户、服务器字符集等。通过上方菜单栏中的各项菜单可以对数据库执行各项管理操作，如操作数据库、操作数据表、管理数据记录等。

2. 操作数据库

对数据库的操作主要包括创建数据库、修改数据库和删除数据库等。

1) 删除数据库

在任务 3.1 中已经通过命令提示符在 MySQL 中创建了 leavemessage 数据库。登录

phpMyAdmin 后，可以在主页面左侧列表中看到该数据库，如图 3-32 所示。

图 3-32　显示在主页面左侧列表中的 leavemessage 数据库

若想重新创建 leavemessage 数据库，可先将其删除。选择列表中的 leavemessage 数据库，点击上方菜单栏中的"操作"，进入操作页面，点击"删除数据库"下的"删除数据库(DROP)"，如图 3-33 所示。

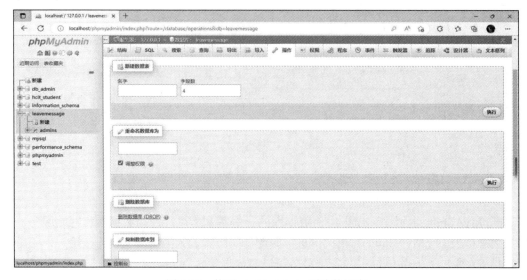

图 3-33　使用 phpMyAdmin 删除数据库

2) 创建数据库

在 phpMyAdmin 的主页面中点击上方菜单栏中的"数据库"，然后在"新建数据库"文本框中输入数据库名"leavemessage"，接着在下拉列表框中选择所要使用的编码，此处选择"utf8_unicode_ci"，点击"创建"按钮，创建数据库，如图 3-34 所示。

图 3-34　使用 phpMyAdmin 创建数据库

3) 修改数据库

选择主页面左侧列表中的 leavemessage 数据库，点击上方菜单栏中的"操作"，进入操作页面。在该页面中，可以对数据库执行新建数据表、重命名数据库、删除数据库、复制数据库、修改排序规则等操作，如图 3-35 所示。

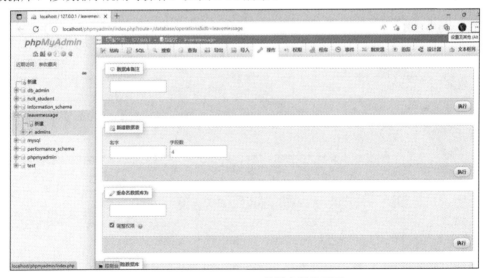

图 3-35　phpMyAdmin 数据库操作页面

3. 操作数据表

创建数据库后，需要通过 phpMyAdmin 可视化界面在其中继续创建数据表。通过 phpMyAdmin 可视化界面还可以完成修改、删除数据表等操作。

1) 创建数据表

首先在 phpMyAdmin 主页面左侧列表中选择要创建数据表的 leavemessage 数据库，然后在右侧界面"新建数据表"下输入数据表名 users 和字段总数 3,最后点击下方的"执行"按钮,如图 3-36 所示。

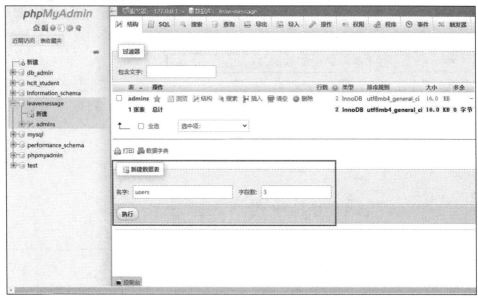

图 3-36　phpMyAdmin 新建数据表

显示数据表结构页面,在该页面中设置 users 表各个字段的详细信息,见表 3-6。

表 3-6　users 表各个字段的详细信息

名字	类型	长度/值	默认	排序规则	空	索引	A_I
userId	int	11	无		否	PRIMARY	是
userName	varchar	20	无	utf8_unicode_ci	否	—	否
userPwd	varchar	50	无	utf8_unicode_ci	否	—	否

表结构页面包括字段名、数据类型、长度值等属性,完成对表结构的详细设置,如图 3-37 所示。

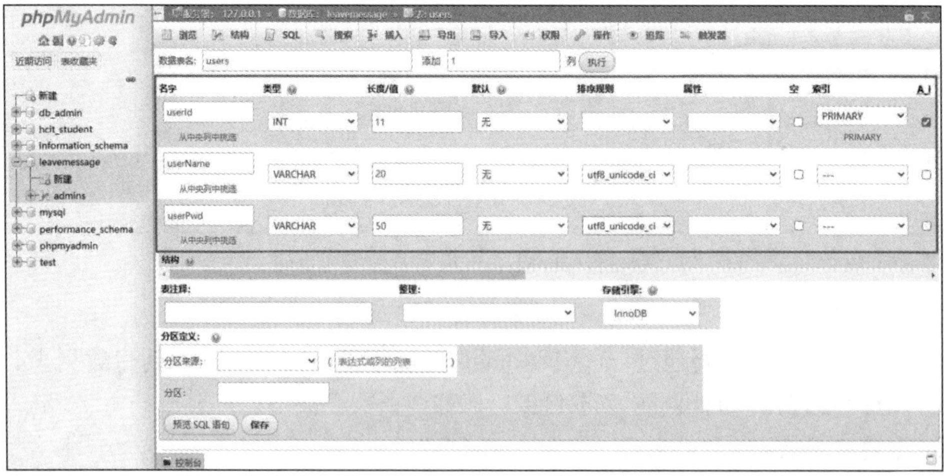

图 3-37　表结构页面的设置

最后点击下方的"保存"按钮，成功创建数据表 users，此时将显示如图 3-38 所示的页面。

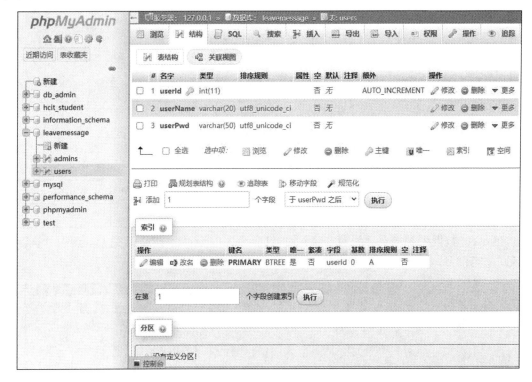

图 3-38　phpMyAdmin 创建的数据表

2) 修改数据表

可以在数据表结构页面继续修改数据表。

(1) 将 users 数据表"userPwd"字段的长度由 50 改为 100。

在数据表结构页面点击"userPwd"字段"操作"列的"修改"链接，如图 3-39 所示。

图 3-39　点击"userPwd"字段"操作"列的"修改"链接

打开 userPwd 字段，修改页面，将长度/值由 50 改为 100 后，点击"保存"按钮，完成修改，如图 3-40 所示。

图 3-40　userPwd 字段修改页面

(2) 为 users 数据表添加"active"字段，字段的详细信息见表 3-7。

表 3-7　users 表 active 字段的详细信息

名字	类型	长度/值	默认	排序规则	空	索引	A_I
active	int	1	1		否	—	否

在 users 数据表结构页面设置，以添加"1"个字段于"userPwd"之后，点击"执行"按钮，如图 3-41 所示。

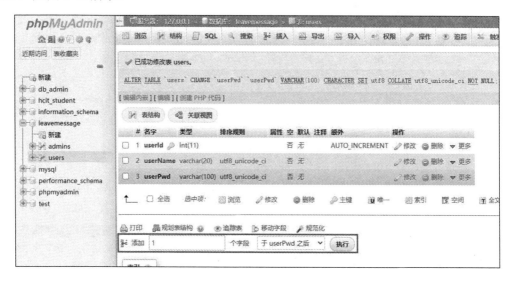

图 3-41　设置添加字段

继续在"active"字段设置页面中填写字段的详细信息，点击"保存"按钮，完成添加，如图 3-42 所示。

图 3-42　填写"active"字段的详细信息

修改完成后的 users 数据表结构如图 3-43 所示。

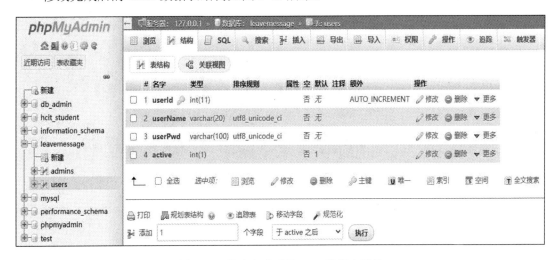

图 3-43　修改完成后的 users 数据表结构

3) 删除数据表

要删除某个数据表，首先在 phpMyAdmin 主页面左侧列表中选择数据库，然后在数据库中选择要删除的数据表，最后点击页面右侧相应的"删除"链接。

删除 leavemessage 数据库中的 users 数据表，如图 3-44 所示。

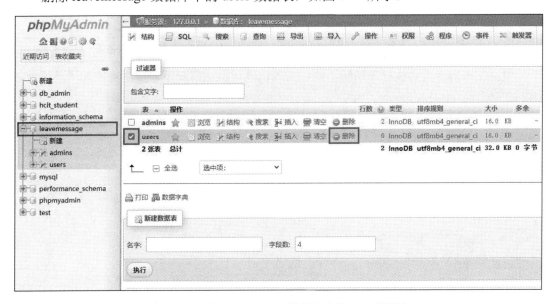

图 3-44　删除 leavemessage 数据库中的 users 数据表

4. 管理数据记录

在创建好数据库和数据表后，就可以非常方便地在数据表中执行插入、浏览、编辑、删除和搜索数据等操作。

1) 插入数据

在 phpMyAdmin 主页面左侧列表中选择 leavemessage 数据库下的 users 数据表后，点击上方菜单栏中的"插入",将进入插入数据页面,如图 3-45 所示。

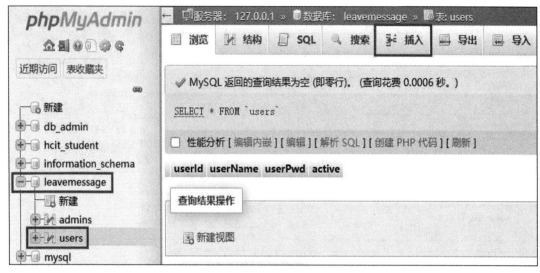

图 3-45 选择数据库和数据表并单击"插入"

在各文本框中输入各字段值,字段值的详细信息见表 3-8。

表 3-8 字段值的详细信息

字段名	UserId	UserName	userPwd	active
值	自动增长,默认可不填	Tom	123	默认值 1,可以不填
	自动增长,默认可不填	Tracy	123	默认值 1,可以不填

填写完毕后点击"执行"按钮,即可插入记录。默认情况下,一次可插入两条记录,如图 3-46 所示。

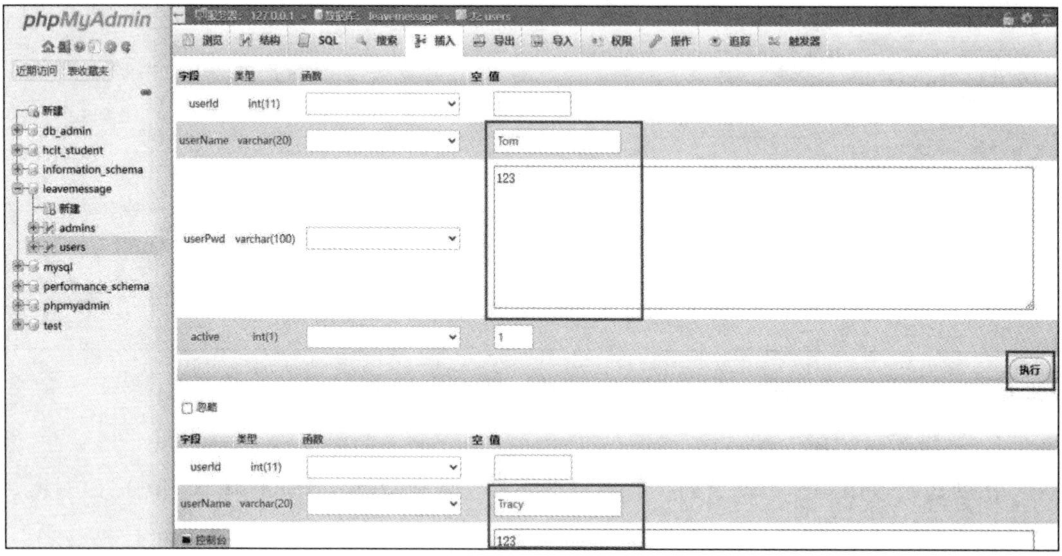

图 3-46 插入数据

2) 浏览数据

在 phpMyAdmin 主页面左侧列表中选择 leavemessage 数据库下的 users 数据表后，点击上方菜单栏中的"浏览"，将进入浏览界面，如图 3-47 所示。

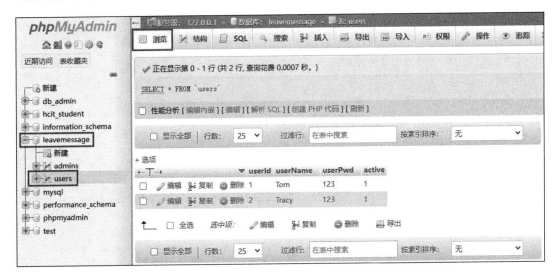

图 3-47　浏览数据界面

3) 编辑数据

在浏览界面，点击每行记录中的"编辑"，可以对当前记录进行编辑，如图 3-48 所示。

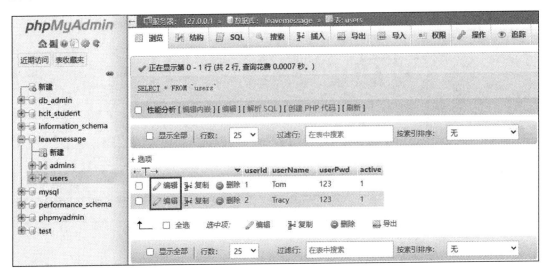

图 3-48　编辑数据

4) 删除数据

在浏览界面，点击每行记录中的"删除"，可以删除当前记录，如图 3-49 所示。

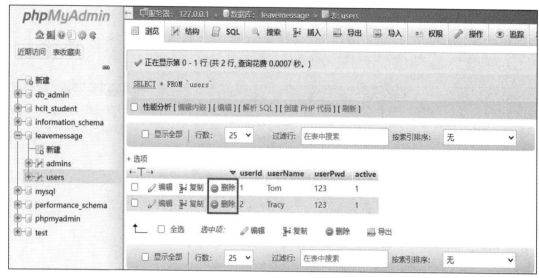

图 3-49　删除数据

5) 搜索数据

在 phpMyAdmin 主页面左侧列表中选择 leavemessage 数据库下的 users 数据表后，点击上方菜单栏中的"搜索"，将进入搜索页面。在该页面中可以执行"普通搜索""缩放搜索""查找和替换"三种类型的搜索，默认显示的是"普通搜索"选项，可以在该页面中填充一个或多个列作为搜索条件。此处选择"普通搜索"选项，搜索"active"字段值为 1 的记录，如图 3-50 所示。

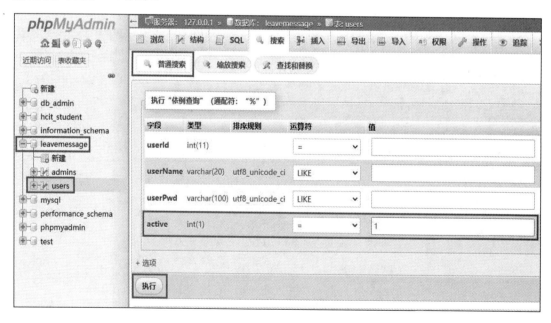

图 3-50　普通搜索 active 字段值为 1 的记录

然后点击右下方的"执行"按钮，查询结果将按填充的字段名进行输出，如图 3-51 所示。

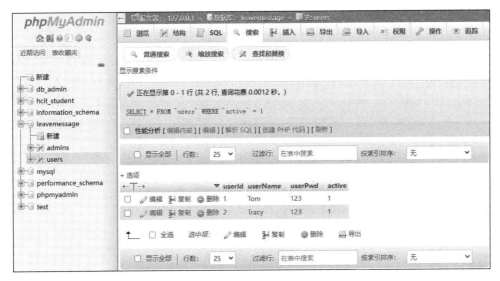

图 3-51　搜索结果

5. 生成和执行 MySQL 数据库脚本

生成和执行数据库脚本是互逆的两个操作。生成 MySQL 脚本是将数据表结构、表记录存储为扩展名是“.sql”的脚本文件；执行 MySQL 脚本是通过执行扩展名为“.sql”的文件，导入数据记录到数据库中。可以通过生成和执行 MySQL 脚本实现数据库的备份和还原操作。

1）生成 MySQL 数据库脚本

首先在 phpMyAdmin 主页面左侧列表中选择要导出的对象，可以是数据库或数据表(如不选择任何对象将导出当前服务器中的所有数据库)，此处选择 leavemessage 数据库，之后点击 phpMyAdmin 主页面上方菜单栏中的“导出”，将打开“导出”编辑区。

选择导出文件的格式，在“导出方式”中选择默认的“快速”单选项，在“格式”下拉列表中使用默认的“SQL”选项(也可以单独导出其中的某个或多个数据表，只需要在“导出方式”列表区选择“自定义”单选项，然后在下方的列表中选择要导出的数据表即可)，点击“执行”按钮将会下载保存 leavemessage.sql 文件，如图 3-52 所示。

图 3-52　生成 MySQL 数据库脚本

2) 执行 MySQL 数据库脚本

点击 phpMyAdmin 主页面上方菜单栏中的"导入"，可进入执行 MySQL 数据库脚本的页面，单击"浏览"按钮，查找脚本文件所在的位置，此处选择之前导出的 leavemessage.sql 文件，之后点击界面下方的"执行"按钮，即可执行数据库导入，如图 3-53 所示。

图 3-53　执行 MySQL 数据库脚本

注意： 在执行 MySQL 脚本文件之前，首先检测是否有与所导入的数据库同名的数据库，如果没有同名的数据库，则首先要在数据库中创建一个与数据文件中的数据库名相同的数据库，然后再执行 MySQL 数据库脚本文件。另外，在当前数据库中，不能有与将要导入数据库中的数据表重名的数据表，如果有重名的表，则导入文件就会失效，且提示错误信息。

知识链接

◆ 知识点 1　phpMyAdmin 简介

phpMyAdmin 是由 PHP 开发的一个可视化图形管理工具。有了该工具，PHP 开发者就不必通过命令来操作 MySQL 数据库了，可以通过可视化的图形界面来操作数据库。

phpMyAdmin 提供了一个简洁的图形界面，该界面不同于普通的运行程序，而是以 Web 页面的形式体现，在相关的一系列 Web 页面中，完成对 MySQL 数据库的所有操作。从严格意义来说，phpMyAdmin 并不是程序，而是一个具有特定功能的网站，对 MySQL 数据库进行操作主要通过 PHP 代码来实现，实现过程中使用了大量的 SQL 语句。

phpMyAdmin 是一个用 PHP 编写的软件工具，可以运行在各种版本的 PHP 及 MySQL 中，通过 Web 方式控制和操作数据库，如创建、修改和删除数据库、数据表以及数据等。

◆ 知识点 2　配置 phpMyAdmin

phpMyAdmin 是众多 MySQL 图形化管理工具中使用最广泛的一种，是使用 PHP 开发的基于 B/S 模式的 MySQL 客户端软件。使用该工具可以对 MySQL 进行各种操作，如创建数据库、数据表等。

在 XAMPP 控制面板点击 Apache 的"Config"按钮，选择"phpMyAdmin(config.inc.php)"，打开 phpMyAdmin 配置文件，如图 3-54 所示。

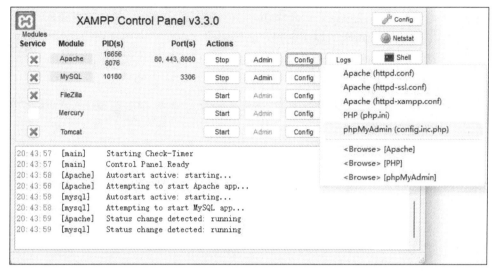

图 3-54　打开 phpMyAdmin 配置文件

根据当前 MySQL 数据库的配置情况，配置如下内容：

```
/* Authentication type and info */
$cfg['Servers'][$i]['auth_type'] = 'cookie';
$cfg['Servers'][$i]['user'] = 'root';
$cfg['Servers'][$i]['password'] = 'root';
$cfg['Servers'][$i]['extension'] = 'mysqli';
$cfg['Servers'][$i]['AllowNoPassword'] = true;
$cfg['Lang'] = '';
...
/* User for advanced features */
$cfg['Servers'][$i]['controluser'] = 'root';
$cfg['Servers'][$i]['controlpass'] = 'root';
```

其中，设置认证方法$cfg['Servers'][$i]['auth_type']有四种模式可供选择，分别为 cookie、http、HTTP 和 config。当使用 config 模式时，直接输入 phpMyAdmin 的访问网址即可进入，无须输入用户名和密码。该模式不安全，不推荐使用。当使用 cookie、http 或 HTTP 模式时，登录 phpMyAdmin 需要输入用户名和密码进行验证，具体如下：如果 PHP 的安装模式为 Apache，则可以使用 http 和 cookie；如果 PHP 的安装模式为 CGI，则可以使用 cookie。

◆ 知识点 3　使用 SQL 语句操作数据表数据

在 phpMyAdmin 中，除了使用可视化图形界面方式直接操作数据表数据，还可以使用 phpMyAdmin 提供的 SQL 语句模板快捷地操作数据表数据。

点击 phpMyAdmin 主页面上方菜单栏中的"SQL"按钮，将打开 SQL 语句编辑区，可在编辑区按照 SQL 语句模板编辑 SQL 语句来实现数据的查询、添加、修改和删除操作。

1. 使用 SQL 语句插入数据

在 phpMyAdmin 主页面左侧列表中选择 leavemessage 数据库下的 users 数据表后，点击上方菜单栏中的"SQL"按钮，打开 SQL 语句编辑区，点击下方的"INSERT"按钮，在语句编辑区进行编辑，可输入以下语句：

```
INSERT INTO 'users'('userId', 'userName', 'userPwd', 'active') VALUES (null,'Jarry','123',1)
```

点击"执行"按钮，可向数据表中插入一条数据，如图 3-55 所示。

图 3-55　使用 SQL 语句插入数据

如果提交的 SQL 语句有错误，则系统会弹出一个警告，提示用户修改它；如果提交的 SQL 语句正确，则弹出如图 3-56 所示的提示信息。

图 3-56　成功插入数据

2. 使用 SQL 语句修改数据

在 SQL 语句编辑区可应用 UPDATE 模板修改数据信息，此处将 users 表中"Jarry"用户的"active"值改为 0，可输入以下语句：

UPDATE 'users' SET 'active'=0 WHERE 'userName'='Jarry'

点击"执行"按钮后，显示如图 3-57 所示，表示成功修改数据。

图 3-57　成功修改数据

3. 使用 SQL 语句查询数据

在 SQL 语句编辑区可应用 SELECT *或 SELECT 模板查询数据信息，此处查询 users 表中的所有记录，可输入以下语句：

SELECT * FROM 'users'

查询结果如图 3-58 所示。

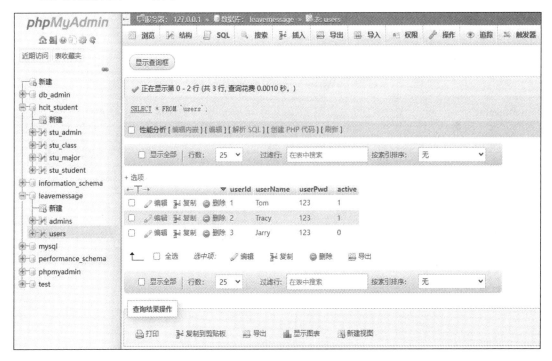

图 3-58　查询结果

除了对整个表的简单查询外，还可以实现一些复杂的条件查询及多表查询，如使用 where 子句提交 LIKE、ORDER BY、GROUP BY 等条件查询语句。

4. 使用 SQL 语句删除数据

在 SQL 语句编辑区可应用 DELETE 模板删除指定条件的数据或全部数据信息，此处将 users 表中的"Jarry"用户记录删除，可输入以下语句：

DELETE FROM 'users' WHERE 'userName'='Jarry'

点击"执行"按钮后，显示如图 3-59 所示，表示成功删除数据。

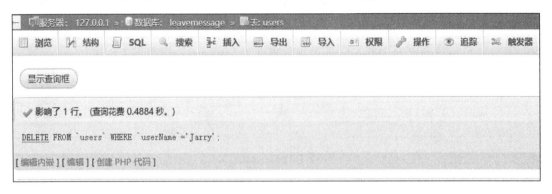

图 3-59   成功删除数据

 ### 知识和能力拓展

根据客服系统的功能，在设计 leavemessage 数据库时，除了记录管理员信息的 admins 表和记录用户信息的 users 表外，还需要设计管理客服信息的 message 表。message 表各个字段的详细信息见表 3-9。

表 3-9   message 表各个字段的详细信息

名字	类型	长度/值	默认	排序规则	空	索引	A_I
messageId	int	11	无		否	PRIMARY	是
title	varchar	200	无	utf8_unicode_ci	否	—	否
content	varchar	500	无	utf8_unicode_ci	否	—	否
author	varchar	20	无	utf8_unicode_ci	否	—	否
face	varchar	20	1.gif	utf8_unicode_ci		—	否
addTime	datetime		null			—	否
reply	varchar	200	null	utf8_unicode_ci		—	否
replyUser	varchar	20	null	utf8_unicode_ci		—	否
flag	int	1	0			—	否

中华优秀传统文化源远流长，博大精深，是中华文明的智慧结晶。开发人员可以在 message 表中插入古诗词内容作为测试客服系统功能测试用例，如《满江红·怒发冲冠》《破阵子·为陈同甫赋壮词以寄之》《青玉案·元夕》《饮湖上初晴后雨二首》等。测试用例的数据信息见表 3-10。

表 3-10　插入测试数据的详细信息

字段名	messageId	title	content	author	face	addTime	reply	replyUser	flag
值	null	饮湖上初晴后雨二首・其二	水光潋滟晴方好，山色空蒙雨亦奇。欲把西湖比西子，淡妆浓抹总相宜。	〔宋〕・苏轼	11.gif	2023-07-07 22:20:00	null	null	1

开发人员可以通过 phpMyAdmin 可视化界面为 leavemessage 数据库创建 message 表，并添加表数据。

 评价反馈

任 务 评 价 表

评价项目	评 价 要 素	评价满分	评价得分
知识技能评价	安装和配置 phpMyAdmin	10	
	使用 phpMyAdmin 操作数据库和数据表	20	
	使用 SQL 语句模板在数据表中插入、修改、查询和删除数据	20	
	在可视化界面插入、编辑、浏览、删除和搜索数据	20	
	生成和执行 MySQL 数据库脚本	10	
课程思政评价	遵循 SQL 技术标准，勤于思考、善于钻研，能够通过自主学习解决问题	20	
	整体评价	100	

任务 3.3　实现客服系统用户注册功能

PHP 操作数据库技术是 Web 系统开发中的核心技术，在实现了 leavemessage 数据库后，接下来可以进一步介绍客服系统的前后端功能。

在任务 3.3、3.4、3.5 将通过客服系统前后端功能的实现，来介绍通过编写 PHP 程序，在客服系统页面中实现添加、查询、修改、删除、分页浏览和导航等功能的方法和技术。

客服系统开发完成后，可以根据系统功能需求设计测试用例，通过在浏览器地址栏输入 http://localhost/leavemessage 或通过设置虚拟主机设定的 URL 访问客户的系统主页面，进行系统功能测试，如图 3-60 所示。在非登录状态下游客可以通过导航分页浏览留言，也可以在用户注册后登录获取用户操作权限。

图 3-60　客服系统主页面

客服系统的主要功能和对应的 PHP 文件如图 3-61 所示。

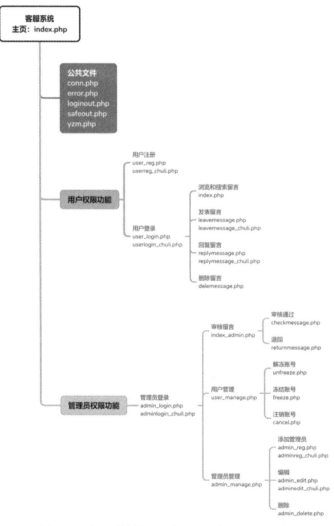

图 3-61　客服系统的主要功能和对应的 PHP 文件

任务目标

(1) 实现 PHP 访问 MySQL 数据库的一般流程。

(2) 使用 PHP 操作 MySQL 数据库的函数访问数据库。

(3) 使用 PHP 文件的包含语句引入 PHP 公共文件。

(4) 创建表单和常用的表单元素。

(5) 实现表单提交和参数值的获取。

(6) 编写 PHP 程序将获取的表单数据写入数据库。

(7) 培养诚实守信、精益求精的品质和质量意识。

 任务书

实现客服系统用户注册功能，用户注册页面如图 3-62 所示。

图 3-62　用户注册页面

填写的用户注册信息：用户名为 zhangsan，密码为 123。

编写 PHP 程序，将填写的用户注册信息添加到 leavemessage 数据库的 users 表中，形成表记录信息(注意将"active"字段值设置为 1)，如图 3-63 所示。

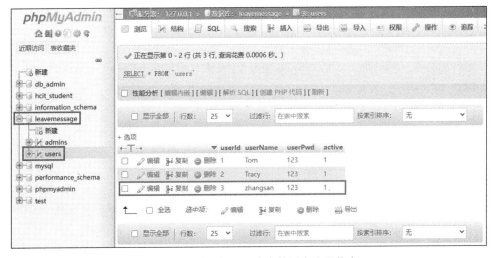

图 3-63　添加到 users 表中的用户注册信息

任务实施

(1) 创建用户注册页面 user_reg.php，完成页面布局。代码如下：

```
<!DOCTYPE html>
<html>
    <head>
        <meta charset="utf-8">
        <title>注册界面</title>
        <link rel="stylesheet" href="./css/login_style.css">
        <script>
            //验证用户名或密码不能为空
        </script>
    </head>
    <body>
        <div class="container">
            <h3>欢迎用户注册</h3>
            <form action="./userreg_chuli.php" method="post" autocomplete="off" id="myform">
                用户名：<input type="text" name="userName" id="t1"><br>
                密   码：<input type="password" name="userPwd" id="pwd"><br>
                <input type="submit" name="submit" value="注册"><br>
                <a class="reg_login" href="./user_login.php">用户登录</a>
                <a class="reg_login right" href="./admin_login.php">管理员登录</a>
            </form>
        </div>
    </body>
</html>
```

(2) 编写公共文件 conn.php 页面代码，实现连接 MySQL 服务器和选择 leavemessage 数据库等功能。代码如下：

```
<?php
$conn=@mysqli_connect("localhost","root","root") or die("连接 MySQL 服务器错误!"); //连接 MySQL 服务器
$flag=mysqli_select_db($conn,"leavemessage"); //选择 MySQL 数据库
if(empty($flag)){
echo '数据库切换失败！';
}
mysqli_query($conn,"set names utf8");
?>
```

(3) 编写 userreg_chuli.php 页面代码，主要功能是使用 insert into 语句实现添加用户注册信息到 leavemessage 数据库 users 表中，形成相应表记录。代码如下：

```
<?php
header("Content-type:text/html;charset=utf-8");
```

```
if($_SERVER['REQUEST_METHOD']=="POST"){
    $userName=$_POST['userName'];
    $userPwd=$_POST['userPwd'];
    include("conn.php");
    $flag=mysqli_query($conn,"insert into users values(null,'$userName','$userPwd','1')"); //执行 SQL 语句
    echo "insert into users values(null,'$userName','$userPwd','1')";
    if($flag){
        echo '<script>alert("恭喜你注册成功，请登录！");location.href="user_login.php";</script>';
    }else{
        echo '<script>alert("注册失败，请联系管理员！");history.go(-1);</script>';
    }
    mysqli_close($conn); //关闭 MySQL 连接
}else{
    header("location:error.php");
}
?>
```

知识链接

◆ 知识点 1　PHP 访问 MySQL 数据库的一般流程

PHP 访问 MySQL 数据库的一般流程，如图 3-64 所示。

图 3-64　PHP 访问 MySQL 数据库的一般流程

◆ 知识点 2　PHP 操作 MySQL 数据库的函数

1. 连接 MySQL 服务器

使用 mysqli_connect( )函数建立与 MySQL 服务器的连接，语法如下：

```
mysqli    mysqli_connect([string $hostname [,string $username [,string $password [,string $dbname]]]]);
```

其中，hostname 定义 MySQL 服务器的主机名或 IP 地址；username 定义 MySQL 服务器的用户名；password 定义 MySQL 服务器的用户密码；dbname 可选，用于定义默认使用的数据库文件名。该函数的返回值用于表示该数据库连接，如果连接成功，则返回一个资源，为以后执行 SQL 指令做准备。

2. 选择 MySQL 数据库

使用 mysqli_select_db( )函数选择 MySQL 服务器上的数据库，并与数据库建立连接，语法如下：

```
bool    mysqli_select_db (mysqli $link, string $dbname);
```

其中，link 定义要使用的 MySQL 连接，dbname 定义传入 MySQL 服务器的数据库名称。成

功则返回 true，失败则返回 false。

3. 执行 SQL 语句

在选择的数据库中使用 mysqli_query( )函数执行 SQL 语句，语法如下：

```
mixed    mysqli_query (mysqli $link, string $query [, int $result_mode])
```

其中，link 定义要使用的 MySQL 连接，query 定义查询字符串，result_mode 为可选参数，其值可以为以下常量中的任意一个。

MYSQLI_USE_RESULT：如果需要检索大量数据，可使用该项。

MYSQLI_STORE_RESULT：默认选择。

该函数针对成功的 select、show、describe 或 explain 查询，将返回一个 mysqli_result 对象。针对其他成功的查询，将返回 true；如果失败，则返回 false。

4. 关闭 MySQL 连接

使用 mysqli_close( )函数关闭之前打开的与 MySQL 服务器的连接，可以节省系统资源。其语法格式如下：

```
bool mysqli_close(mysqli $link);
```

其中，link 定义要关闭的 MySQL 连接。

PHP 中与数据库的连接是非持久连接，一般不需要设置关闭，系统会自动回收。如果一次性返回的结果集比较大，或者网站访问量比较多，那么最好用 mysqli_close( )函数关闭连接。

◆ 知识点 3　表单提交方式和参数值获取方式

用户在填写完表单后，需要将表单内容提交到服务器，根据提交方式的不同，参数值获取的方式也不一样。

1. 表单提交方式

提交表单的方式有两种：GET 和 POST。采用哪种方式由<form>表单的 method 属性指定。

1) 使用 GET 方法提交表单

GET 是<form>表单中 method 属性的默认方法。使用 GET 方法提交表单数据时，表单发送的信息对任何人都是可见的(所有变量名和值都显示在 URL 中)。不过，由于变量显示在 URL 中，所以把页面添加到书签中也更为方便。另外，GET 对所发送信息的数量也有限制，在使用 GET 方法发送表单数据时，URL 的长度应该限制在 1 MB 字符以内。如果发送的数据量太大，数据将被截断，从而导致意外或失败的处理结果。因此 GET 方法可用于传送小数据量和非敏感信息。

使用 GET 方法传递参数的格式如图 3-65 所示。

图 3-65　使用 GET 方法传递参数的格式

其中，URL 为表单响应地址，userName 和 userPwd 为表单元素的 name 属性值，zhangsan 和 123 为表单元素的值。URL 和表单元素之间用"?"隔开，多个表单元素之间用"&"隔开。

2) 使用 POST 方法提交表单

要用 POST 方法提交表单，只需要将<form>表单的 method 属性设置为 POST 即可。通过 POST 方法从表单发送的信息对其他人是不可见的(所有名称/值会被嵌入 HTTP 请求的主体中)，并且对所发送信息的数量也无限制。不过，由于变量未显示在 URL 中，也就无法将页面添加到书签。POST 方法比较适合发送一些需要保密或容量较大的数据到服务器。

2. 参数值获取的方式

PHP 获取参数值的方式有三种：$_POST[ ]、$_GET[ ]和$_SESSION[ ]，分别用于获取表单、URL 和 Session 变量的值。

1) $_POST[ ]全局变量

使用 PHP 的$_POST[ ]预定义变量可以获取表单元素的值，格式如下：

```
$_POST["element_name"]
```

这种情况下，表单的 method 属性值必须为 POST。

2) $_GET[ ]全局变量

使用 PHP 的$_GET[ ]预定义变量就可以获取通过 GET( )方法传递过来的表单元素的值，格式如下：

```
$_GET["element_name"]
```

此时需要将表单的 method 属性设置为 GET，其使用的方式同$_POST[ ]。

另外对于非表单提交过来的数据，比如直接通过超链接附加过来的数据，也可以使用$_GET[ ]方法获取。例如：

```
<a href="./leavemessage/userreg_chuli.php? userName=zhangsan & userPwd=123">超链接传递参数</a>
```

也就是说只要出现在浏览器地址栏中的参数都可以用$_GET[ ]方法获取，不管这些数据是来自表单还是普通超链接。

$_POST[ ]和$_GET[ ]全局变量都可以获取表单元素的值，但获取的表单元素名称是区分大小写的。

3) $_SESSION[ ]全局变量

使用$_SESSION[ ]全局变量可以获取表单元素的值，格式如下：

```
$_SESSION["element_name"]
```

其使用方式同$_POST[ ]。使用$_SESSION[ ]变量获取的变量值，保存之后任何页面都可以使用，但这种方法很占用系统资源，建议慎重使用。

◆ 知识点 4　PHP 文件包含语句

在程序开发中，会涉及多个 PHP 文件。为此，PHP 提供了包含语句，可以从另一个文件中将代码包含进来。使用包含语句不仅可以提高代码的重用性，还可以提高代码的维护和更新的效率。

PHP 中通常使用 include、require、include_once 和 require_once 语句实现文件的包含，下面以 include 语句为例讲解，他包含语句语法类似。具体语法格式如下：

```
include  '文件路径';
```

在上述语法中，"文件路径"指的是被包含文件所在的绝对路径或相对路径。所谓绝对路径就是从盘符开始的路径，如"C:/web/test.php"。所谓相对路径就是从当前路径开始的路径，假设被包含文件 test.php 与当前文件所在路径都是"C:/web"，则其相对路径就是"./test.php"。在相对路径中，"./"表示当前目录，"../"表示当前目录的上级目录。

在被包含文件中，还可以使用 return 关键字返回一个值。

require 语句与 include 语句，以及 include_once、require_once 语句的区别如下：

在包含文件时，如果没有找到文件，include 语句会发生警告信息，程序继续运行；而require 语句会发生致命错误，程序停止运行。

虽然 include_once、require_once 语句和 include、require 的作用几乎相同，但是不同的是带"_once"的语句会先检查要包含的文件是否已经被包含过，避免了同一文件被重复包含的情况。

◆ 知识点 5　表单和表单元素

表单主要用于收集用户信息，它是网页程序与用户交互的重要渠道。一个网页表单通常由表单标签和各种表单元素组成，下面分别介绍。

1. 表单标签

表单的 HTML 标签为<form>，添加<form>标签并在其中放置相关表单元素，如文本字段、复选框、单选框、提交按钮等，即可创建一个表单，表单结构如下：

```
<form name="form1" method="post" action="">
    //省略插入的表单元素
</form>
```

下面简单介绍<form>标签的常用属性。

name 为表单名称，用户可自定义表单名称。

method 为表单提交方式，通常为 post 或 get。

action 用来指定处理表单页面的 URL，通常为具有数据处理能力的 Web 程序，如后缀为.php 的动态网页。

2. 常用表单元素

一个表单(form)通常包含很多表单元素。常用的表单元素有输入域<input>、选择域<select>和<option>、文本域<textarea>等，下面分别介绍。

1) 输入域标签<input>

输入域标签<input>是表单中使用最多的标签之一。常见的文本框、密码框、按钮、单选按钮和复选框等都是由<input>标签表示的。语法格式如下：

```
<form name="form1" method="post" action="">
    <input name="element_name" type="type_name">
</form>
```

参数 name 是指输入域的名称，参数 type 是指输入域的类型。type 属性的取值一共有10 种，详见表 3-11。

表 3-11 type 属性取值说明

type 属性值	示　例	说　明
text	`<input type="text" value="这是文本框">`	文本框，value 为默认值

checkbox	`<input type="checkbox" value="1"`
	`name="cbx">`足球
	`<input type="checkbox" value="2"`
	`name="cbx">`篮球
	`<input type="checkbox" value="3"`
	`name="cbx">`排球
		复选框，允许用户选择多个选项

file	`<input type="file" value="">`	文件域，在上传文件时用于打开一个模式窗口以选择文件
hidden	`<input type="hidden" value="1">`	隐藏域，用于在表单中以隐含的方式提交变量值
image	`<input type="image" src="./img/search.jpg"` `name="img_btn">`	图像域，可以用在按钮位置上的图像，该图像具有按钮的功能
password	`<input type="password" value="123">`	密码框，用户在其中输入的字符将被显示为*，以起到保密的作用，其属性意义同文本框

radio	`<input type="radio" value="1"`
	`name="rdo1">`男
	`<input type="radio" value="2"`
	`name="rdo1">`女
		单选按钮，用于设置一组选项，浏览者只能选择其中一项

button	`<input type="button" value="这是按钮">`	普通按钮，可以激发提交表单的动作，但一般要配合 JavaScript 脚本才能进行表单处理
submit	`<input type="submit" name="button"` `value="提交">`	提交按钮，将表单内容提交到服务器
reset	`<input type="reset" name="button" value=` `"重置">`	重置按钮，清除与重置表单内容，用于清除表单中所有文本框的内容，并使选择菜单项恢复到初始值

2) 选择域标签`<select>`和`<option>`

选择域标签用于创建列表或菜单。列表可以显示一定数量的选项，如果超出该数量，会自动出现滚动条，浏览者可以拖动滚动条来查看各选项。菜单可以节省空间，正常状态下只显示一个选项，单击右侧的下三角按钮，可以展开菜单项看到全部选项。语法格式如下：

```
<select name="select" size="3" multiple="multiple">
    <option value="v1">选项 1</option>
    <option value="v2">选项 2</option>
    <option value="v3">选项 3</option>
```

```
    ...
</select>
```

参数 name 表示选择域名称；参数 size 表示列表行数；参数 value 表示列表选项值；参数 multiple 表示以列表方式显示数据，省略则表示以菜单方式显示。

3) 文本域标签<textarea>

<textarea></textarea>标签为文本域标签，用于制作多行文本框，可以让用户输入多行文本。语法格式如下：

```
<textarea name="t_name" cols="70" rows="5" wrap="value">
    //文本内容
</textarea>
```

参数 name 表示文本域名称，cols 表示文本域列数，rows 表示文本域行数(cols 和 rows 都以字符为单位)，wrap 用于设定文本换行方式(值为 "soft" 表示不自动换行，值为 "hard" 表示移动硬回车换行)，换行标签一同被发送到服务器，输出时也会换行。

◆ 知识点 6　验证用户名或密码不能为空

如果需要验证用户名或密码是否为空，或者是否符合某种规则，可以使用 JavaScript 代码或配合正则表达式来实现该功能。

可以在用户注册页面 user_reg.php 中<head></head>部分加入 JavaScript 代码，例如：

```
<head>
    <meta charset="utf-8">
    <title>注册界面</title>
    <link rel="stylesheet" href="./css/login_style.css">
    <script>
        window.onload=function( ){
        var t1=document.getElementById("用户名控件 id 属性值");
        var pwd=document.getElementById("密码控件 id 属性值");
        var myform=document.getElementById("表单的 id 属性值");
        myform.onsubmit=function(event){
            if(t1.value=="" || pwd.value==""){
                alert("用户名或密码不能为空");
                event.preventDefault( );
            }
        }
    }
    </script>
</head>
```

◆ 知识点 7　定制错误提示，终止程序运行

使用公共文件 conn.php 连接 MySQL 服务器时，如果连接出现错误，可以使用错误运算

符@屏蔽系统自动给出的错误提示，还可以使用 die( )函数或 exit( )函数定制错误提示。例如：

```
$conn=@mysqli_connect("localhost","root","root") or die("连接 MySQL 服务器错误!");
```

1. 错误控制运算符@

错误控制运算符"@"是一种在 PHP 中使用的特殊运算符。用于处理错误、异常或警告情况。它的作用是抑制错误或警告信息的显示、记录或传递。

当使用"@"修饰一个表达式或函数调用时，如果该表达式或函数调用发生错误，程序不会中断，并且不会显示任何错误消息；相反，它会返回一个 false 或 null 值。

该运算符可以将错误信息捕获并传递给自定义的错误处理程序，从而实现错误控制和处理的灵活性。在使用该运算符时，可以使用 try-catch 块来捕获和处理可能出现的异常。通过使用错误控制运算符，我们可以优雅地处理可能出现的错误，提高程序的健壮性和可靠性。

2. die( )函数

die( )函数在 PHP 中是用于终止程序执行并输出一条消息的函数。它与 exit( )函数具有相同的功能。

下面的示例演示如何使用 die( )函数。

```
echo "开始运行";
// 终止程序并输出消息
die("发生错误，程序终止");   // 这里会立即终止程序的执行
echo "这行代码不会被执行";
```

在上面的示例中，当 die( )函数被调用时，它会输出"发生错误，程序终止"并立即终止程序的执行，因此后面的代码行"echo "这行代码不会被执行";"不会被执行。

请注意，die( )函数也可以省略参数，这样它会直接终止程序执行，不输出任何消息。例如：die( );。

3. exit( )函数

exit 函数是 PHP 中的一个内置函数，用于终止当前脚本的执行，并返回一个指定的状态码。它的语法如下：

```
exit([string $status = ]);
```

其中，参数 status 是可选的，用于指定脚本的退出状态码。如果 status 被设置，则会返回指定的状态码，否则默认为 0。

使用 exit 函数可以立即终止脚本的执行，不再执行后续的代码。它通常用于在特定条件下强制终止脚本的执行，或者在脚本发生错误时提前退出。

下面是一些使用 exit 函数的示例：

```
// 返回状态码为 0，退出脚本的执行  exit( );
// 返回状态码为 1，退出脚本的执行  exit(1);
// 在特定条件下退出脚本的执行  if ($condition) { exit( ); }
// 在发生错误时退出脚本的执行  if ($error) { exit("发生了错误! "); }
```

exit 函数可以在任何地方使用，并且通常与条件语句或错误处理机制一起使用。在使用 exit 函数时，需要注意它会立即终止脚本的执行，后续的代码将不会执行。因此，在使

用 exit 函数时，需要确保脚本的逻辑正确，避免过度使用，以免影响脚本的正常运行。

◆ **知识点 8   PHP 中的 set names 命令**

使用 PHP 程序对 MySQL 数据库执行"查询"或"添加"操作时，如果涉及中文字符时，有时会出现乱码。可以使用 set names 命令设置字符集为 utf8 来解决上述问题。例如：

```
mysqli_query($conn,"set names utf8");
```

在 PHP 中，set names 命令用于设置数据库连接的字符集。主要在使用 MySQL 数据库时，确保存储和检索的数据能够正确编码。

以下是使用 set names 的示例。

```php
<?php
$servername = "localhost";
$username = "your_username";
$password = "your_password";
$dbname = "your_database";
// 创建连接
$conn = new mysqli($servername, $username, $password, $dbname);
// 检查连接
if ($conn->connect_error) {
    die("连接失败: " . $conn->connect_error);
}
// 设置字符集
mysqli_set_charset($conn, "utf8");
// 其他数据库操作
$conn->close( );
?>
```

在上面的示例中，mysqli_set_charset($conn, "utf 8")将数据库连接的字符集设置为 UTF-8。这样可以确保在数据库中处理数据时进行正确的编码和解码。

 知识和能力拓展

在测试客服系统用户注册功能时，需要考虑以下问题：

(1) 如果用户没有按照要求填写用户名和密码，能不能自动检测出来并阻止用户的注册操作？

(2) 使用公共文件 conn.php 连接 MySQL 服务器时，如果连接出现错误，能不能自动屏蔽系统自动的错误提示，而采用开发人员量身定制的错误提示？

(3) 使用 PHP 程序对 MySQL 数据库执行"查询"或"添加"操作中文字符时，有时会出现乱码，应当如何解决？

开发人员应当具备诚实守信的高尚品质和质量意识，在面对测试发现的问题时，不能回避，更不能视而不见，要使用自己掌握的知识解决问题，做到精益求精。

 **评价反馈**

任务评价表

评价项目	评价要素	评价满分	评价得分
知识技能评价	实现 PHP 访问 MySQL 数据库的一般流程	10	
	使用 PHP 操作 MySQL 数据库的函数访问数据库	20	
	使用 PHP 文件包含语句引入 PHP 公共文件	10	
	创建表单和常用的表单元素	10	
	实现表单提交和参数值获取	10	
	编写 PHP 程序将获取的表单数据写入数据库	20	
课程思政评价	能够合理解决测试用户功能时发现的若干问题，培养学生具备诚实守信的品质、质量意识和精益求精的态度	20	
	整体评价	100	

任务 3.4　实现客服系统用户权限功能

用户注册完成后，可以使用非冻结的注册账户登录客服系统主页，登录后的合法用户拥有浏览留言、搜索留言、发表留言、删除留言、回复留言等权限。

 任务目标

(1) 使用正确的方法和函数处理查询结果集、关闭结果集。

(2) 使用正确的方法实现搜索留言、发表留言、回复留言、删除留言等用户权限功能。

(3) 使用 Cookie 设置登录失效时间。

(4) 使用 Session 传递用户登录信息和区分用户身份。

(5) 使用正确的方法实现数据分页浏览和导航。

(6) 通过小组共同完成任务，培养学习者的合作意识、质量意识、标准意识、服务意识、学习意识。

 任务书

实现用户登录页面如图 3-66 所示。实现图形验证码功能。

图 3-66　用户登录页面

用户账户信息通过验证后，登录成功，跳转至客服系统主页面，显示用户权限下可操作的相关功能并可以通过导航分页浏览留言，如图 3-67 所示。

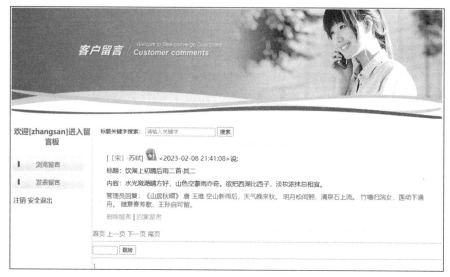

图 3-67   用户登录后的客户留言系统主页面

实现搜索留言、发表留言、回复留言、删除留言等其他用户权限功能。

 任务实施

(1) 创建用户登录页面 user_reg.php，完成页面布局。代码如下：

```php
<?php session_start( ); ?>
<!DOCTYPE html>
<html>
    <head>
        <meta charset="utf-8">
        <title>用户登录</title>
        <link rel="stylesheet" href="./css/login_style.css">
        <script>
            //点击验证码图片刷新验证码
            window.onload=function( ){
            var img1=document.getElementById("img1");
            img1.onclick=function( ){
                this.src="./yzm.php?code="+new Date( ).getTime( );
            }
        }
        </script>
    </head>
    <body>
    <?php
```

```
        //使用 Cookie 和 Session 实现十天内免登录
        $userName=@$_COOKIE['userName'];
        $userPwd=@$_COOKIE['userPwd'];
        if(!empty($userName) and !empty($userPwd)){
                include("./conn.php");
                $rs=mysqli_query($conn,"select * from users where userName='$userName' and userPwd=
'$userPwd'");
                $nums=mysqli_num_rows($rs);
                if($nums>0){
                        $_SESSION['login']='success';
                        $_SESSION['userName']=$userName;
                        echo '<script>location.href="./index.php";</script>';
                }
        }
    ?>
    <div class="container">
        <h3>欢迎用户登录</h3>
        <form action="./userlogin_chuli.php" method="post" autocomplete="off">
            用户名：
            <input type="text" name="userName"><br>
            密   码：
            <input type="password" name="userPwd"><br>
            验证码：
            <input type="text" name="yzm" maxlength="4" size="4">
            <img src="./yzm.php" id="img1"><br>
            <span class="info"><input type="checkbox" name="info" value="yes">十天内免登录</span>
            <a class="findPwd" href="./findPwd.php">忘记密码？</a>
            <br>
            <input type="submit" name="submit" value="登录"><br>
            <a class="reg_login" href="./user_reg.php">用户注册</a>
            <a class="reg_login right" href="./admin_login.php">管理员登录</a>
        </form>
    </div>
    </body>
</html>
```

(2) 编写 yzm.php 公共文件，通过 PHP 图像技术生成图形验证码。代码如下：

```
<?php
//开启 session
session_start( );
```

```
//宽
$w = 80;
//高
$h = 20;
//新建一个真彩色图像
$image = imagecreatetruecolor($w, $h);
//设置验证码颜色
$bgcolor = imagecolorallocate($image,255,255,255);
//填充背景色
imagefill($image, 0, 0, $bgcolor);
//10>设置变量
$captcha_code = "";
//随机种子
$char_str = 'ABCDEFGHKMNPRSTUVWXYZ0123456789abcdefghijklmnopqrstuvwxyz';
$char_str_len = strlen($char_str)-1;
$checkcode = $code = ";
//生成随机码
for($i=0;$i<4;$i++){
    //设置字体大小
    $fontsize = 6;
    //设置字体颜色，随机颜色
    $fontcolor = imagecolorallocate($image, rand(0,120),rand(0,120), rand(0,120));
    //设置数字
    $code = substr($char_str,rand(0,$char_str_len),1);
    //拼接验证码
    $checkcode .= $code;
    //随机码宽度
    $x = ($i*$w/4)+rand(5,10);
    //随机码高度
    $y = rand(5,$h/6);
    imagestring($image,$fontsize,$x,$y,$code,$fontcolor);
}
//保存 code 到 session
$_SESSION['checkcode'] = $checkcode;
//设置雪花点
for($i=0;$i<100;$i++){
    //设置点的颜色
    $pointcolor = imagecolorallocate($image,rand(50,200), rand(50,200), rand(50,200));
    //imagesetpixel 画一个单一像素
```

```
        imagesetpixel($image, rand(0,$w), rand(0,$h), $pointcolor);
    }
    //增加干扰元素
    for($i=0;$i<2;$i++){
        //设置线的颜色
        $linecolor = imagecolorallocate($image,rand(80,220), rand(80,220),rand(80,220));
        //设置线，两点一线
        imageline($image,rand(1,$w-1), rand(1,$h-1),rand(1,$w-1), rand(1,$h-1),$linecolor);
    }
    //设置图片头部
    header('Content-Type: image/png');
    //生成 png 图片
    imagepng($image);
    //销毁$image
    imagedestroy($image);
?>
```

(3) 编写 userlogin_chuli.php 页面代码，实现验证码和用户账户双重验证，并设置 SESSION 和 Cookie。代码如下：

```
<?php
header("Content-type:text/html;charset=utf-8");
if($_SERVER['REQUEST_METHOD']=='POST'){
    session_start( );
    $userName=$_POST['userName'];
    $userPwd=$_POST['userPwd'];
    $yzm=$_POST['yzm'];
    $info = $_POST['info'];
    if(strtolower($yzm)== strtolower($_SESSION['checkcode'])){
        date_default_timezone_set('PRC');
        include("./conn.php");
        $rs=mysqli_query($conn,"select * from users where userName='$userName' and userPwd=
'$userPwd'");
        $rs1=mysqli_query($conn,"select * from users where userName='$userName' and userPwd=
'$userPwd' and active='1'");
        $nums=mysqli_num_rows($rs);
        $nums1=mysqli_num_rows($rs1);
            if($nums>0){
                if($nums1>0){
                    $_SESSION['login']='success';
                    $_SESSION['userName']=$userName;
```

```
                            if($info=="yes"){
                setcookie("userName",$userName,time( )+10*24*3600);
                setcookie("userPwd",$userPwd,time( )+10*24*3600);
                                }
                            header("location:./index.php");
                        }else{
                echo '<script>alert("该账号已冻结");history.go(-1);</script>';
                            }
                        }else{
        echo '<script>alert("用户名或密码错误");history.go(-1);</script>';
                        }
                mysqli_free_result($rs);
                mysqli_close($conn);
            }else{
                echo '<script>alert("验证码错误");history.go(-1);</script>';
            }
        }else{
            header("location:./error.php");
        }
    ?>
```

(4) 如果登录成功，将会跳转至 index.php 页面，可以实现分页导航浏览留言、搜索留言、发表留言、回复留言、删除留言等用户权限功能。代码如下：

```php
<?php session_start( ); ?>
<!DOCTYPE html>
<html>
    <head>
        <meta charset="utf-8">
        <title>客服系统</title>
        <link rel="stylesheet" href="./css/index_style.css">
    </head>
    <body>
    <div class="container">
        <img src="./images/top.jpg">
        <div class="left">
            <?php if(@$_SESSION['login']=='success'){ ?>
            <h3>欢迎[<span><?php echo $_SESSION['userName']; ?></span>]进入客服系统</h3>
            <?php } ?>
            <ul>
                <li>
```

```
                            <a href="./index.php">浏览留言</a>
                        </li>
                        <?php if(@$_SESSION['login']=='success'){ ?>
                        <li>
                            <a href="./leavemessage.php">发表留言</a>
                        </li>
                        <?php } ?>
                </ul>
                <?php if(@$_SESSION['login']=='success'){ ?>
                <div class="out">
                        <a href="./loginout.php">注销</a>
                        <a href="./safeout.php">安全退出</a>
                </div>
                <?php }else{ ?>
                        <div class="login">
                                <a href="./user_login.php">用户登录</a>
                                <a href="./user_reg.php">用户注册</a>
                        </div>
                <?php } ?>
        </div>
        <div class="content">
                <div class="search">
                        <form action="./index.php" method="get">
                                标题关键字搜索：
                                <input type="text" name="searchmessage" style="outline: none;" placeholder="
请输入关键字">
                                <input type="submit" value="搜索">
                        </form>
                </div>
                <?php
                        //搜索和动态分页显示
                        $page=@$_GET['page'];
                        $searchmessage = @$_GET['searchmessage'];
                        if(empty($page)){
                                $page=1;
                        }
                        if($page<1){
                                $page=1;
                        }
```

```php
            include("./conn.php");
            $rs=mysqli_query($conn,"select * from message where title like '%$searchmessage%'
order by addTime desc");
            $rscount=mysqli_num_rows($rs);
            $pagecount=ceil($rscount/5);
            if($page>=$pagecount){
                $page=$pagecount;
            }
            mysqli_data_seek($rs,($page-1)*5);
            for($i=1;$i<=5;$i++){
                if($info=mysqli_fetch_assoc($rs)){
        ?>
        <?php if($info['flag']==1){ ?>
        <ul>
            <li>
                [<span><?php echo $info['author'] ?></span>]
                <img width="30" src="./images/face/<?php echo $info['face']; ?>">
                &lt;<?php echo $info['addTime']; ?>&gt;说:
            </li>
            <li>
                标题：<?php echo $info['title']; ?>
            </li>
            <li>
                内容：<?php echo $info['content']; ?>
            </li>
            <?php if(!empty($info['reply'])){ ?>
            <li><span>管理员回复：<?php echo $info['reply']; ?></span></li>
            <?php } ?>
            <?php if(@$_SESSION['login']=='success'){ ?>
            <li>
                <a href="./delemessage.php?messageId=<?php echo $info['messageId']; ?>">
删除留言</a> |
                <a href="./replymessage.php?messageId=<?php echo $info['messageId']; ?>">
回复留言</a>
            </li>
            <?php } ?>
        </ul>
        <?php }
                }
```

```php
            }
            mysqli_free_result($rs);
            mysqli_close($conn);
        ?>

            <!--分页导航-->
            <div class="page">
                <a href="./index.php?page=1">首页</a>
                <a href="./index.php?page=<?php echo $page-1; ?>">上一页</a>
                <a href="./index.php?page=<?php echo $page+1; ?>">下一页</a>
                <a href="./index.php?page=<?php echo $pagecount; ?>">尾页</a>
                <hr>
                <form action="./index.php" method="get">
<input type="text" name="page" size="4" maxlength="4">
        <input type="submit" name="submit" value="跳转">
                </form>
                <hr>
                <?php $pn=@$_GET["pn"];
                    if(empty($pn)){
                        $pn=1;
                    }
                    if($pn<=5){
                        $pn=5;
                    }
                    $j=$pn;
                ?>
                <?php
                    for($pn=$pn-4;$pn<=$j+5;$pn++){
                    if($pn>$pagecount){
                        $pn=$pagecount;
                        break;
                    }
                ?>
                <a href="./index.php?page=<?php echo $pn;    ?>&pn=<?php echo $pn; ?>"><?php
echo $pn; ?></a> 
                <?php    } ?>
            </div>
        </div>
        <div class="footer">
            &copy;2023-2024 河北建材软件技术专业
```

```
          </div>
      </div>
      </body>
  </html>
```

(5) 点击"发表留言"链接，可以打开 leavemessage.php 页面，填写留言内容并提交，如图 3-68 所示。

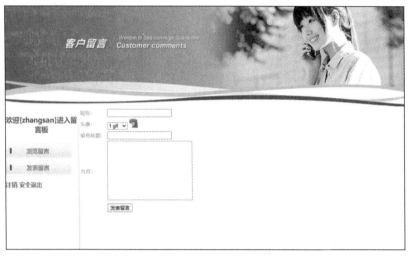

图 3-68　发表留言页面

页面布局和 PHP 代码如下：

```
<!DOCTYPE html>
<html>
    <head>
        <meta charset="utf-8">
        <title>用户发表留言</title>
        <link rel="stylesheet" href="./css/index_style.css">
        <script>
            //根据下拉列表选择实现头像预览图切换
            window.onload=function( ){
            var face=document.getElementById("face");
            var img1=document.getElementById("img1");
            face.onchange=function( ){
                img1.src="./images/face/"+face.value;
            }
            }
        </script>
    </head>
    <body>
        <div class="container">
```

```html
<img src="./images/top.jpg">
<div class="left">
    <?php if(@$_SESSION['login']=='success'){ ?>
    <h3>欢迎[<span><?php echo $_SESSION['userName']; ?></span>]进入留言板</h3>
    <?php } ?>
    <ul>
        <li>
            <a href="./index.php">浏览留言</a>
        </li>
        <li>
            <a href="./leavemessage.php">发表留言</a>
        </li>
    </ul>
    <?php if(@$_SESSION['login']=='success'){ ?>
    <div class="out">
        <a href="./loginout.php">注销</a>
        <a href="./safeout.php">安全退出</a>
    </div>
    <?php } ?>
</div>
<div class="message">
    <table>
        <form action="./leavemessage_chuli.php" method="post" autocomplete="off">
            <tr>
                <td>昵称：</td>
                <td>
                    <input type="text" name="author">
                </td>
            </tr>
            <tr>
                <td>头像：</td>
                <td>
                    <select name="face" id="face">
                    <?php for($i=1;$i<=42;$i++){?>
                    <option value="<?php echo $i.'.gif'; ?>">
                    <?php echo $i.'.gif';?>
                    </option>
                    <?php } ?>
                    </select>
        <img src="./images/face/1.gif" width="24" id="img1">
```

```
                        </td>
                    </tr>
                    <tr>
                        <td>留言标题：</td>
                        <td><input type="text" name="title"></td>
                    </tr>
                    <tr>

                        <td>内容：</td>
                        <td><textarea name="content" cols="30" rows="10"></textarea></td>
                    </tr>
                    <tr>

                        <td></td>
                        <td><input type="submit" name="submit" value="发表留言"></td>
                    </tr>
                </form>
            </table>
        </div>
        <div class="footer">
            &copy;2023-2024 河北建材软件技术专业
        </div>
    </div>
    </body>
</html>
```

(6) 编写 leavemessage_chuli.php 页面代码，实现发表留言功能，使用 insert into 语句将填写的留言内容写入 leavemessage 数据库 message 数据表中，等待管理员审核。如果留言提交成功，跳转至 index.php 页面。代码如下：

```php
<?php
header("Content-type:text/html;charset=utf-8");
if($_SERVER['REQUEST_METHOD']=='POST'){
    $author=$_POST['author'];
    $face=$_POST['face'];
    $title=$_POST['title'];
    $content=$_POST['content'];
    include("./conn.php");
    $flag=mysqli_query($conn,"insert into message(title,content,author,face,addTime) values('$title','$content','$author','$face',now( ))");
    if($flag){
        echo '<script>alert("留言提交成功，待审核！");location.href="./index.php";</script>';
    }else{
```

```
            echo '<script>alert("留言提交失败，请联系管理员！");history.go(-1);</script>';
        }
        mysqli_close($conn);
    }else{
        echo '<script>location.href="./error.php";</script>';

    }
    ?>
```

(7) 用户发表的留言通过管理员审核后，在用户登录状态下，可在 index.php 页面点击"删除留言"或"回复留言"链接实现相应功能，如图 3-69 所示。

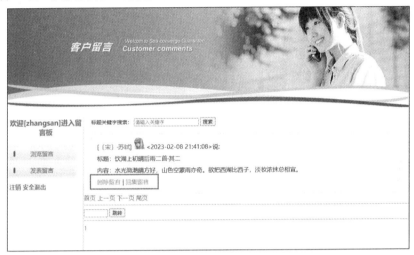

图 3-69　"删除留言"和"回复留言"链接

① "回复留言"功能的实现。

点击"回复留言"链接后，进入 replymessage.php 页面，填写回复留言内容，如图 3-70 所示。

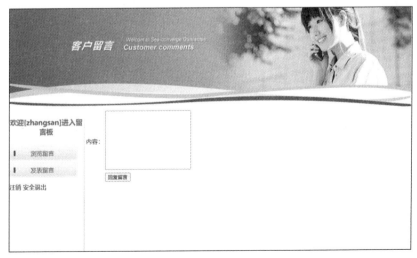

图 3-70　回复留言页面

页面布局和 PHP 代码如下：

```html
<!DOCTYPE html>
<html>
    <head>
        <meta charset="utf-8">
        <title>用户回复留言</title>
        <link rel="stylesheet" href="./css/index_style.css">
    </head>
    <body>
    <div class="container">
        <img src="./images/top.jpg">
        <div class="left">
            <?php if(@$_SESSION['login']=='success'){
                $messageId=@$_GET['messageId'];
            ?>
            <h3>欢迎[<span><?php echo @$_SESSION['userName']; ?></span>]进入留言板</h3>
            <?php } ?>
            <ul>
                <li>
                    <a href="./index.php">浏览留言</a>
                </li>
                <li>
                    <a href="./leavemessage.php">发表留言</a>
                </li>
            </ul>
            <?php if(@$_SESSION['login']=='success'){ ?>
            <div class="out">
                <a href="./loginout.php">注销</a>
                <a href="./safeout.php">安全退出</a>
            </div>
            <?php } ?>
        </div>
        <div class="replymessage">
            <table>
                <form action="./replymessage_chuli.php" method="post" autocomplete="off">
                    <tr>
                        <td>内容：</td>
                        <td>
                            <textarea name="reply" cols="30" rows="10"></textarea>
```

```
                                    <input type="hidden" name="messageId" value="<?php echo
$messageId ?>">
                            </td>
                        </tr>
                        <tr>
                            <td></td>
                            <td><input type="submit" name="submit" value="回复留言"></td>
                        </tr>
                    </form>
                </table>
            </div>
            <div class="footer">
                &copy;2023-2024 河北建材软件技术专业
            </div>
        </div>
    </body>
</html>
```

继续编写 replyleavemessage_chuli.php 页面代码，实现回复留言功能，使用 update 语句将 leavemessage 数据库 message 数据表对应记录的 reply 字段的值修改为填写的回复留言的内容。如果回复留言成功，则跳转至 index.php 页面；如果无回复权限，则跳转至 error.php 页面。代码如下：

```
<?php
header("Content-type:text/html;charset=utf-8");
session_start( );
if($_SESSION['login']=='success'){
    if($_SERVER['REQUEST_METHOD']=="POST"){
        $messageId=$_POST['messageId'];
        $reply=$_POST['reply'];
        include("./conn.php");
        $flag=mysqli_query($conn,"update message set reply='$reply' where messageId='$messageId'");
        if($flag){
            echo '<script>alert("恭喜你，回复留言成功！");location.href="./index.php";</script>';
        }else{
            echo '<script>alert("回复留言失败，请联系管理员！");location.href="./index.php";</script>';
        }
    }
    mysqli_close($conn);
}else{
    echo '<script>alert("对不起，你没有权限！");location.href="./error.php";</script>';
```

```
}
?>
```

② "删除留言"功能的实现。

编写 delemessage.php 页面代码,实现删除留言功能,使用 delete 语句删除 leavemessage 数据库 message 数据表对应的记录。如果删除留言成功,则跳转至 index.php 页面。

代码如下:

```php
<?php
session_start( );
header("Content-type:text/html;charset=utf-8");
if($_SESSION['login']=='success'){
    $messageId=$_GET['messageId'];
    include("./conn.php");
    $flag=mysqli_query($conn,"delete from message where messageId='$messageId'");
    if($flag){
        echo '<script> alert("恭喜你删除留言成功");location.href="./index.php";</script>';
    }else{
        echo '<script> alert("删除留言失败,请联系管理员!");location.href="./index.php";</script>';
    }
    mysqli_close($conn);
}else{
    echo '<script>location.href="./error.php";</script>';
}
?>
```

(8) 编写 error.php 页面,显示错误提示图片(如图 3-71 所示),并于 3 s 后跳转至 user_login.php 页面。

图 3-71　error.php 页面

页面代码如下:

```html
<!DOCTYPE html>
<html>
```

```
    <head>
        <meta charset="utf-8">
        <title>错误界面</title>
        <style>
            body{
                margin:0px;
                padding:0px;
            }
        </style>
        <script>
            setInterval(function( ){
                location.href="./user_login.php";
            },3000);
        </script>
    </head>
    <body>
        <img src="./images/error.jpg">
    </body>
</html>
```

(9) 编写 loginout.php 页面，实现注销功能。代码如下：

```php
<?php
session_start( );
session_destroy( );
header("location:user_login.php");
?>
```

(10) 编写 safeout.php 页面，实现安全退出功能。代码如下：

```php
<?php
session_start( );
session_destroy( );
date_default_timezone_set("PRC");
setcookie("userName","",time( )-10000);
setcookie("userPwd","",time( )-10000);
header("location:user_login.php");
?>
```

知识链接

◆ 知识点 1　处理查询结果集

函数 mysqli_query( )在执行 SELECT、SHOW、EXPLAIN 或 DESCRIBE 的 SQL 语句后，返回的是一个资源类型的结果集。因此，需使用函数从结果集中获取信息。处理结果集的常用函数见表 3-12。

表 3-12　处理结果集的常用函数

函 数 名	描　述
mysqli_num_rows( )	获取结果中行的数量
mysqli_fetch_all( )	获取所有的结果，并以数组的形式返回
mysqli_fetch_array( )	获取一行结果，并以数组的形式返回
mysqli_fetch_assoc( )	获取一行结果并以关联数组的形式返回
mysqli_fetch_row( )	获取一行结果并以索引数组的形式返回

在表 3-12 中，函数 mysqli_fetch_all( )和 mysqli_fetch_array( )的返回值，都支持关联数组和索引数组两种形式，它们的第 1 个参数表示结果集，第 2 个参数是可选参数，用于设置返回的数组形式，其值是一个常量，具体形式如下所示。

MYSQLI_ASSOC：表示返回的结果是一个关联数组；

MYSQLI_NUM：表示返回的结果是一个索引数组；

MYSQLI_BOTH：表示返回的结果中包含关联和索引数组，该常量为默认值。

◆ 知识点 2　关闭结果集

mysqli_free_result( )函数用于释放内存，数据库操作完成后需要关闭结果集，以释放系统资源。该函数的语法如下：

```
void mysqli_free_result(mysqli_result $result);
```

mysqli_free_result( )函数将释放所有与结果标识符 result 相关联的内存。在脚本结束后所有关联的内存都会被自动释放。

◆ 知识点 3　Cookie

1. 了解 Cookie

Cookie 是 Web 服务器暂时存储在用户硬盘上的一个文本文件，并随后被 Web 浏览器读取。当用户再次访问 Web 网站时，网站通过读取 Cookie 文件记录该用户的特定信息(如上次访问的网页、花费的时间、用户名和密码等)，从而迅速做出响应，如再次访问相同网站时不需要再输入用户名和密码即可登录等。Cookie 是具备有效期的，有效期的长短可根据实际需要灵活设定。

Web 服务器可以利用 Cookie 来保存和维护很多与网站的相关信息。Cookie 具有以下用途。

(1) 记录访客的某些信息。如可以利用 Cookie 记录用户访问网页的次数，或记录访客曾经输入过的信息。另外，某些网站可以使用 Cookie 自动记录访客上次登录的用户名和密码等信息。

(2) 在网页间直接传递变量。一般情况下，浏览器并不会保存当前页面上的任何信息，当页面被关闭时，页面上的所有变量信息将随之消失。而通过 Cookie 可以把需要在页面间传递的变量先保存起来，然后到另一个页面再读取即可。

(3) 将所查看过的 Internet 页存储在 Cookie 临时文件夹中，可以提高以后浏览的速度。

2. 创建 Cookie

在 PHP 中，setcookie( )函数用于创建 Cookie。Cookie 是 HTTP 头标的组成部分，在创建 Cookie 之前必须把头标在页面其他内容之前发送。这就需要将函数的调用放到任何输出之前，包括<html>和<head>标签，以及任何空格，一般将该函数放在网页代码顶端。如果在调用 setcookie( )函数之前有任何输出，本函数将运行失败并返回 false；如果 setcookie( )函数运行成功，并返回 true。setcookie( )函数的语法格式如下：

```
bool setcookie(string $name[,string $value[,int $expire[,string $path[,string $domain[,bool $secure]]]]]);
```

表 3-13 显示了 setcookie( )函数的参数说明。

表 3-13　setcookie( )函数的参数说明

参　数	说　　明
name	Cookie 变量的名称
value	Cookie 变量的值，该值保存在客户端，不能用来保存敏感数据
expire	可选，规定 Cookie 过期的时间
path	可选，规定 Cookie 在服务器端的有效路径
domain	可选，规定 Cookie 有效的域名

3. 读取 Cookie

在 PHP 中可以通过超级全局数组$_COOKIE[ ]来读取浏览器端的 Cookie 值。

4. 删除 Cookie

创建 Cookie 后，如果没有设置其失效时间，Cookie 文件会在关闭浏览器时自动删除。如果要在关闭浏览器之前删除 Cookie 文件，可以使用 setcookie( )函数。只需要将 setcookie( )函数中的第二个参数设置为空值，将第 3 个参数 Cookie 的过期时间设置为小于系统的当前时间即可。

◆ 知识点 4　Session

1. 了解 Session

一般在运行一个应用程序时，首先会打开它，做些更改，然后关闭它。这很像一次会话。计算机清楚你是谁，知道你何时启动应用程序，并在何时终止。但是在因特网上存在一个问题：服务器不知道你是谁以及你做什么，这是由于 HTTP 地址不能维持状态。PHP Session 通过在服务器上存储用户的相关信息(比如用户名称、购买商品等)，解决了这个问题(如果没有 Session，则用户每进入一个页面都需要重新登录一次)。不过，会话信息是临时的，在用户离开网站后将被删除。如果要永久储存信息，可以把数据存储在数据库中。

Session 的工作机制是：为每个访问者创建一个唯一的 ID(UID)，并基于这个 UID 来存储变量。UID 存储在 Cookie 中，或通过 URL 进行传导。

2. 启动会话

在 PHP 中，启动会话(创建一个会话状态)一般使用 session_start( )函数。使用 session_

start( )函数创建会话的语法格式如下：

```
bool session_start([array $options = [ ] ]);
```

使用 session_start( )函数之前，浏览器不能有任何输出(包括<html>和<head>标签以及任何空格)，否则会产生错误，所以要把调用 session_start( )函数放在网页代码顶端。

3. 注册会话

启动会话变量后，将其全部保存在数组$_SESSION[ ]中。通过数组$_SESSION[ ]注册一个会话变量很容易，只要直接给该数组添加一个元素即可。

4. 使用会话

使用会话变量很简单，首先需要判断会话变量是否存在，如果不存在就要创建它；如果存在就可以用数组$_SESSION[ ]访问该会话变量。

5. 删除会话

删除会话主要有删除单个会话、删除多个会话和结束当前会话三种。删除单个会话变量同删除数组元素一样，直接注销$_SESSION[ ]数组的某个元素即可。代码如下：

```
<?php
unset($_SESSION['views']);
?>
```

在使用 unset( )函数时，要注意$_SESSION[ ]数组中的某元素不能省略，即不可一次注销整个数组，这样会禁止整个会话的功能。

如果要一次注销所有会话变量，可以将一个空数组赋值给$_SESSION，代码如下：

```
$_SESSION=array( );
```

如果整个会话已基本结束,首先应注意注销所有会话变量,然后再使用 session_destroy( )函数清除并结束当前会话，并清空会话中的所有资源，彻底注销 session，代码如下：

```
session_destroy( );
```

◆ 知识点 5　超全局变量$_SERVER

PHP 提供的超全局变量$_SERVER 可以查看服务器信息和当前请求的信息。该变量是一个关联数组，对于不同的 Web 服务器，数组中包含的变量也会有所不同。$_SERVER 常用变量见表 3-14 和表 3-15。

表 3-14　$_SERVER 常用变量(请求头类)

变 量 名	对 应 请 求 头
HTTP_HOST	Host
HTTP_USER_AGENT	User-Agent
HTTP_ACCEPT	Accept
HTTP_ACCEPT_ENCODING	Accept-Encoding
HTTP_ACCEPT_LANGUAGE	Accept-Language
HTTP_REFERER	Referer

表 3-15 $_SERVER 常用变量(服务器信息类)

变 量 名	说　明
SERVER_NAME	服务器名称
SERVER_ADDR	服务器地址
SERVER_PORT	服务器端口
REMOTE_ADDR	来源地址
REMOTE_PORT	来源端口
DOCUMENT_ROOT	服务器文档根目录
SERVER_ADMIN	服务器管理员邮箱地址
SCRIPT_FILENAME	脚本文件的绝对路径
SCRIPT_NAME	脚本文件的相对路径
GATEWAY_INTERFACE	网关接口
SERVER_PROTOCOL	HTTP 版本
REQUEST_METHOD	请求方式
QUERY_STRING	"?" 后面的 URL 参数
REQUEST_URI	请求 URI
PHP_SELF	脚本文件的相对路径
REQUEST_TIME	客户端发出请求的时间戳

 知识和能力拓展

实现客服系统用户功能的关键是使用正确的方法实现对数据的增、删、改、查，设置用户登录失效时间，传递用户登录信息和区分用户身份等。因此，掌握正确的程序设计方法对开发人员来说是非常重要的，这体现了开发人员的职业素养。

 评价反馈

任 务 评 价 表

评价项目	评 价 要 素	评价满分	评价得分
知识技能评价	使用正确的方法和函数处理查询结果集、关闭结果集	20	
	使用正确的方法实现搜索留言、发表留言、回复留言、删除留言等用户权限功能	20	
	使用 Cookie 设置登录失效时间	10	
	使用 Session 传递用户登录信息和区分用户身份	10	
	使用正确的方法实现数据分页浏览和导航	20	
课程思政评价	能够通过小组共同完成任务，培养学生具备合作意识、质量意识、标准意识、服务意识、学习意识	20	
整体评价		100	

任务 3.5　实现客服系统管理员权限功能

客服系统中，使用管理员账户登录后，可以取得管理员操作权限。在浏览器地址栏输入 http://localhost/leavemessage 或通过虚拟主机设置的 URL 可以访问客服系统主页，点击"用户登录"，如图 3-72 所示。

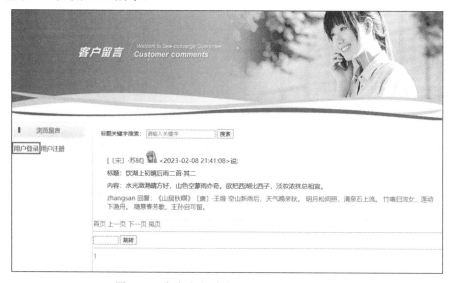

图 3-72　客户留言系统"用户登录"主页面

在打开的"用户登录"页面中，点击"管理员登录"，如图 3-73 所示，将会进入"管理员登录"页面。

图 3-73　用户登录"管理员登录"页面

 任务目标

(1) 编写 PHP 程序向 MySQL 数据库中数据表添加数据。

(2) 编写 PHP 程序删除 MySQL 数据库中数据表指定的数据。

(3) 编写 PHP 程序编辑 MySQL 数据库中数据表指定的数据。

(4) 编写 PHP 程序查询并可视化 MySQL 数据库中数据表指定的数据，实现数据分页和导航。

(5) 通过小组共同完成模块任务，培养学习者吃苦耐劳、团队协作的精神，化繁为简的能力和创新意识。

 任务书

在任务 3.1 中，创建 leavemessage 数据库 admins 表时预置了管理员账户，用户名 admin，密码 123456。

管理员登录页面，如图 3-74 所示。

图 3-74　管理员登录页面

能够使用预置管理员账号(用户名为 admin，密码为 123456)登录系统，登录成功后跳转至客服系统管理页面，显示管理员权限下可操作的相关功能(如审核用户留言、管理用户账户和管理员账户管理等客服系统管理员权限功能)，如图 3-75 所示。

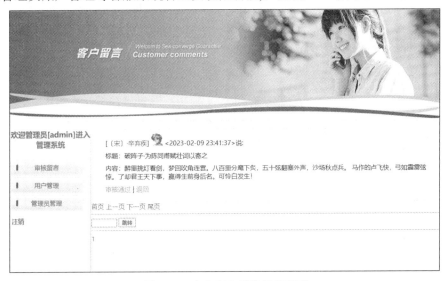

图 3-75　客户留言系统管理页面

任务实施

1. 管理员登录功能的实现

1) 创建管理员登录页面 admin_login.php

完成页面布局，引入图形验证码并能够点击刷新。图形验证码文件继续使用任务 3.4 中的公共文件 yzm.php。代码如下：

```php
<?php session_start( ); ?>
<html>
<head>
    <meta charset="UTF-8">
    <title>管理员登录</title>
    <link rel="stylesheet" href="./css/login_style.css">
    <script>
        window.onload=function( ){
            var img1=document.getElementById("img1");
            img1.onclick=function( ){
                this.src="yzm.php?code="+new Date( ).getTime( );
            }
        }
    </script>
</head>
<body>
    <div class="container">
        <h3>欢迎管理员登录</h3>
        <form action="./adminlogin_chuli.php" method="post" autocomplete="off">
            用户名：
            <input type="text" name="adminName"><br>
            密   码：
            <input type="password" name="adminPwd"><br>
            验证码：
            <input type="text" name="yzm" maxlength="4" size="4">
            <img src="yzm.php" id="img1"><br>
            <br>
            <input type="submit" name="submit" value="登录"><br>
            <a class="reg_login" href="./user_login.php">用户登录</a>
        </form>
    </div>
</body>
</html>
```

2) 编写 adminlogin_chuli.php 页面代码

实现验证码和用户账户验证，并设置 SESSION。代码如下：

```php
<?php
header("Content-type:text/html;charset=utf-8");
if($_SERVER['REQUEST_METHOD']=='POST'){
    session_start( );
    $adminName=$_POST['adminName'];
    $adminPwd=$_POST['adminPwd'];
    $yzm=$_POST['yzm'];
    if(strtolower($yzm)==strtolower($_SESSION['checkcode'])){
        date_default_timezone_set('PRC');
        include("./conn.php");
        $rs=mysqli_query($conn,"select * from admins where adminName='$adminName' and adminPwd=
'$adminPwd'");
        $nums=mysqli_num_rows($rs);
        if($nums>0){
            $_SESSION['adminlogin']='success';
            $_SESSION['adminName']=$adminName;
            header("location:../index_admin.php");
        }else{
            echo '<script>alert("用户名或密码错误");history.go(-1);</script>';
        }
        mysqli_free_result($rs);
        mysqli_close($conn);
    }else{
        echo '<script>alert("验证码错误");history.go(-1);</script>';
    }
}else{
    header("location:./error.php");
}
?>
```

2. 客服系统管理的实现

管理员登录成功，将会跳转至客服系统管理页面 index_admin.php，可以实现分页导航显示用户留言、审核用户留言、用户管理、管理员管理等管理员权限功能。客服系统管理页面 index_admin.php 的布局和 PHP 代码如下：

```php
<?php session_start( ); ?>
<!DOCTYPE html>
<html>
<head>
```

```
        <title>客服系统管理</title>
        <link rel="stylesheet" href="./css/index_style.css">
    </head>
    <body>
        <?php if(@$_SESSION['adminlogin']=='success'){ ?>
        <div class="container">
            <img src="./images/top.jpg">
    <div class="left">
                <h3>欢迎管理员[<span><?php echo $_SESSION['adminName']; ?></span>]进入管理
系统</h3>
                <ul>
                    <li>
                        <a href="./index_admin.php">审核留言</a>
                    </li>
                    <li>
                        <a href="./user_manage.php">用户管理</a>
                    </li>
                    <li>
                        <a href="./admin_manage.php">管理员管理</a>
                    </li>
                </ul>
                <div class="out">
                    <a href="./loginout.php">注销</a>
                </div>
            </div>
            <div class="content">
                <?php
                    $page=@$_GET['page'];
                    if(empty($page)){
                        $page=1;
                    }
                    if($page<1){
                        $page=1;
                    }
                    include("conn.php");
                    $rs=mysqli_query($conn,"select * from message where flag='0' order by addTime desc");
                    $rscount=mysqli_num_rows($rs);
                    $pagecount=ceil($rscount/5);
                    if($page>=$pagecount){
```

```
                        $page=$pagecount;
                }
                mysqli_data_seek($rs,($page-1)*5);
                for($i=1;$i<=5;$i++){
                        if($info=mysqli_fetch_assoc($rs)){
        ?>
        <ul>
                <li>
                        [<span><?php echo $info['author'] ?></span>]
                        <img width="30" src="./images/face/<?php echo $info['face']; ?>">
                        &lt;<?php echo $info['addTime']; ?>&gt;说:
                </li>
                <li>
                        标题：<?php echo $info['title']; ?>
                </li>
                <li>
                        内容：<?php echo $info['content']; ?>
                </li>
                <li>
                        <a href="./checkmessage.php?messageId=<?php echo $info['messageId']; ?>">
审核通过</a> |
                        <a href="./returnmessage.php?messageId=<?php echo $info['messageId']; ?>">
退回</a>
                </li>
        </ul>
        <?php } }
        mysqli_free_result($rs);
        mysqli_close($conn);
        ?>
        <div class="page">
                <a href="./index_admin.php?page=1">首页</a>
                <a href="./index_admin.php?page=<?php echo $page-1; ?>">上一页</a>
                <a href="./index_admin.php?page=<?php echo $page+1; ?>">下一页</a>
                <a href="./index_admin.php?page=<?php echo $pagecount; ?>">尾页</a>
                <hr>
                <form action="./index_admin.php" method="get">
                        <input type="text" name="page" size="4" maxlength="4">
                        <input type="submit" name="submit" value="跳转">
                </form>
```

```
<hr>
<?php $pn=@$_GET["pn"];
    if(empty($pn)){
        $pn=1;
    }
    if($pn<=5){
        $pn=5;
    }
    $j=$pn;
?>
<?php
    for($pn=$pn-4;$pn<=$j+5;$pn++){
    if($pn>$pagecount){
        $pn=$pagecount;
        break;
    }
?>
<a href="./index_admin.php?page=<?php echo $pn;   ?>&pn=<?php echo $pn; ?>">
<?php echo $pn; ?></a> 
    <?php   } ?>
        </div>
    </div>
</div>
<?php }else{
    echo '<script>location.href="./error.php";</script>';
} ?>
</body>
</html>
```

3. 审核留言功能的实现

通过点击 index_admin.php 页面中用户留言下的 "审核通过" 或 "退回" 可以实现审核留言功能。

1) 实现用户留言 "审核通过" 功能

点击 "审核通过" 链接，跳转至 checkmessage.php 页面实现 "审核通过" 用户留言功能。使用 update 语句将需审核的用户留言在 message 表中对应记录的 flag 字段值设置为 1 即可。代码如下：

```
<?php
session_start( );
header("Content-type:text/html;charset=utf-8");
```

```php
if($_SESSION['adminlogin']=='success'){
    $messageId=$_GET['messageId'];
    include("./conn.php");
    $flag=mysqli_query($conn,"update message set flag='1' where messageId='$messageId'");
    if($flag){
        echo '<script> alert("审核通过！");location.href="./index_admin.php";</script>';
    }else{
        echo '<script> alert("审核失败！");location.href="./index_admin.php";</script>';
    }
    mysqli_close($conn);
}else{
    echo '<script>location.href="./error.php";</script>';
}
?>
```

2) 实现用户留言"退回"功能

点击"退回",跳转至 returnmessage.php 页面实现用户留言"退回"功能。使用 delete 语句将需退回的用户留言在 message 表中对应记录删除即可。代码如下:

```php
<?php
session_start( );
header("Content-type:text/html;charset=utf-8");
if($_SESSION['adminlogin']=='success'){
    $messageId=$_GET['messageId'];
    include("./conn.php");
    $flag=mysqli_query($conn,"delete from message where messageId='$messageId'");
    if($flag){
        echo '<script> alert("留言已退回");location.href="./index_admin.php";</script>';
    }else{
        echo '<script> alert("留言退回失败");location.href="./index_admin.php";</script>';
    }
    mysqli_close($conn);
}else{
    echo '<script>location.href="./error.php";</script>';
}
?>
```

4. 用户管理功能的实现

点击客服系统管理页面 index_admin.php 左侧的"用户管理",可以进入用户管理页面 user_manage.php,如图 3-76 所示。

图 3-76   用户管理页面

user_manage.php 页面右侧列出了 leavemessage 数据库 users 表中所有用户的账号和账号状态，可以通过点击每一个用户账号下的"解冻账号""冻结账号""注销账号"实现相应的功能。user_manage.php 页面实现代码如下：

```php
<?php session_start( ); ?>
<!DOCTYPE html>
<html>
<head>
    <title>用户管理</title>
    <link rel="stylesheet" href="./css/index_style.css">
    <style>
        span.status{
            color:#090;
            margin-left:20px;
        }
        span.status1{
            color:#888;
            margin-left:20px;
        }
    </style>
</head>
<body>
    <?php if(@$_SESSION['adminlogin']=='success'){ ?>
    <div class="container">
        <img src="./images/top.jpg">
```

```html
<div class="left">
        <h3>欢迎管理员[<span><?php echo $_SESSION['adminName']; ?></span>]进入管理
系统</h3>
        <ul>
            <li>
                <a href="./index_admin.php">审核留言</a>
            </li>
            <li>
                <a href="./user_manage.php">用户管理</a>
            </li>
            <li>
                <a href="./admin_manage.php">添加/删除管理员</a>
            </li>
        </ul>
        <div class="out">
            <a href="./loginout.php">注销</a>
        </div>
    </div>
    <div class="content">
        <?php
            $page=@$_GET['page'];
            if(empty($page)){
                $page=1;
            }
            if($page<1){
                $page=1;
            }
            include("./conn.php");
            $rs=mysqli_query($conn,"select * from users");
            $rscount=mysqli_num_rows($rs);
            $pagecount=ceil($rscount/5);
            if($page>=$pagecount){
                $page=$pagecount;
            }
            mysqli_data_seek($rs,($page-1)*5);
            for($i=1;$i<=5;$i++){
                if($info=mysqli_fetch_assoc($rs)){
        ?>
```

```php
        <ul>
            <li>
                <?php echo '账号：'.$info['userName'] ?>
                <span class="status">
                    <?php
                    if($info['active']==1){
                        echo '账号状态：活跃';
                    } ?>
                </span>
                <span class="status1">
                    <?php
                    if($info['active']==0){
                        echo '账号状态：冻结';
                    } ?>
                </span>
            </li>
            <li>
                <a href="./unfreeze.php?userId=<?php echo $info['userId']; ?>">解冻账号</a> |
                <a href="./freeze.php?userId=<?php echo $info['userId']; ?>">冻结账号</a> |
                <a href="./cancel.php?userId=<?php echo $info['userId']; ?>">注销账号</a>
            </li>
        </ul>
<?php } }
mysqli_free_result($rs);
mysqli_close($conn);
?>
        <div class="page">
            <a href="./index_admin.php?page=1">首页</a>
            <a href="./index_admin.php?page=<?php echo $page-1; ?>">上一页</a>
            <a href="./index_admin.php?page=<?php echo $page+1; ?>">下一页</a>
            <a href="./index_admin.php?page=<?php echo $pagecount; ?>">尾页</a>
        </div>
    </div>
    </div>
    <?php }else{
        echo '<script>location.href="./error.php";</script>';
    } ?>
</body>
</html>
```

1) 实现"解冻账号"功能

点击"解冻账号"链接，跳转至 unfreeze.php 页面实现"解冻账号"的功能。使用 update 语句将用户账号在 users 表中对应记录 active 字段的值设置为 1 即可。unfreeze.php 页面代码如下：

```php
<?php
session_start( );
header("Content-type:text/html;charset=utf-8");
if($_SESSION['adminlogin']=='success'){
    $userId=$_GET['userId'];
    include("conn.php");
    $flag=mysqli_query($conn,"update users set active='1' where userId='$userId'");
    if($flag){
        echo '<script> alert("已解冻该账号！");location.href="./user_manage.php";</script>';
    }else{
        echo '<script> alert("解冻失败！");location.href="./user_manage.php";</script>';
    }
    mysqli_close($conn);
}else{
    echo '<script>location.href="./error.php";</script>';
}
?>
```

2) 实现"冻结账号"功能

点击"冻结账号"，跳转至 freeze.php 页面实现"冻结账号"功能。使用 update 语句将用户账号在 users 表中对应记录 active 字段的值设置为 0 即可。freeze.php 页面代码如下：

```php
<?php
session_start( );
header("Content-type:text/html;charset=utf-8");
if($_SESSION['adminlogin']=='success'){
    $userId=$_GET['userId'];
    include("./conn.php");
    $flag=mysqli_query($conn,"update users set active='0' where userId='$userId'");
    if($flag){
        echo '<script> alert("已冻结该账号！");location.href="./user_manage.php";</script>';
    }else{
        echo '<script> alert("冻结失败！");location.href="./user_manage.php";</script>';
    }
    mysqli_close($conn);
}else{
    echo '<script>location.href="./error.php";</script>';
```

```
}
?>
```

3) 实现"注销账号"功能

点击"注销账号",跳转至 cancel.php 页面实现"注销账号"功能。使用 delete 语句将用户账号在 users 表中对应的记录删除即可。cancel.php 页面代码如下:

```php
<?php
session_start( );
header("Content-type:text/html;charset=utf-8");
if($_SESSION['adminlogin']=='success'){
    $userId=$_GET['userId'];
    include("./conn.php");
    $flag=mysqli_query($conn,"delete from users where userId='$userId'");
    if($flag){
        echo '<script> alert("已注销该账号!");location.href="./user_manage.php";</script>';
    }else{
        echo '<script> alert("注销失败!");location.href="./user_manage.php";</script>';
    }
    mysqli_close($conn);
}else{
    echo '<script>location.href="./error.php";</script>';
}
?>
```

5. 管理员管理功能的实现

点击客服系统管理页面 index_admin.php 左侧的"管理员管理",可以进入 admin_manage.php 页面,如图 3-77 所示。

图 3-77   管理员管理页面

通过 admin_manage.php 页面可以实现添加管理员账号，分页浏览导航和列表显示和管理员账号、编辑管理员账号、删除管理员账号等功能。admin_manage.php 页面代码如下：

```php
<?php session_start( ); ?>
<!DOCTYPE html>
<html>
<head>
    <title>管理员管理</title>
    <link rel="stylesheet" href="./css/index_style.css">
    <style>
        .content .list{
            list-style: none;
            border: 1px solid #efefef;
            margin-top: 20px;
            margin-left: 20px;
            border-radius: 3px;
            padding: 10px 15px;
        }
        .content .list a:link,.content .list a:visited{
            text-decoration: none;
            color:#009900;
        }
        .content .list table{
            width:80%;
            border-collapse:collapse;
            margin: 0 auto;
        }
        .content .list td,th {
            border:1px solid #efefef;
            padding:5px;
            font-size:1em;
            text-align:center;
        }
        .content .list th {
            background-color:#0078d7;
            color:#ffffff;
        }
        .content .list tr {
            color:#0078d7;
        }
```

```
        .content .list .alt td{
                color:#0078d7;
                background-color:#efefef;}
        a{
                color: #000000;
                text-decoration: none;
        }
        .content .page{
                margin-top: 20px;
                margin-left: 20px;
        }
    </style>
</head>
<body>
    <?php if(@$_SESSION['adminlogin']=='success'){ ?>
    <div class="container">
        <img src="./images/top.jpg">
<div class="left">
            <h3>欢迎管理员[<span><?php echo $_SESSION['adminName']; ?></span>]进入管理
系统</h3>
            <ul>
                <li>
                    <a href="./index_admin.php">审核留言</a>
                </li>
                <li>
                    <a href="./user_manage.php">用户管理</a>
                </li>
                <li>
                    <a href="./admin_manage.php">管理员管理</a>
                </li>
            </ul>
            <div class="out">
                <a href="./loginout.php">注销</a>
            </div>
        </div>
        <div class="content">
            <div class="list">
                <table>
                    <tr><td colspan="5"><span class="add"><a href="./admin_reg.php">添加管
理员</a></span></td></tr>
```

```
                        <tr><td colspan="5"></td></tr>
                        <tr><th>管理员 ID</th><th>账户名</th><th>账户密码</th><th>编辑</th>
<th>删除</th></tr>
            <?php
                $page=@$_GET['page'];
                if(empty($page)){
                        $page=1;
                }
                if($page<1){
                        $page=1;
                }
                include("./conn.php");
                $rs=mysqli_query($conn,"select * from admins");
                $rscount=mysqli_num_rows($rs);
                $pagecount=ceil($rscount/5);
                if($page>=$pagecount){
                        $page=$pagecount;
                }
                mysqli_data_seek($rs,($page-1)*5);
                for($i=1;$i<=5;$i++){
                        if($info=mysqli_fetch_assoc($rs)){
                                $alt=($i%2)?"":"alt";
        ?>
                        <tr class="<?php echo $alt; ?>">
                            <td><?php echo $info['adminId']; ?></td>
                            <td><?php echo $info['adminName']; ?></td>
                            <td><?php echo $info['adminPwd']; ?></td>
                            <td><a href="./admin_edit.php?id=<?php echo $info['adminId']; ?>">编
辑</a></td>
                            <td><a style="color: #f27b1f" href="./admin_delete.php?id=<?php echo
$info['adminId']; ?>">删除</a></td>
                        </tr>
            <?php } }
            mysqli_free_result($rs);
            mysqli_close($conn);
            ?>
                    </table>
            </div>
            <div class="page">
                <a href="./admin_manage.php?page=1">首页</a>
```

```
                    <a href="./admin_manage.php?page=<?php echo $page-1; ?>">上一页</a>
                    <a href="./admin_manage.php?page=<?php echo $page+1; ?>">下一页</a>
                    <a href="./admin_manage.php?page=<?php echo $pagecount; ?>">尾页</a>
                </div>
            </div>
        </div>
        <?php } else {
            echo '<script>location.href="./error.php";</script>';
        } ?>
</body>
</html>
```

1) 实现"添加管理员"功能

点击页面右侧"添加管理员",将会打开 admin_reg.php 页面,如图 3-78 所示。

图 3-78   管理员注册页面

管理员注册页面 admin_reg.php 的布局和代码如下:

```
<?php session_start( ); ?>
<!DOCTYPE html>
<html>
<head>
    <title>管理员注册</title>
    <link rel="stylesheet" href="./css/login_style.css">
    <script>
        window.onload=function( ){
            var t1=document.getElementById("t1");
            var pwd=document.getElementById("pwd");
            var myform=document.getElementById("myform");
            myform.onsubmit=function(event){
                if(t1.value=="" || pwd.value==""){
```

```
                        alert("用户名或密码不能为空");
                        event.preventDefault( );
                    }
                }
            }
        </script>
    </head>
    <body>
        <?php if(@$_SESSION['adminlogin']=='success'){ ?>
            <div class="container">
                <h3>欢迎注册管理员</h3>
                <form action="./adminreg_chuli.php" method="post" autocomplete="off" id="myform">
                    用户名：
                    <input type="text" name="adminName" id="t1"><br>
                    密   码：
                    <input type="password" name="adminPwd" id="pwd"><br>
                    <input type="submit" name="submit" value="注册"><br>
                    <a class="reg_login" href="./user_login.php">用户登录</a>
                    <a class="reg_login right" href="./admin_login.php">管理员登录</a>
                </form>
            </div>
        <?php } else {
            echo '<script>location.href="./error.php";</script>';
        } ?>
    </body>
</html>
```

　　在管理员注册页面 admin_reg.php 中填写新的管理员账号的用户名和密码后,点击"注册"按钮,将会打开 adminreg_chuli.php,该页面的主要功能是将新的管理员账号数据用 insert into 语句写入 leavemessage 数据库的 admins 表,生成对应的表记录。adminreg_chuli.php 页面代码如下:

```
<?php
header("Content-type:text/html;charset=utf-8");
if($_SERVER['REQUEST_METHOD']=="POST"){
    $adminName=$_POST['adminName'];
    $adminPwd=$_POST['adminPwd'];
    include("./conn.php");
    $flag=mysqli_query($conn,"insert into admins values('null','$adminName','$adminPwd')");
    if($flag){
        echo '<script>alert("恭喜你注册成功，请登录！ ");location.href="./admin_manage.php";</script>';
```

```
        }else{
            echo '<script>alert("注册失败!");history.go(-1);</script>';
        }
        mysqli_close($conn);
    }else{
        header("location:./error.php");
    }
?>
```

2) 实现管理员账号编辑功能

点击管理员管理页面 admin_manage.php 右侧管理员列表中每一行的"编辑",将会打开 admin_edit.php 页面,可对该行对应的管理员账号进行编辑,如图 3-79 所示。

图 3-79   修改管理员账号页面

该页面将会显示管理员的账号数据,但只能编辑用户名和密码,不能编辑管理员 ID。代码如下:

```
<?php session_start( ); ?>
<!DOCTYPE html>
<html lang="zh">
<head>
    <title>修改管理员账号</title>
    <link rel="stylesheet" href="./css/login_style.css">
    <script>
        window.onload=function( ){
            var adminname=document.getElementById("adminname");
            var adminpwd=document.getElementById("adminpwd");
            var myform=document.getElementById("myform");
            myform.onsubmit=function(event){
                if(adminname.value=="" || adminpwd.value==""){
                    alert("用户名或密码不能为空");
```

```
                    event.preventDefault( );
                }
            }
        }
    </script>
</head>
<body>
    <?php if(@$_SESSION['adminlogin']=='success'){ ?>
    <div class="container">
        <h3>修改管理员账号</h3>
        <?php
        $id=@$_GET['id'];
        include("./conn.php");
        $rs=mysqli_query($conn,"select * from admins where adminId=$id");
        if($info=mysqli_fetch_assoc($rs)){
        ?>
        <form action="./adminedit_chuli.php" method="post" autocomplete="off" id="myform">
        用户 ID：
        <input type="text" name="adminId" id="adminid" value="<?php echo
$info['adminId']; ?>" disabled><br>
        用户名：
        <input type="text" name="adminName" id="adminname" value="<?php echo
$info['adminName']; ?>"><br>
        密   码：
        <input type="text" name="adminPwd" id="adminpwd" value="<?php echo
$info['adminPwd']; ?>"><br>
        <input type="hidden" name="id" value="<?php echo $info['adminId']; ?>">
        <input type="submit" name="submit" value="修改">
        </form>
        <?php }
        mysqli_free_result($rs);
        mysqli_close($conn);
        ?>
    </div>
    <?php } else {
        echo '<script>location.href="./error.php";</script>';
    } ?>
</body>
</html>
```

编辑用户账号数据后，点击"修改"按钮，将会打开 adminedit_chuli.php 页面，该页面的主要功能是使用 update 语句更新 leavemessage 数据库 admins 表中对应表记录。代码如下：

```php
<?php
session_start( );
header("Content-type:text/html;charset=utf-8");
if($_SESSION['adminlogin']=='success'){
    $adminId=@$_POST['id'];
    $adminName=@$_POST['adminName'];
    $adminPwd=@$_POST['adminPwd'];
    include("./conn.php");
    $flag=mysqli_query($conn,"update admins set adminName='{$adminName}',adminPwd='{$adminPwd}'
where adminId='$adminId'");
    if($flag){
        echo '<script> alert("修改成功！ ");location.href="./admin_manage.php";</script>';
    }else{
        echo '<script> alert("修改失败！ ");location.href="./admin_manage.php";</script>';
    }
    mysqli_close($conn);
}else{
    echo '<script>location.href="./error.php";</script>';
}
?>
```

用户账号编辑成功后，将返回到管理员管理页面 admin_manage.php，可以在页面右侧的管理员账号列表中看到编辑后的账号数据，如图 3-80 所示。

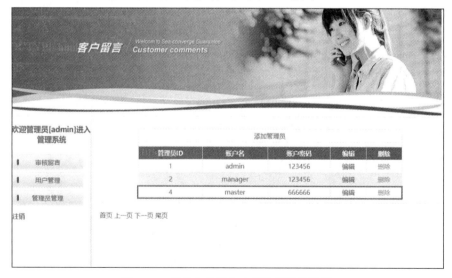

图 3-80　列表中显示修改后的管理员账号

3) 实现删除管理员账号功能

点击管理员管理页面 admin_manage.php 右侧管理员列表中每一行的"删除"，将会打开 admin_delete.php 页面，通过 delete 语句，可以实现删除该行管理员账号的功能。代码如下：

```php
<?php
session_start( );
header("Content-type:text/html;charset=utf-8");
if($_SESSION['adminlogin']=='success'){
    $id=@$_GET['id'];
    include("./conn.php");
    $flag=mysqli_query($conn,"delete from admins where adminId=$id");
    if($flag){
        echo '<script> alert("删除成功！ ");location.href="./admin_manage.php";</script>';
    }else{
        echo '<script> alert("删除失败！ ");location.href="./admin_manage.php";</script>';
    }
    mysqli_close($conn);
}else{
    echo '<script>location.href="./error.php";</script>';
}
?>
```

 知识链接

◆ **知识点 1　实现数据分页和导航**

实现分页和导航 PHP 代码有很多种写法，基本思路和示例如下：

(1) 确定每页显示的记录数，例如，每页显示 5 条记录，也可以将该数值用变量保存。例如：

```
$display=5;
```

(2) 使用 mysqli_query( )函数和 select 语句获得数据表中需要显示记录的查询结果集。例如：

```
$rs=mysqli_query($conn,"select * from admins");
```

(3) 使用 mysqli_num_rows( )函数来读取查询结果集中的记录总数。例如：

```
$rscount=mysqli_num_rows($rs);
```

(4) 通过计算得到分页后的总页数。例如：

```
$pagecount=ceil($rscount/5);
```

(5) 确定偏移量后使用 mysqli_data_seek( )函数将结果指针移动到指定的偏移处。例如：

```
mysqli_data_seek($rs,($page-1)*5);
```

mysqli_data_seek( )函数调整结果指针到结果集中的一个任意行。语法如下：

```
mysqli_data_seek(result,offset);
```

其中，result 规定由 mysqli_query( )、mysqli_store_result( )或 mysqli_use_result( )返回的结果集标识符。offset 规定字段偏移。范围必须在 0 和行总数 -1 之间。如果成功则返回 TRUE，如果失败则返回 FALSE。

◆ 知识点 2　实现数据批量删除

在对数据库中的数据进行管理的过程中，如果要删除的数据非常多，则执行单条删除数据的操作就显得很不合适，这时应该使用批量删除数据的方法来实现数据库中信息的删除。通过数据的批量删除可以快速删除多条数据，从而减少操作执行的时间。

可以对管理员管理页面 admin_manage.php 做适当修改，使页面能够适应批量删除管理员账号的操作，如图 3-81 所示。

图 3-81　修改后的管理员管理页面

通过复选框选择要删除的管理员账号后，点击"删除"按钮将打开修改后的 admin_delete.php 页面，该页面使用 delete 语句将 leavemessage 数据库 admins 表中的指定的一条或多条记录删除，实现批量删除管理员账号功能。代码如下：

```php
<?php
session_start( );
header("Content-type:text/html;charset=utf-8");
if($_SESSION['adminlogin']=='success'){
    $id=implode(",",$_POST['delete']);
    include("./conn.php");
    $flag=mysqli_query($conn,"delete from admins where adminId in (".$id.")");
    if($flag){
        echo '<script> alert("删除成功！ ");location.href="./admin_manage.php";</script>';
    }else{
        echo '<script> alert("删除失败！ ");location.href="./admin_manage.php";</script>';
    }
```

```
        mysqli_close($conn);
}else{
        echo '<script>location.href="./error.php";</script>';

}
?>
```

 知识和能力拓展

在管理账户数据时，如果账户数据比较多，在列表显示时开发人员就要使用分页和导航，也可以编写程序对数据进行批处理，这些充分体现了开发人员化繁为简的能力和创新意识。

 评价反馈

任 务 评 价 表

评价项目	评 价 要 素	评价满分	评价得分
知识技能评价	编写 PHP 程序向 MySQL 数据库中数据表添加数据	20	
	编写 PHP 程序删除 MySQL 数据库中数据表指定数据	20	
	编写 PHP 程序编辑 MySQL 数据库中数据表指定数据	20	
	编写 PHP 程序查询并可视化 MySQL 数据库中数据表指定数据，实现数据分页和导航	20	
课程思政评价	通过小组共同完成模块任务，培养学习者吃苦耐劳、团队协作的精神，化繁为简的能力和创新意识	20	
整体评价		100	

模块 4 PHP 框架应用

ThinkPHP 是一个由国人开发的开源 PHP 框架,是为了简化企业级应用开发和敏捷 Web 系统开发而诞生的。本模块将运用 ThinkPHP 开发学生管理系统的管理员功能,围绕 ThinkPHP 的使用进行详细讲解。学生管理系统的管理员功能的思维导图如图 4-1 所示。

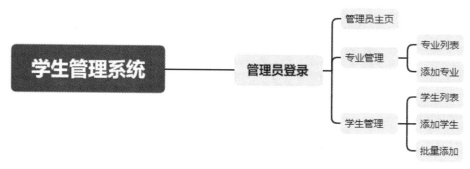

图 4-1　学生管理系统的管理员功能的思维导图

任务 4.1　引入 ThinkPHP 框架

 任务目标

(1) 获取 ThinkPHP 框架并应用。

(2) 熟悉 ThinkPHP 目录结构,掌握 ThinkPHP 目录功能。

(3) 熟练应用 ThinkPHP 入口文件。

(4) 理解 PHP 框架的特点、主流 PHP 框架及 MVC 的概念。

(5) 养成善于思考、深入研究的良好自主学习习惯。

 任务书

从官方网站下载 ThinkPHP 文件,在服务器的 Web 运行目录中创建项目根目录 stu_manage,在项目中使用 ThinkPHP 框架的基本操作。

任务实施

ThinkPHP 因其灵活、高效和完善的技术文档，经过多年的发展，已经成为国内最受欢迎的 PHP 框架之一。

1. 下载 ThinkPHP

可以在 https://www.thinkphp.cn/down.html 网页下载 ThinkPHP 文件压缩包，本模块将使用 ThinkPHP 中较稳定的 3.2.4 版本。下载页面如图 4-2 所示。

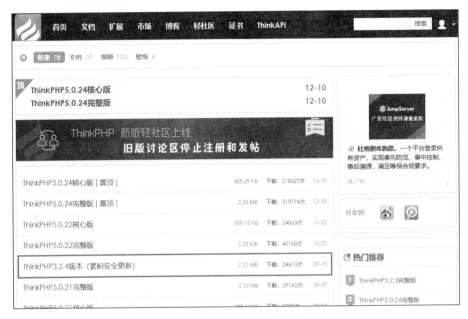

图 4-2　ThinkPHP 下载页面

点击图 4-2 中的"ThinkPHP3.2.4 版本(累积安全更新)"，将下载 ThinkPHP 框架压缩包。压缩包解压后有多个文件及文件夹，其中 ThinkPHP 文件夹为 ThinkPHP 框架的核心文件目录。

2. 使用 ThinkPHP

将下载好的 ThinkPHP 框架压缩包解压放到项目目录下即可。在默认情况下，3.2.4 版本的框架中自带了一个应用入口文件，通过浏览器访问该入口文件即可，具体步骤如下所述。

1) 创建项目目录

在 XAMPP 的 htdocs 目录下创建 stu_manage 作为项目的根目录(或直接使用配置的虚拟主机目录)，将解压后的全部 ThinkPHP 框架文件移动到该目录下，如图 4-3 所示。

图 4-3　包含 ThinkPHP 框架文件的项目目录

2) 访问入口文件 index.php

ThinkPHP 框架采用单一入口模式进行部署和访问，所有应用都是从入口文件开始的。打开浏览器，访问 http://localhost/stu_manage/index.php，运行结果如图 4-4 所示。

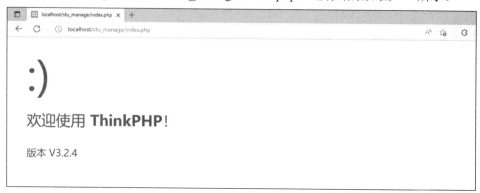

图 4-4　ThinkPHP 运行结果

如果浏览器出现如图 4-4 所示的画面，则说明 ThinkPHP 框架已经可以正常使用。此时 ThinkPHP 会在 Application 目录下自动生成几个目录文件，如图 4-5 所示。

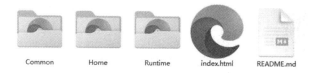

图 4-5　ThinkPHP 自动生成的目录文件

接下来就可以在相应的目录中编写代码文件了。不过需要注意的是，ThinkPHP3.2 框架要求 PHP 版本在 5.3 以上时才可以使用。

 知识链接

◆ 知识点 1　PHP 框架的特点

可以说，PHP 框架是一个 PHP 应用程序的半成品。它提供的不仅仅是一组工具类，而是可在应用程序之间共享且可复用的公共且一致的结构。使用 PHP 框架不仅有助于创建更为稳定的程序，还有助于减少开发者重复编写代码的劳动，能有效节约开发时间。总的来说，PHP 框架具有以下特点：

(1) 加速开发过程：PHP 框架内置了预建的模块，免去了冗长又令人厌烦的编程工作。这样开发者就能够把时间花在开发实际程序上，而不是每次都要为每一个项目重建基础模块。

(2) 成熟稳健性：大多数初级开发者往往容易因为 PHP 简单、易操作而写出低质量的代码。这些 PHP 程序可能在大多数时间内仍能正常工作，但代码中可能留下了安全漏洞，易受攻击。而 PHP 框架对一些基本的细节及安全性等做了处理，在此基础上开发出来的 PHP 代码更加安全可靠。

(3) 可扩展性：PHP 框架往往有着庞大的支持团队，使用者众多，并且是不断升级的，使用者可以直接享受别人升级代码带来的好处。PHP 框架也方便地支持用户根据实际业务需求扩展自己特有的模块。

◆　知识点 2　主流 PHP 框架简介

一直以来，PHP 框架被广泛应用。这些框架多半是基于 MVC 架构模式的，也有基于事件驱动模式的，下面列举几个应用比较广泛的框架。

(1) ThinkPHP：是一个快速、兼容、简单并且功能丰富的轻量级国产 PHP 开发框架，其遵循 Apache 2 开源协议发布，从 Struts 结构移植过来，并做了相应的改进和完善，同时也借鉴了国外很多优秀的框架和模式，使用面向对象的开发结构和 MVC 模式。ThinkPHP 本身具有很多的原创特性，并且倡导大道至简、开发由我的理念，意在用最少的代码完成更多的功能。

(2) Zend Framework(ZF)：是用 PHP 5.3 及更高版本来开发 Web 程序和服务的开源框架。ZF 用 100%面向对象的编码实现，其组件结构独一无二，每个组件几乎不依靠其他组件。这样的松耦合结构可以让开发者独立使用组件。ZF 在开发社区中有大量的追随者，掌握它需要一些 PHP 的额外知识。

(3) Laravel：是一个简单优雅的 PHP Web 开发框架，可以通过简单、高雅的表达式开发出很棒的 Web 应用。Laravel 拥有富有表现力的语法、高质量的文档、丰富的扩展包，被称为"巨匠级 PHP 开发框架"。Laravel 是完全开源的，所有代码都可以从 GitHub 上获取。

(4) CakePHP：基于与 Ruby on Rails 同样的原则而设计，十分注重快速开发，这使得它成为一个非常好的用于 RAD(Rapid Application Develop，快速应用开发)的开发框架。快速增长的支持系统、简洁性和可测量性使得 CakePHP 无论对于初学者还是职业 PHP 开发者都是很好的选择。

◆　知识点 3　MVC

MVC 全名是 Model View Controller，是模型(Model)-视图(View)-控制器(Controller)的缩写。它是一种设计创建 Web 应用程序的框架模式，强制性地将应用程序的输入、处理和输出分开。

Model(模型)表示应用程序的核心(比如数据库记录列表)，是应用程序中用于处理应用程序数据逻辑的部分，通常负责在数据库中存取数据。

View(视图)是用户看到并与之交互的界面，是应用程序中处理数据(数据库记录)显示的部分，通常依据模型数据创建。

Controller(控制器)是应用程序中处理用户交互的部分，通常负责从视图读取数据，控制用户输入，并向模型发送数据。

使用 MVC 的目的是将 M 和 V 的实现代码分离，从而使同一个程序可以使用不同的表现形式。比如，一批统计数据可以分别用柱状图和饼图来表示。C 存在的目的则是确保 M 和 V 的同步，一旦 M 改变，V 应该同步更新。MVC 模式同时提供了对 HTML、CSS 和 JavaScript 的完全控制。

MVC 分层有助于管理复杂的应用程序，因为开发者可以在一段时间内专门关注一个方面。例如，可以在不依赖业务逻辑的情况下专注于视图设计，同时也让应用程序的测试更加容易。MVC 分层同时也简化了分组开发，不同的开发人员可同时开发视图、控制器逻辑和数据逻辑。

◆ 知识点4 ThinkPHP 框架的特点

ThinkPHP 是目前国内应用最多的 PHP 框架之一，其主要特点如下所述。

(1) 视图模型：可以轻松动态地创建数据库视图，轻松实现多表查询。

(2) 关联模型：可以简单、灵活地完成多表的关联操作。

(3) 模板引擎：系统内建了一款卓越的基于 XML 的编译型模板引擎，支持两种类型的模板标签，融合了 Smarty 和 JSP 标签库的思想，支持标签库扩展。通过驱动还可以支持 Smarty、EaseTemplate、TemplateLite 等第三方模板引擎。

(4) 缓存机制：系统支持包括 File、APC、Db、Memcache 等在内的多种动态数据缓存类型，以及可定制的静态缓存规则，并提供了快捷方法进行存取操作。

(5) 类库导入：ThinkPHP 采用基于类库包和命名空间的方式导入类库，让类库导入看起来更加简单清晰，并且还支持冲突检测和别名导入。为方便项目的跨平台移植，系统还会严格检查加载文件的大小写。

(6) 扩展机制：系统支持包括类库扩展、驱动扩展、应用扩展、模型扩展、控制器扩展、标签库扩展等在内的强大灵活的扩展机制，让使用者不再受限于核心的不足，随心 DIY 自己的框架和扩展应用。

(7) 多 URL 模式：系统支持普通模式、PATHINFO 模式、REWRITE 模式和兼容模式的 URL 方式，同时支持不同的服务器和运行模式的部署。配合 URL 路由功能，使用者可以随心所欲地构建需要的 URL 地址和进行 SEO 优化工作。

(8) 编译机制：独创的核心编译和项目的动态编译机制，可以有效减少 OOP(Object Oriented Programming，面向对象编程)开发中文件加载的性能开销。

(9) 查询语言：内建丰富的查询机制，包括组合查询、复合查询、区间查询、统计查询、定位查询、动态查询和原生查询，让数据查询变得简单高效。

(10) 动态模型：无须创建任何对应的模型类，轻松完成 CURD 操作，支持多种模型之间的动态切换。

(11) 分组模块：不用担心大项目的分工协调和部署问题，分组模块可以有效解决跨项目的难题。

(12) Ajax 支持：内置 Ajax 数据返回方法，支持数据以 JSON、XML 和 EVAL 格式返回客户端，并且系统不绑定任何 Ajax 类库，可随意使用自己熟悉的 Ajax 类库进行操作。

(13) 多语言支持：系统支持语言包功能，项目和模块都可以有单独的语言包，并且可以自动检测浏览器语言，自动载入对应的语言包。

(14) 自动验证：自动完成表单数据的验证和过滤，生成安全的数据对象。

(15) 字段类型检测：字段类型强制转换，确保数据写入和查询更安全。

(16) 数据库特性：系统支持多数据库连接和动态切换机制，支持分布式数据库。

◆ 知识点5 ThinkPHP 的目录结构

ThinkPHP 无须安装，将下载完成的文件直接解压并拷贝到电脑或者服务器的 Web 运行目录下即可。此时可以看到初始的目录结构如图 4-6 所示。

图 4-6 ThinkPHP 的初始目录结构

README.md 文件仅用于说明，实际部署时可以删除。

Application 目录为默认的应用目录，其名称可以根据需要自定义。例如，要做一个关于铁路的项目，可以将该文件夹命名为"Railway"。Application 目录用于存放整个应用文件，比如前台模块、后台模块等，其中默认只有一个入口文件"index.php"和一个说明文件"README.md"，其目录结构在第一次访问入口文件时会自动生成，如图 4-5 所示。

Public 用于存放系统资源，其中包括 CSS 文件、JS 文件、图片文件等。

框架核心目录 ThinkPHP 的结构如图 4-7 所示。

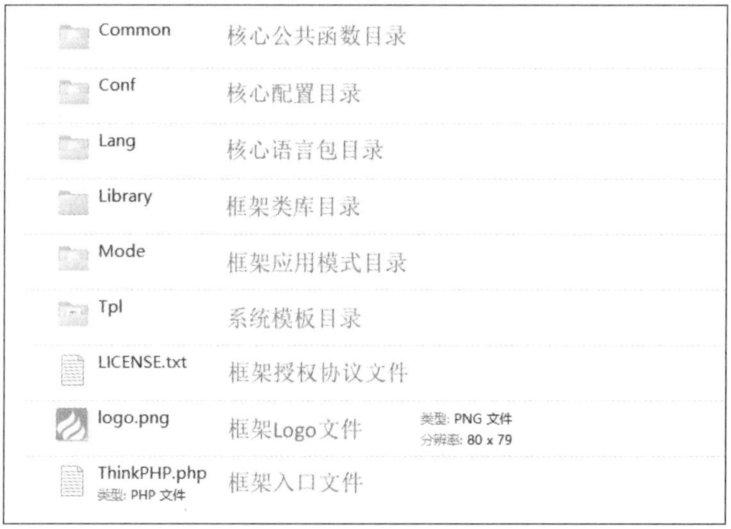

图 4-7 ThinkPHP 框架核心目录的结构

Common 文件夹中有一个 functions.php 文件，里面有很多定义好的系统函数。

Conf 文件夹用于存放对框架进行核心配置的文件。

Library 目录是需要重点关注的内容，其中有一个 think 目录存放了 ThinkPHP 自带的类文件，包括 Model 类、Page 类、Upload 类等，在项目开发中会经常用到这些类。

ThinkPHP 默认的目录结构和名称可以根据入口文件和配置参数进行改变。

◆ 知识点 6　入口文件

ThinkPHP 属于单一入口框架。单一入口通常是指一个项目或者应用具有一个统一的入口文件，项目的所有功能操作都通过该入口文件进行，并且入口文件往往第一步就被执行。对于使用 ThinkPHP 构建的网站，输入网址后，默认打开的是入口文件。

单一入口的好处是项目结构规范，这是因为：一方面，同一个入口其不同操作之间往往具有相同的规则；另一方面，单一入口控制灵活、更加安全，比如一些权限控制、用户登录方面的判断和操作都可以统一进行处理。

一般入口文件主要完成以下功能：

(1) 载入框架入口文件(必须)，一般使用 require 语句。

(2) 定义框架路径和项目路径(可选)。

(3) 定义调试模式和应用模式(可选)。

(4) 定义系统相关常量(可选)。

默认情况下，框架已经自带了一个应用入口文件(以及默认的目录结构)，如图 4-3 中的"index.php"。入口文件的内容如图 4-8 所示。

```
// 应用入口文件

// 检测PHP环境
if (version_compare(PHP_VERSION, '5.3.0', '<')) {
    die('require PHP > 5.3.0 !');
}

// 开启调试模式 建议开发阶段开启 部署阶段注释或者设为false
define('APP_DEBUG', true);

// 定义应用目录
define('APP_PATH', './Application/');

// 引入ThinkPHP入口文件
require './ThinkPHP/ThinkPHP.php';

// 亲^_^ 后面不需要任何代码了 就是如此简单
```

图 4-8　默认的入口文件

默认开启调试模式，在完成项目开发后，需要将其关闭。

如果改变了应用目录，例如，把 Application 更改为 App，只需要将入口文件中的 APP_PATH 常量定义修改为对应值即可：

```
define('APP_PATH', './App/');
```

修改后运行入口文件，会自动在项目根目录下生成"App"目录。

网站依赖于 ThinkPHP 核心代码，所以"引入 ThinkPHP 入口文件"是指引入框架核心目录"ThinkPHP"中的 ThinkPHP.php 公共入口文件。

在第一次访问入口文件时，会显示如图 4-4 所示的欢迎页面，并在 Application 目录下自动生成公共模块 Common、默认的 Home 模块和 Runtime 运行时目录的目录结构，如图 4-9 所示。

图 4-9　自动创建目录

公共模块 Common 中的"Common"文件夹用于放置项目公共函数，函数名一般为 function.php。

网站往往分为前台和后台，一般将 Home 模块作为前台模块，后台模块需要自己创建。可以复制一个 Home 模块将其重命名为 Admin，并打开目录下"Controller"文件夹中的"IndexController.class.php"文件，将其首行代码"namespace Home\ Controller;"修改为"namespace Admin\ Controller;"，这样后台模块便可以直接应用了。在浏览器地址栏中输入"http:// localhost/ stu_manage/ index.php/ Admin"，就可以访问后台首页了。

 知识和能力拓展

有一定经验的开发人员都知道，拥有一个强大的框架可以让开发工作变得更加快捷、安全和有效。框架是程序结构代码的集合，而不是业务逻辑代码。该集合是按照一定标准组成的功能体系(体系有很多设计模式，MVC 是比较常见的一种模式)，其中包含了很多类、函数和功能类包。

作为一个整体开发解决方案，ThinkPHP 能够解决应用开发中的大多数需要，因为其自身包含了底层架构、兼容处理、基类库、数据库访问层、模板引擎、缓存机制、插件机制、角色认证、表单处理等常用组件，并且对于跨版本、跨平台和跨数据库移植都比较方便。

开发人员在掌握 ThinkPHP 框架的获取及应用方法的基础上，需要进一步熟悉 ThinkPHP 目录结构和功能，熟悉 ThinkPHP 入口文件，思考一个最为合理的目录结构和入口文件配置方案，使之能够适应当前项目的需要。

评价反馈

任 务 评 价 表

评价项目	评 价 要 素	评价满分	评价得分
知识技能评价	获取 ThinkPHP 框架并应用	30	
	熟悉 ThinkPHP 目录结构，掌握 ThinkPHP 目录功能	10	
	熟练应用 ThinkPHP 入口文件	30	
	理解 PHP 框架的特点、主流 PHP 框架及 MVC 的概念	10	
课程思政评价	培养学生养成善于思考、深入研究的良好自主学习习惯	20	
整体评价		100	

任务 4.2　实现管理员登录功能

 任务目标

(1) 创建管理员表 stu_admin，插入管理员信息。

(2) 在配置文件中配置数据库连接信息。

(3) 创建 Admin 模块用于开发后台功能。

(4) 在 Admin 模块中创建后台登录控制器，编写 index( )方法。

(5) 编写 login( )方法，该方法用来验证管理员是否合法。

(6) 编写 login.html 视图文件，该文件提供管理员登录表单。

(7) 培养学习者分析问题、解决问题的能力。

 任务书

在学生管理系统中，首先要实现一个管理员登录功能。该功能是为了防止没有权限的用户任意登录学生管理系统进行操作。使用 ThinkPHP 框架对这一功能进行快速开发。

 任务实施

1. 创建 stu_manage 数据库和 stu_admin 表并插入管理员信息

为了实现管理员登录功能，首先创建 stu_manage 数据库，语句如下：

```
create database stu_manage;
```

然后创建 stu_admin 表。该表用来保存管理员登录用户名、管理员登录密码等信息。当管理员登录时，通过查询该表确定管理员是否合法。语句如下：

```
create table stu_admin (
aid int unsigned primary key    auto_increment comment '管理员 id',
```

aname varchar(20) not null comment '管理员登录名',

apwd char(32) not null comment '管理员密码'

)charset=utf8;

stu_admin 表拥有 3 个字段，首先是保存管理员 ID 的 aid 字段，然后是保存管理员登录名的 aname 字段，最后是保存管理员密码的 apwd 字段。创建后的表结构如图 4-10 所示。

图 4-10 stu_admin 表结构

完成 stu_admin 表的创建后，需要向表中插入一条管理员信息，插入语句如下：

insert into stu_admin values(null, 'admin',md5('123456'));

上述代码向 stu_admin 表中预置一条管理员记录，管理员登录名为 admin，管理员密码为 123456，并使用 MD5 算法进行加密。浏览 stu_admin 表记录，如图 4-11 所示。

图 4-11 浏览 stu_admin 表记录

2. 配置数据库连接信息

管理员登录功能的核心，就是通过收集用户输入的管理员信息，将其与 stu_admin 表中的数据进行比对。因此需要操作数据库，从 stu_admin 表中取出相关数据。ThinkPHP 框架对数据库操作进行了封装，可以使用 ThinkPHP 提供的相关函数快捷地操作数据库。不过在此之前，需要先配置数据库的相关信息，ThinkPHP 框架可以通过配置文件来完成此项任务。

在 ThinkPHP 中，Application\ Common\ Conf 目录下的 config.php 文件被称为应用配置文件，该文件的配置对 Application 目录下的所有程序有效。不论是前台(Home)还是后台(Admin)都需要对数据库进行操作，因此需要把数据库连接信息配置到 config.php 文件中。ThinkPHP 的配置文件使用标准的 PHP 关联数组，通过键值对的方式改变配置信息。修改 config.php 配置文件，具体代码如下：

```php
1    <?php
2    return array(
3        //'配置项'=>'配置值'
4        'DB_TYPE' => 'mysql',          //数据库类型
5        'DB_HOST' => 'localhost',      //服务器地址
6        'DB_NAME' => 'stu_manage',     //数据库名
7        'DB_USER' => 'root',           //用户名
8        'DB_PWD' => 'root',            //密码
9        'DB_PORT' => '3306',           //端口
10       'DB_PREFIX' => 'stu_',         //数据库表前缀
11       'DB_CHARSET' => 'utf 8',       //数据库编码，默认采用 utf 8
12   );
```

上述代码就是对数据库的简单配置，其中 4～11 行代码是完成数据连接需要的主要参数。其中，第 10 行代码用来填写数据表前缀，该功能是考虑到在某些情况下，同一个数据库中存在不同项目的数据表，那么就要通过为表添加前缀来区分其所属项目。

3. 创建 Admin 模块

管理员登录功能属于项目的后台功能，因此需要在 Application 目录下的 Admin 模块下进行编写，而 ThinkPHP 默认并没有创建 Admin 模块，需要手动创建 Admin 目录和其子目录，创建目录如图 4-12 所示。

图 4-12　Admin 模块目录

4. 编写 index( )方法

创建 Application\ Admin\ Controller\ Index Controller.class.php 文件，编写 index( )方法，具体代码如下：

```php
<?php
namespace Admin\Controller;            //当前控制器命名空间
use Think\Controller;                  //引入命名空间
```

```
class IndexController extends Controller {
    public function index( ) {
        if ($admin_name = session('admin_name')) {
            $this->assign('admin_name', $admin_name);
            $this->display( );
        } else {
            $this->error('非法用户，请先登录！', U('login'));
        }
    }
}
```

上述代码创建了 Admin 模块下的 Index 控制器，定义了 index( )方法，当用户访问后台模块并且没有指定操作时，系统就会自动调用该方法。这个方法的作用就是：通过 Session 信息判断是否有用户登录，如果有用户登录，则显示视图文件 index.html，如果没有，则跳转到 index 控制器的 login( )方法。

5. 编写视图文件 index.html

创建 Application\ Admin\ View\ Index\ index.html 视图文件，用来显示登录后管理员的用户名，具体代码如下：

```
<!DOCTYPE html>
<html>
<head>
    <meta charset="UTF-8">
    <title>学生管理系统</title>
</head>
<body>
    <h2>{$admin_name}，您好！欢迎使用学生管理系统。</h2>
</body>
</html>
```

6. 编写 login( )方法

在 Application\ Admin\ Controller\ IndexController.class.php 文件中添加 login( )方法，该方法提供了管理员合法性验证功能，具体代码如下：

```
1   public function login( ) {
2     if (IS_POST) {
3       $adminModel = M('admin');
4       $adminInfo = $adminModel->create( );
5       $where = array('aname' => $adminInfo['aname']);
6       if ($realPwd = $adminModel->where($where)->getField('apwd')) {
7         if ($realPwd == md5($adminInfo['apwd'])) {
8           session('admin_name', $adminInfo['aname']);
9           $this->success('用户合法，登录中，请稍候', U('index'));
```

```
10          return;
11        }
12      }
13    $this->error('用户名或密码不正确，请重试！');
14    return;
15  }
16  $this->display( );
17 }
```

在上述代码中，通过第 2 行代码判断是否有 POST 数据，如果没有，则执行第 16 行代码，以显示管理员登录表单。当有 POST 数据提交时，使用 M( )方法实例化模型类对象，并指定要操作的数据表为 stu_admin 表。在获取了模型对象后，通常使用 create( )方法获取来自表单提交的数据。

接下来通过获取的管理员用户名组合查询条件。在 ThinkPHP 中，模型类提供了指定查询条件的 where( )方法，该方法可以接收字符串参数和数组参数两种形式的数据。

再通过 getField( )方法指定要查询的字段值，最终将属于该管理员用户名的登录密码返回。

最后把查询到的密码与用户输入的密码进行比较。需要注意的是，需要把用户输入的密码使用 MD5 算法进行加密。如果两者相等，说明用户名、密码合法，那么就把管理员用户名添加到 Session 数组中，并使用 ThinkPHP 提供的 success( )方法跳转到 index( )方法；如果失败，则使用 error( )方法提示错误信息并跳转到上一页面。

ThinkPHP 框架是一种 MVC 框架，有关数据的操作都是通过模型来完成的。而 ThinkPHP 框架的 M( )方法就能够快速实例化模型对象。M( )方法不论是否有参数，实例化只能调用基础模型类(默认是\Think\Model)中的方法，指定参数是为了告诉 ThinkPHP 下面要操作的表是哪个。

7. 编写 login.html 视图文件

创建 Application\Admin\View\Index\login.html 视图文件，为用户提供登录表单，具体代码如下：

```
<!DOCTYPE html>
<html>
    <head>
        <meta charset="UTF-8">
        <meta name="viewport" content="width=device-width, initial-scale=1.0">
        <title>管理员登录</title>
        <link rel="stylesheet" href="__PUBLIC__/css/login_style.css">
    </head>
    <body>
        <div class="container">
            <h3>欢迎管理员登录</h3>
```

```
              <form method="post" autocomplete="off">
                  用户名：<input type="text" name="aname"><br>
                  密   码：<input type="password" name="apwd"><br>
                  <input type="submit" name="submit" value="登录"><br>
              </form>
          </div>
      </body>
</html>
```

上述代码提供了一个简单的表单界面，其中文本框用来输入管理员登录名，密码框用来输入管理员登录密码。最后以表单 POST 的方式提交给 Index 控制器的 login( )方法。

以上初步实现了一个可验证的简单管理员登录功能，打开浏览器访问 http://localhost/stu_manage/index.php/Admin/Index，运行结果如图 4-13 所示。

(a)

(b)

图 4-13 未登录时进行跳转

由于管理员并未登录，因此 index( )方法跳转到 login( )方法，显示登录表单，向表单中输入正确的用户名和密码，运行结果如图 4-14 所示。

(a)

(b)

图 4-14   验证成功跳转

ThinkPHP 是一种单入口的程序，所有的操作都需要访问统一的入口文件 index.php。通过传递参数可以指定需要访问的模块、控制器和方法。例如，/Admin/Index/index 表示访问 Admin 模块 Index 控制器 index 方法。

 知识链接

◆ 知识点 1   使用 ThinkPHP 创建项目的基本流程

使用 ThinkPHP 的项目目录自动生成功能，可以非常方便地构建项目应用程序。开发者只需要定义好项目入口文件，然后访问入口文件，系统就会根据入口文件中定义的目录路径，自动创建好项目的目录结构。

在创建好数据库，并完成目录结构的创建后，就可以正式开始项目的创建了。图 4-15 展示了使用 ThinkPHP 创建项目的基本流程。

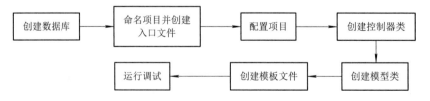

图 4-15   使用 ThinkPHP 创建项目的基本流程

◆ 知识点 2   ThinkPHP 的配置文件

ThinkPHP 框架采用多个配置文件目录的方式来协同控制框架的相关功能，其中主要配置文件的说明见表 4-1。

表 4-1 ThinkPHP 主要配置文件的说明

配　置	文　件　路　径	说　　　明
惯例配置	\ThinkPHP\Conf\convention.php	按照大多数的使用对常用参数进行了默认配置
应用配置	\ThinkPHP\Common\Conf\config.php	应用配置文件也就是调用所有模块之前都会首先加载的公共配置文件，提供对应用的基础配置
调试配置	\ThinkPHP\Conf\debug.php \Application\Common\Conf\debug.php	如果开启了调试模式，则会自动加载框架的调试配置(ThinkPHP\Conf\debug.php)和应用调试配置(Application\Common\Conf\debug.php)
模块配置	\Application\当前模块\Conf\config.php	每个模块会自动加载自己的配置文件

ThinkPHP 的配置文件是自动加载的，配置文件之间的加载顺序为惯例配置→应用配置→调试配置→模块配置。由于后面的配置会覆盖之前的同名配置，所以配置的优先级从右到左依次递减。ThinkPHP 采用这种设计，是为了更好地提高项目配置的灵活性，让不同模块能够根据各自的需求进行不同配置。

◆ **知识点 3　数据库配置**

由于 \Application 下的所有应用都可能会使用数据库，因此将数据库配置保存到 \Application\Common\Conf\config.php 中，数据库的配置选项可以在惯例配置 \ThinkPHP\ Conf \convention.php 中找到。

◆ **知识点 4　URL 访问模式**

所谓 URL 访问模式，指的是以哪种形式的 URL 地址访问网站。ThinkPHP 支持的 URL 模式有四种，见表 4-2。

表 4-2 URL 访问模式

URL 模式	URL_MODEL 设置	示　　例
普通模式	0	http://localhost/index.php?m=home&c=user&a=login
PATHINFO 模式	1	http://localhost/index.php/home/user/login
REWRITE 模式	2	http://localhost/home/user/login
兼容模式	3	http://localhost/index.php?s=/home/user/login

URL 访问模式的意义在于：可以通过 ThinkPHP 提供的 U 方法自动生成指定统一格式的 URL 链接地址。

◆ **知识点 5　URL 生成**

由于 ThinkPHP 提供了多种 URL 模式，因此为了使代码中的 URL 根据项目的实际需求而改变，ThinkPHP 框架提供了一个能够根据当前 URL 模式生成相应 URL 地址的函数——U 方法，其语法格式如下：

```
U('地址表达式',['参数'],['伪静态后缀'],['显示域名']);
```

一般仅填写第 1 个参数"地址表达式"即可，具体实例如下：

```
U('User/add');              //生成 User 控制器的 add 操作的 URL 地址
U('Blog/read?id=1');        //生成 Blog 控制器的 read 操作且 ID 为 1 的 URL 地址
U('Admin/User/select');     //生成 Admin 模块的 User 控制器的 select 操作的 URL 地址
```

从上述示例可知，当需要生成一个 URL 地址链接的时候，使用 U 方法，填写相关地址参数即可。

◆ 知识点 6　跳转方法

在应用开发中，经常会遇到一些带有提示信息的跳转页面，如操作成功或者操作错误则会自动跳转到另外一个目标页面。系统的 \Think\Controller 类内置了两种跳转方法 success( )和 error( )，用于页面跳转提示。

success( )方法用于在操作成功时的跳转。其中，第 1 个参数表示提示信息；第 2 个参数表示跳转地址；第 3 个参数表示跳转时间，单位为秒。示例代码如下：

```
$this->success('用户合法，登录中，请稍候',U('index'),5);
```

error( )方法用于在操作失败时的跳转，其参数和 success( )方法相同，当省略第 2 个参数(跳转地址)时，系统会自动返回到上一个访问的页面。示例代码如下：

```
$this->error('用户名或密码不正确，请重试！');
```

◆ 知识点 7　判断请求类型

ThinkPHP 提供了判断请求类型的功能：一方面可以针对请求类型做出不同的逻辑处理；另一方面，在有些情况下验证安全性，过滤不安全的请求。ThinkPHP 内置的判断请求类型的常量见表 4-3。

表 4-3　判断请求类型的常量

常　　量	描　　述
IS_GET	判断是否是 GET 方式提交
IS_POST	判断是否是 POST 方式提交
IS_PUT	判断是否是 PUT 方式提交
IS_DELETE	判断是否是 DELETE 方式提交
IS_AJAX	判断是否是 AJAX 方式提交
REQUEST_METHOD	当前提交类型

◆ 知识点 8　创建数据对象

在开发过程中，经常需要接收表单提交的数据，当表单提交的数据字段非常多的时候，使用$_POST 接收表单数据是非常麻烦的，因此 ThinkPHP 提供了一种简单的解决方法：create 操作。该操作可以快速地创建数据对象，最典型的应用就是自动根据表单数据创建数据对象，这个优势在数据表的字段较多的情况下尤其明显。

◆ 知识点 9　session 操作

ThinkPHP 提供了对 session 管理和操作的完善支持，全部操作可以通过一个内置的 session 函数完成。该函数可以完成 session 的设置、获取、删除和管理操作。

使用 session 函数十分简单，语法如下：

```
session('name', 'value');        //设置 session
$value = session( );             //获取 session 数组中的键名为 name 的值
$value = session('name');        //获取所有的 session 的值
session('name',null);            //删除 session 数组中键名为 name 的值
session(null);                   //清空当前的 session
```

 知识和能力拓展

通过 ThinkPHP 框架实现管理员登录功能，除了配置数据库和编写方法外，需要编写登录表单视图文件。开发人员需要进一步深入理解 ThinkPHP 框架的工作机制，在 ThinkPHP 框架中为 View 目录下的登录表单视图文件引入外部 css 样式表。

 评价反馈

任 务 评 价 表

评价项目	评 价 要 素	评价满分	评价得分
知识技能评价	创建管理员表 stu_admin，插入管理员信息	10	
	在配置文件中配置数据库连接信息	10	
	创建 Admin 模块，该模块用于开发后台功能	10	
	在 Admin 模块中创建后台登录控制器，编写 index( )方法	20	
	编写 login( )方法，该方法用来验证管理员是否合法	20	
	编写 login.html 视图文件，该文件提供管理员登录表单	10	
课程思政评价	培养学习者分析问题、解决问题的能力	20	
整体评价		100	

任务 4.3　实现专业和班级信息展示

 任务目标

(1) 创建专业表 stu_major 和班级表 stu_class，并向表中插入测试数据。

(2) 定义 Major 模型类以获取数据，该数据就是专业及班级信息数据。

(3) 创建 Major 控制器，通过该控制器调用 Major 模型，获取专业及班级信息数据。

(4) 创建视图文件，完成展示功能。

(5) 培养学生吃苦耐劳的精神和质量意识、标准意识。

 任务书

学生都是以班级为单位进行管理的，而班级又是以专业为单位进行管理的。因此在学生管理系统中，首先需要创建相应专业和班级。

 任务实施

1. 创建专业表 stu_major

stu_major 数据表用来保存专业信息，学生根据所选专业不同被划分到不同班级。创建表的 SQL 语句如下：

```
create table stu_major(
major_id int unsigned primary key auto_increment comment '专业id',
major_name varchar(20) not null comment '专业名'
)charset=utf8;
```

上述 SQL 语句创建了专业表 stu_major。其中有两个字段：major_id 表示专业 ID，该字段作为数据表的主键；major_name 表示专业名称。创建后的表结构如图 4-16 所示。

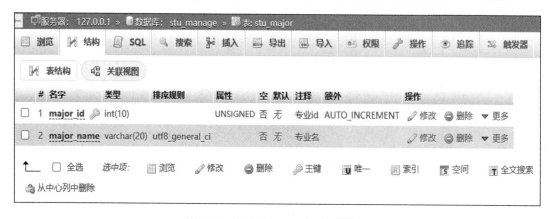

图 4-16　专业表 stu_major 的表结构

在创建了专业表之后，向该表中插入数据，以供添加班级时选择专业，插入的 SQL 语句如下：

```
insert into stu_major values(null,'软件技术');
insert into stu_major values(null,'数字媒体技术');
```

浏览 stu_major 表记录，如图 4-17 所示。

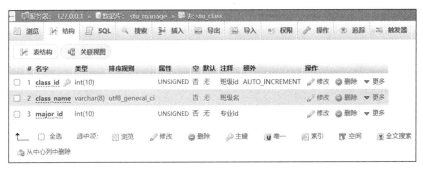

图 4-17　浏览 stu_major 表记录

2. 创建班级表 stu_class

stu_class 表用来保存班级信息，通常一个专业下会有多个班级，同一专业的学生会被分配到这些班级下。创建 stu_class 表的 SQL 语句如下：

```
create table stu_class(
class_id int unsigned primary key auto_increment comment '班级id',
class_name varchar(8) not null comment '班级名',
major_id int unsigned not null comment '专业id'
)charset=utf8;
```

上述 SQL 语句创建了班级表 stu_class。其中，class_id 字段表示班级 ID，该字段作为数据表的主键；class_name 表示班级名；major_id 表示专业 ID，通过该字段与 stu_major 建立联系。创建后的表结构如图 4-18 所示。

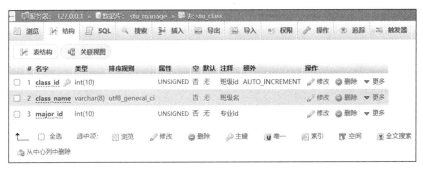

图 4-18　班级表 stu_class 的表结构

在创建了班级表 stu_class 之后，向该表中插入数据，以供添加学生时选择班级，插入的 SQL 语句如下：

```
insert into stu_class values(null, '20230601', 1);
insert into stu_class values(null, '20230602', 1);
insert into stu_class values(null, '20230301', 2);
insert into stu_class values(null, '20230302', 2);
```

浏览 stu_class 表记录，如图 4-19 所示。

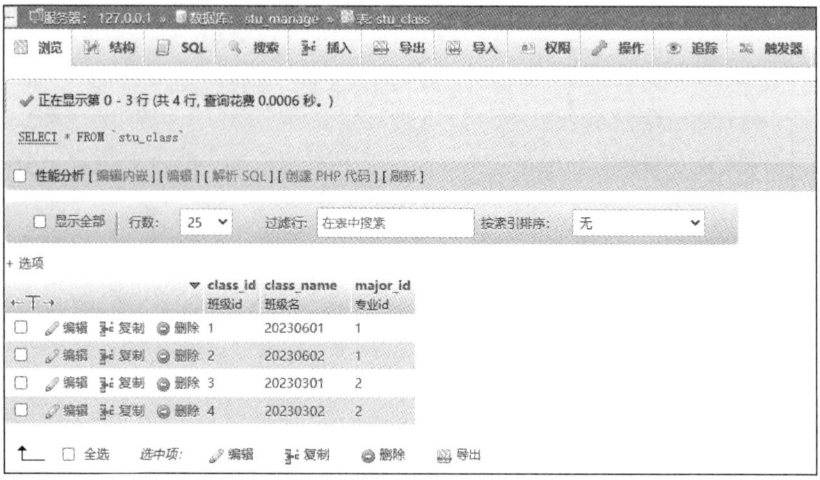

图 4-19   浏览 stu_class 表记录

3. 定义模型类以获取数据

在完成专业表 stu_major 和班级表 stu_class 的创建后，先实现专业列表显示功能。该功能的主要作用是将专业及专业下所有的班级信息显示在页面中。由于专业和班级数据分别保存在两张表中，因此需要进行关联查询。在 ThinkPHP 中提供了一种快速实现关联操作的机制，称为关联模型。通过定义关联模型，可以便捷地实现两张表的关联操作。

创建 stu_major 表的关联模型\ Application\ Admin\ Model\ MajorModel.class.php，具体代码如下：

```php
1   <?php
2   namespace Admin\Model;           //该模型类的命名空间
3   use Think\Model\RelationModel;   //引入继承类的命名空间
4   class MajorModel extends RelationModel {
5       /**
6        * 关联定义
7        * 表示与 class 表进行关联，与 class 表的关系是一对多
8        */
9       protected $_link = array('Class' => self::HAS_MANY);
10  }
```

在上述代码中，第 2 行代码用来声明当前模型类的命名空间，由于该模型类在 Admin 模块的 Model 目录下，因此就是 Admin\Model。

第 3 行用来引入要继承的父类的命名空间，在 ThinkPHP 中要支持关联模型操作，模型类必须继承 Think\Model\RelationModel 类。

第 4～10 行代码定义了 Major 模型类，该类继承 RelationModel 类。其中，第 9 行代码就是一个简单的关联定义方式，使用该方式需要数据表遵循 ThinkPHP 内部的数据库命名规范。

在这个关联定义中，Class 表示要关联的模型类名；self 表示当前模型类，也就是 Major 模型类；HAS_MANY 表示两者间的关系是一对多的关系。通过分析可以知道，一个专业下会有多个班级，因此专业和班级的关系应该是一对多的关系。

4. 修改配置文件，显示调试信息

ThinkPHP 提供的数据库操作方法本质上也是执行 SQL 语句，只是 SQL 语句无须开发者进行编写，而是在调用相关方法时自动完成 SQL 语句的创建，并做安全处理。ThinkPHP 提供了一个内置调试工具 Trace，该工具可以实时显示当前页面操作的请求信息、运行情况、SQL 执行、错误提示等，并支持自定义显示。开启 Trace 工具只需要对配置文件进行修改。由于该调试工具在项目前台文件及后台文件中都需要使用，因此在 Application\ Common\ Conf\ config.php 中进行修改，具体代码如下：

```php
<?php
return array(
    'SHOW_PAGE_TRACE'=>true,
);
```

5. 创建控制器完成专业信息展示

下面创建 Major 控制器类 Application\ Admin\ Controller\ MajorController.class.php，通过该控制器调用 Major 模型，获取专业及班级数据，具体代码如下：

```php
<?php
namespace Admin\Controller;              //声明该控制器类的命名空间
use Think\Controller;                    //引入继承类的命名空间
class MajorController extends Controller {
    /**
     * 展示专业和班级数据
     */
    public function showList( ) {
        //实例化 Major 模型对象，使用 relation 方法时进行关联操作
        $major_info = D('major')->relation(true)->select( );
        //var_dump($major_info);
        //使用 assign( )方法分配数据
        $this->assign('major_info', $major_info);
        //显示视图
        $this->display( );
    }
}
```

在上述代码中，通过 D( )方法实例化模型类，然后通过关联模型获取专业及班级数据。

6. 创建公共文件

在编写视图页面时，网页的头部和尾部是公共部分，用户可以在模板中使用 ThinkPHP 提供的<include>标签将引入公共文件。接下来创建样式表文件 index_style.css、公共文件

header.html(头部文件)和 footer.html(尾部文件)。

(1) 创建样式表文件 Public\css\index_style.css，具体代码如下：

```
body,h1{margin:0;padding:0;}
body,input,select{font-family:'Microsoft YaHei';color: #333;}
.top-box,.main{width:98%;max-width:1100px;}
.top{background: #358edd;height:40px;}
.top-box{margin:0 auto;position: relative;min-width:390px;}
.top-box-logo{font-size:18px;font-weight:normal;color:#fff;position:absolute;left:0;top:7px;letter-spacing:1px;}
.top-box-nav{text-align:right;color: #fff;line-height:40px;font-size:15px;letter-spacing:1px;}
.top-box-nav a{color: #fff;margin-left: 5px;text-decoration: none;}
.main{margin:10px auto 0 auto;font-size:15px;}
.main a{color:#185697;text-decoration:none;}
.main-left{width:140px;float:left;}
.main-left-nav{border-top:#98c9ee 4px solid;border-left:#bdd7f2 1px solid;border-right:#bdd7f2 1px solid;
border-bottom:#98c9ee 4px solid;background: #358edd;margin-left:10px;margin-bottom:20px;}
.main-left-nav-head{color:#fff;border-bottom:1px #98c9ee solid;display: block;text-align: center;position:
relative;height:38px;line-height:38px;}
.main-left-nav-head div{position:absolute;background: url(./../images/leftbgbt2.jpg) no-repeat;width: 11px;
height:48px;left:-11px;top:-1px;}
.main-left-nav a{display:block;background:#fff;line-height:28px;height:28px;text-align:center;border-bottom:
1px #98c9ee dotted;}
.main-left-nav a:hover{background:#0080c4;color:#fff;}
.main-footer{clear:both;text-align: center;padding-top:20px;}
.main-footer div{border-top:1px #ddd solid;line-height:26px;padding-top:15px;}
.main-right{margin-left:155px;}
.main-right-login{padding-top:60px;}
.main-right-login table{width:500px;margin:0 auto;}
.main-right-login th{width:20%;text-align:left;}
.main-right-login td{width:80%;}
.main-right-index {padding-top:15px;}
.main-right-index h1{text-indent:20px;font-size: 1.5em;}
.main-right-nav{color: #185697;font-size: 15px;margin-bottom: 10px;font-weight: 100;border-bottom: 1px
#ddd dotted;line-height: 30px;}
.main-right-titbox{background: url(./../images/bg_n.jpg) repeat-x bottom;overflow: hidden;padding: 20px
0 0 0;margin-bottom:15px;}
.main-right-titbox ul{list-style: none;margin:0;padding:0;}
.main-right-titbox ul{float: left;cursor: pointer;line-height: 35px;}
.main-right-titbox a{text-align: center;display: block;padding: 0 15px;background: #fff url(./../images/bgnav.
jpg) repeat-x;font-weight: 700;overflow: hidden;border: 1px #1573b4 solid;border-bottom: 0;position: relative;
```

```
bottom: -1px;font-size: 14px;color: #fff;}
    .main-right-titsel{margin-bottom:15px;}
    .main-right-tita:hover{color:#ff0000;}
    .main-right-table table{width:500px;}
    .main-right-table th{text-align:left;}
    .main-right-addAll .form-text{width:150px;}
    .table,.table th,.table td{border:1px solid #cfe1f9;}
    .table{border-bottom:#cfe1f9 solid 4px;border-collapse:collapse;line-height:38px;width:100%;margin:15px auto;}
    .table th{background:#eef7fc;color: #185697;padding:0 6px;}
    .table td{padding:0 12px;}
    .table tr:hover{background:#f5fcff;}
    .table-major{background:#fff;}
    .form-btn{height: 26px;border: 1px #949494 solid;padding: 0 10px;cursor: pointer;background:#fff; margin-
right:10px;}
    .form-text{border-top: 1px #999 solid;border-left: 1px #999 solid;border-bottom: 1px #ddd solid;border-right:
1px #ddd solid;padding: 3px;line-height: 18px;font-size: 13px;width:200px;}
```

(2) 创建头部文件 Application\Admin\View\Index\header.html，具体代码如下：

```html
<!doctype html>
<html>
    <head>
        <meta charset="utf-8">
        <title>学生管理系统</title>
        <link href="__PUBLIC__/css/index_style.css" rel="stylesheet">
    </head>
    <body>
<div class="top">
    <div class="top-box">
    <h1 class="top-box-logo">学生管理系统</h1>
        <div class="top-box-nav">
            欢迎您！ <a href="#">我的信息</a><a href="#">密码修改</a><a href="__MODULE__
/Index/logout">安全退出</a>
        </div>
    </div>
</div>
<div class="main">
<div class="main-left">
    <div class="main-left-nav">
        <div class="main-left-nav-head">
            <strong>专业管理</strong>
        </div>
```

```
        <a href="__MODULE__/Major/showList">专业列表</a>
        <a href="#">添加专业</a>
        <div class="main-left-nav-head">
            <strong>学生管理</strong>
        </div>
        <div class="main-left-nav-list">
            <div><a href="__MODULE__/Student/showList">学生列表</a></div>
            <div><a href="__MODULE__/Student/add">添加学生</a></div>
            <div><a href="__MODULE__/Student/addAll">批量添加</a></div>
        </div>
    </div>
</div>
<div class="main-right">
```

在上述代码中，__PUBLIC__ 是一种在模板中使用的替换语法，表示 Public 目录路径，__MODEL__ 表示 Admin 模块的路径。

(3) 创建尾部文件 Application\Admin\View\Index\footer.html，具体代码如下：

```
</div>
<div class="main-footer">
    <div>河北建材职业技术学院软件技术专业群</div>
</div>
</div>
</body>
</html>
```

经过划分头部和尾部两个文件，就将一个完整的 HTML 页面分成了两部分，而中间的部分就是随着访问的页面发生变化的内容，当在视图页面中引入时，可以使用如下代码：

```
<include file="Index/header"/>    <!--引入头部文件-->
<!--变化的内容-->
<include file="Index/footer"/>    <!--引入尾部文件-->
```

7. 创建视图文件，完成展示功能

数据获取及分配工作完成后，最后需要完成的就是视图文件。创建 Application\ Admin\ View\ Major\ showList.html，视图文件代码如下：

```
1    <include file="Index/header"/>
2    <h2 class="main-right-nav">专业管理 &gt; 专业列表</h2>
3    <div class="main-right-titbox">
4        <ul><li><a href="#">专业列表</a></li></ul>
5    </div>
6    <table class="table">
7        <tr><th>专业</th><th>班级</th><th>操作</th></tr>
8        <notempty name="major_info">
```

```
9              <foreach name="major_info" item="v">
10                 <foreach name="v.Class" item="vv" key="k">
11                     <tr align="center">
12                     <if condition="($k eq 0)">
13                         <td rowspan="{$v.Class|count}" class="table-major">{$v.major_name}</td>
14                     </if>
15                     <td width="40%"><a href="__MODULE__/ Student/ showList/ class_id/
                           {$vv.class_id}">{$vv.class_name}</a></td>
16                     <td><div align="center">编辑　删除</div></td>
17                     </tr>
18                 </foreach>
19             </foreach>
20             <else/>
21             <tr><td colspan="3">查询的结果不存在！</td></tr>
22         </notempty>
23     </table>
24     <include file="Index/footer"/>
```

在上述代码中，通过第 8 行代码的 notempty 标签来判断$major_info 变量是否存在。如果不存在，则执行第 20 行的代码；如果存在，则执行第 9～19 行的代码。

由于获取到的$major_info 变量是一个二维数组，因此需要通过两次 foreach 遍历。而 ThinkPHP 模板语法中的 foreach 标签提供了数组遍历功能，foreach 标签的 name 属性表示要遍历的数组名，item 可以看作遍历得到的数组元素。所以首先通过第 9～19 行代码组成的第 1 层遍历，获取到二维数组中的每个元素，这些元素还是数组；然后进行第 10～18 行代码组成的第 2 层遍历，此时获取到的元素就是所需要的数据了。

以上就完成了专业及班级显示功能的开发，打开浏览器，访问 http://localhost/stu_manage/index.php/Admin/Major/showList，运行结果如图 4-20 所示。

图 4-20　专业信息列表

图 4-20 右下角的按钮就是 Trace 工具。点击该按钮，显示结果如图 4-21 所示，在 SQL

标签下可以查看已经执行的 SQL 语句。

图 4-21　调试信息

 知识链接

◆ **知识点 1　实例化模型**

ThinkPHP 中实例化模型有 3 种方式，见表 4-4。

表 4-4　实例化模型的 3 种方式

方　　法	示　　例
D 方法	$model=D('User');
M 方法	$model=M('User');
直接实例化	$model=new\Home\Model\UserModel( );

1．D 方法实例化

D 方法的作用就是实例化一个模型类对象，该方法只有一个参数，参数值就是模型的名称。D 方法也可以不带参数直接使用，当不传递任何参数进行实例化时，得到的是 ThinkPHP 提供的基础模型类\Think\Model 的实例。当传递了模型名，而该模型类又存在的时候，实例化得到的就是这个模型类的实例。

2．M 方法实例化

M 方法和 D 方法的用法一样，所不同的是，M 方法不论是否有参数，实例化的都是 ThinkPHP 框架提供的基础模型类\Think\Model 的实例，实际上 D 方法在没有找到定义的模型类时，也会自动实例化基础模型类。因此在不涉及自定义模型操作的时候，建议使用 M 方法，而不使用 D 方法。

3．直接实例化

顾名思义，直接实例化就是和实例化其他类库文件一样实例化模型类。代码如下：

```
$Goods = new \Home\Model\GoodsModel( );
$User = new \Admin\Model\UserModel( );
```

这样就可以获取到指定模型类的对象，并通过这个对象操作指定的数据表。

◆ 知识点 2　数据读取

读取数据表数据是项目中最常用的数据操作。在 ThinkPHP 中，find、select 以及 getField 操作都用于读取数据。

1. find 操作

find 操作会在 SQL 语句最后添加一个限定条件 LIMIT1，表示仅取出一条数据，并且这条数据以一维数组的形式返回。

2. select 操作

select 操作与 find 操作的区别就在于：select 操作生成的 SQL 语句中没有 LIMIT 语句，并且数据是以二维数组的形式返回的，因此 select 操作能够获取更多条数据。

3. getField 操作

getField 操作用于从数据表中读取指定字段，并以字符串的形式返回。读取字段值其实就是获取数据表中某个列的多个或单个数据。

◆ 知识点 3　关联模型

利用关联模型可以很轻松地完成数据表的关联 CURD 操作，目前支持的关联关系有 4 种，见表 4-5。

表 4-5　关联关系说明

关联关系	说　　明
HAS_ONE	表示当前模型拥有一个子对象，如每个员工都有一个人事档案，这是一种一对一的关系
BELOGNS_TO	表示当前模型从属于另外一个父对象，如每个用户都属于一个部门，这也是一种一对一的关系
HAS_MANY	表示当前模型拥有多个子对象，如每个用户有多篇文章，这是一种一对多的关系
MANY_TO_MANY	表示当前模型可以属于多个对象，而父对象则可能包含多个子对象，通常两者之间需要一个中间表类约束和关联。如每个用户可以属于多个组，每个组可以有多个用户，这是一种多对多的关系

◆ 知识点 4　ThinkPHP 模板标签

1. <notempty>标签

notempty 标签用来判断模板变量是否为空值，只有当变量非空时，才执行<notempty>中的代码。相当于 PHP 中的!empty( )。notempty 标签格式如下：

```
<notempty name = "username"> usename 不为空</notempty>
```

需要注意的是，name 属性表示模板变量名，但不需要$符号。与 notempty 标签相对的还有 empty 标签。

2. <foreach>标签

foreach 标签通常用于查询数据集(select 方法)的结果输出，通常模型的 select 方法返回的结果是一个二维数组，可以直接使用 foreach 标签进行输出。

3. <if>标签

if 标签用来在视图中替代 PHP 中的 if 判断语句，语法格式如下：

```
<if condition = "$num eq 100">
{$name}等于 100
<else/>
{$name}不等于 100
</if>
```

上述代码对应 PHP 代码如下：

```
if ($name == 100) {
    echo "{$name}等于 100";
} else {
    echo "{$name}不等于 100";
}
```

在 if 标签中，通过 condition 属性的表达式来进行判断，可以支持 eq、lt、gt 等判断表达式，但是不支持带有>、<等符号的用法，因为会混淆模板解析。

◆ 知识点 5　ThinkPHP 模板替换

在视图文件，链接是必不可少的组成部分。而链接地址通常都比较长，ThinkPHP 就提供了一些特殊字符，用以代替链接中的部分地址，特殊字符及替换规则见表 4-6。

表 4-6　特殊字符及替换规则

特 殊 字 符	替 换 描 述
__ROOT__	会替换成当前网站的地址(不含域名)
__APP__	会替换成当前应用的 URL 地址(不含域名)
__MODULE__	会替换成当前模块的 URL 地址(不含域名)
__CONTROLLER__	会替换成当前控制器的 URL 地址(不含域名)
__ACTION__	会替换成当前操作的 URL 地址(不含域名)
__SELF__	会替换成当前的页面 URL
__PUBLIC__	会替换成当前网站的公共目录，通常是/Public/

需要注意的是，特殊字符替换操作仅针对内置的模板引擎有效，并且这些特殊字符严格区分大小写。

 知识和能力拓展

ThinkPHP 框架基于 MVC 架构模式。开发人员要创建专业和班级，实现专业和班级信息的列表展示，除了需要数据库的表数据外，还需要构建模型、视图和控制器，编写类和方法，并提供视图所需样式表文件。

评价反馈

任 务 评 价 表

评价项目	评 价 要 素	评价满分	评价得分
知识技能评价	创建专业表 stu_major 和班级表 stu_class，并向表中插入测试数据	20	
	定义 Major 模型类以获取数据，该数据就是专业及班级信息数据	20	
	创建 Major 控制器，通过该控制器调用 Major 模型，获取专业及班级信息数据	20	
	创建视图文件，完成展示功能	20	
课程思政评价	培养学生吃苦耐劳的精神和质量意识、标准意识	20	
整体评价		100	

任务 4.4　实现学生列表功能

任务目标

(1) 创建学生表，向学生表中插入数据，用来测试学生列表功能。

(2) 获取专业班级信息，确定当前选择的班级。

(3) 根据当前选择的班级，获取班级所属的学生信息。

(4) 在视图页面中以下拉菜单形式显示专业班级。

(5) 在视图页面中以列表形式显示学生信息。

(6) 培养学生举一反三、沟通交流的能力，培养合作意识、质量意识和创新意识。

任务书

完成专业及班级管理功能后，下面就需要完成学生列表功能。学生列表功能主要是根据不同班级，把这个班的全部学生的基本信息以列表的形式展示到页面中，方便查看。

任务实施

1. 创建学生表 stu_student 并插入数据

要完成学生列表功能，首先需要获取学生数据。因此需要创建一个学生表，来保存学生数据。创建 stu_student 表的 SQL 语句如下：

```
create table stu_student (
student_id int unsigned primary key auto_increment,
student_number int unsigned unique key,
student_name varchar(20) not null,
student_birthday date not null,
student_gender enum('男', '女') not null default '男',
class_id int unsigned not null
)charset=utf8;
```

上述 SQL 语句创建了一个学生表 stu_student，其中，student_id 表示学生 ID，这是学生的唯一标识。student_number 表示学生学号，该字段使用 unique key 进行唯一性约束。student_name 表示学生姓名，student_birthday 表示学生出生日期，采用 date 类型进行保存。student_gender 表示学生性别，采用 enum 枚举类型，仅有两个值为"男""女"，并设置默认值为"男"。class_id 表示学生所属班级，就是通过该字段与班级表建立联系。创建后的表结构如图 4-22 所示。

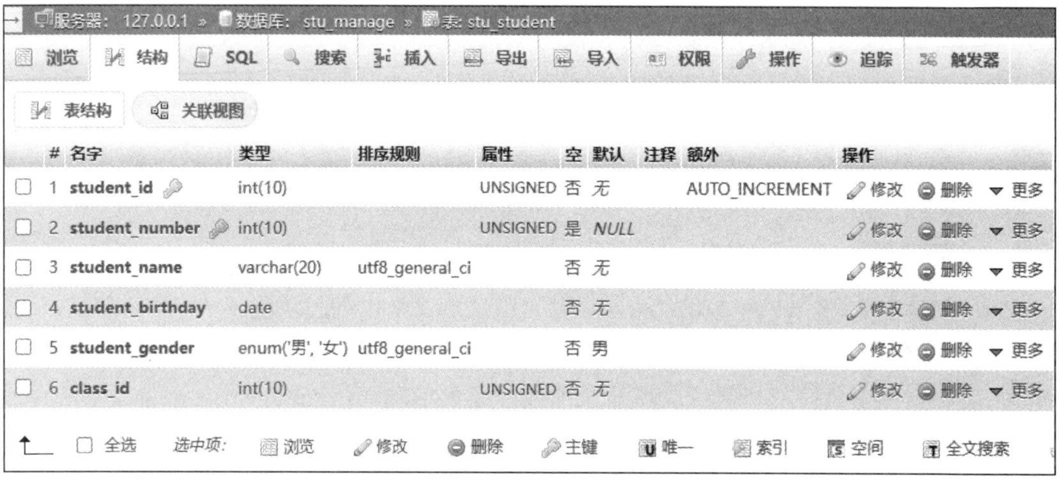

#	名字	类型	排序规则	属性	空	默认	注释	额外	操作
1	student_id 🔑	int(10)		UNSIGNED	否	无		AUTO_INCREMENT	🖉修改 ⊖删除 ▼更多
2	student_number 🔑	int(10)		UNSIGNED	是	NULL			🖉修改 ⊖删除 ▼更多
3	student_name	varchar(20)	utf8_general_ci		否	无			🖉修改 ⊖删除 ▼更多
4	student_birthday	date			否	无			🖉修改 ⊖删除 ▼更多
5	student_gender	enum('男', '女')	utf8_general_ci		否	男			🖉修改 ⊖删除 ▼更多
6	class_id	int(10)		UNSIGNED	否	无			🖉修改 ⊖删除 ▼更多

图 4-22   学生表 stu_student 表结构

接下来向学生表 stu_student 中添加测试数据，SQL 语句如下：

```
insert into stu_student values
(null,'2023060101','杜盛奎','2005-8-10','男',1),
(null,'2023060102','江灿英','2005-5-1','女',1),
(null,'2023060201','戴秀雅','2005-6-1','女',2),
(null,'2023060202','傅新民','2005-7-1','男',2),
(null,'2023030101','严亦中','2005-5-20','男',3),
(null,'2023030102','李曼','2004-10-20','女',3),
(null,'2023030201','孟丹','2004-11-15','女',4),
(null,'2023030202','郑拓','2004-12-10','男',4);
```

浏览 stu_student 表记录如图 4-23 所示。

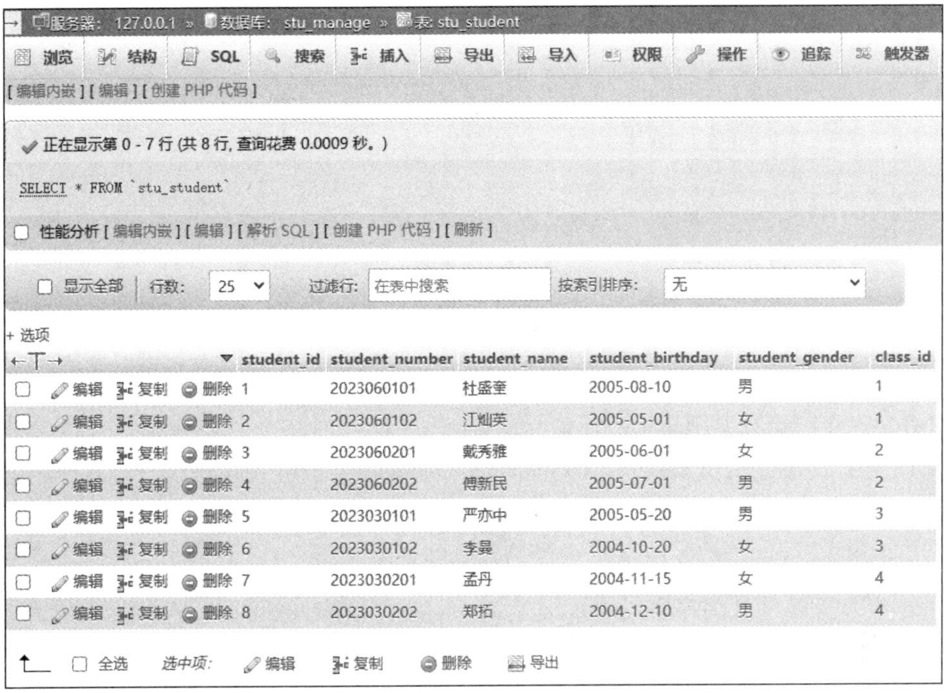

图 4-23　浏览 stu_student 表记录

2. 创建 Student 控制器并编写学生信息展示功能

学生都是以班级为单位的，要显示学生信息，首先需要确定班级。因此需要查询学生所属班级的 ID，再根据班级 ID 获取到学生信息。

下面就创建\Application\Admin\Controller\StudentController.class.php 文件，编写 showList( ) 方法，具体代码如下：

```php
1   <?php
2   namespace Admin\Controller;                          //声明该模型的命名空间
3   use Think\Controller;                                //引入继承的命名空间
4   class StudentController extends Controller {
5       /**
6        * 学生列表展示
7        */
8       public function showList( ) {
9           $model = M('student');                       //实例化 student 模型对象
10          $class_id = I('param.class_id', 1);          //使用 I 方法接收参数 class_id，当
                                                         //  没有收到 ID 值时使用默认值 1
11          $where = array('class_id' => $class_id);     //以数组的形式组合查询条件
12          $student_info = $model->where($where)->select( );  //通过模型类获取指定班级 ID 的学
                                                         //  生信息
13          $this->assign('class_id', $class_id);        //把班级 ID 分配到视图页面
```

14	$this->assign('student_info', $student_info);	//把学生信息分配到视图页面
15	$major_info = D('major')->relation(true)->select( );	//实例化 Major 模型对象，使用 relation 方法进行关联操作
16	$this->assign('major_info', $major_info);	//把专业及班级信息分配到视图页面
17	$this->display( );	//显示视图
18	}	
19	}	

在上述代码中，第 9 行代码用来实例化 Student 模型对象，第 10 行使用 ThinkPHP 提供的 I 方法获取传递的班级 ID，如果没有传递则使用默认值 1。第 11 行代码组合了查询条件，再通过第 12 行代码调用模型对象的 where( )方法和 select( )方法获取学生信息，最后在第 14 行代码将学生信息分配到视图页面。

可以在学生信息列表中添加快速修改功能。当学生信息修改完成后跳转回当前页面，因此在第 13 行代码中将班级 ID 分配到视图页面。同时还要能够切换班级查看其他班级的学生信息，所以需要获取专业和班级信息。因此，在第 16 行代码通过 Major 的关联模型获取数据，并在第 17 行代码把专业及班级信息分配到视图页面。

3. 创建视图文件并用来展现学生信息

创建\Application\Admin\View\Student\showList.html 视图文件，具体代码如下：

```
<include file="Index/header"/>
<h2 class="main-right-nav">学生管理 &gt; 学生列表</h2>
<div class="main-right-titbox">
    <ul><li><a href="#">学生列表</a></li></ul>
</div>
<form method="post">请选择班级：
    <select name="class_id">
    <foreach name="major_info" item="v">
        <foreach name="v.Class" item="vv">
            <option value="{$vv.class_id}"
        <eq name="class_id" value="$vv.class_id">selected</eq>>
        {$v.major_name}{$vv.class_name}</option>
    </foreach>
    </foreach>
</select>
<input type="submit" value="确定" class="form-btn" />
</form>
<table class="table">
    <tr><th>学号</th><th>姓名</th><th>出生年月</th><th>性别</th><th>操作</th></tr>
    <notempty name="student_info">
    <foreach name="student_info" item="v">
```

```
<tr align="center">
<td>{$v.student_number}</td>
<td>{$v.student_name}</td>
<td>{$v.student_birthday}</td>
<td>{$v.student_gender}</td>
<td><div align="center"><a href="#">编辑</a>   <a href="#">删除</a></div></td>
</tr>
</foreach>
<else/>
<tr align="center"><td colspan="5">查询的结果不存在！</td></tr>
</notempty>
</table>
<div><a href="#">添加学生</a></div>
<include file="Index/footer"/>
```

上述代码中，<select name="class_id">…</select>代码组成了选择班级的下拉菜单。通过两个 foreach 标签的嵌套，得到"专业名"+"班级名"的下拉菜单，并使用 eq 标签判断当前选择的班级是哪一个，使用 selected 让其默认被选中。<table class="table">…table>代码就组成了学生信息列表，其中，使用 notempty 标签判断学生信息是否存在。如果不存在，则执行<tr align="center"><td colspan="5">查询的结果不存在！</td></tr>代码；如果存在，则执行<foreach name="student_info" item="v">…</foreach>代码遍历输出学生信息。

以上就完成了学生列表，打开浏览器，访问 http://localhost/stu_manage/index.php/Admin/Student/showList，运行结果如图 4-24 所示。

图 4-24　学生信息列表

 知识链接

◆ **知识点 1　输入过滤**

在多数情况下，网站系统的漏洞主要来自对用户输入内容的检查不严格，因此对输入数据的过滤势在必行。ThinkPHP 提供了 I 方法用于安全地获取用户输入的数据，并能够针对不同的应用需求设置不同的过滤函数。其语法格式如下：

```
I('变量类型.变量名',['默认值'],['过滤方法']);
```

在上述语法格式中，变量类型是指请求方式或者输入类型，具体见表 4-7。变量类型不区分大小写，变量名严格区分大小写。"默认值"和"过滤方法"均为可选参数，"默认值"的默认值为空字符串，"过滤方法"的默认值为 htmlspecialchars，可通过 DEFAULT_FILTER 配置项修改。

表 4-7　I 方法的变量类型

变量类型	含　义
get	获取 GET 参数
post	获取 POST 参数
param	自动判断请求类型获取 GET 或 POST 参数
request	获取$_REQUEST 参数
session	获取$_SESSION 参数
cookie	获取$_COOKIE 参数
server	获取$_SERVER 参数
globals	获取$GLOBALS 参数
path	获取 PATHINFO 模式的 URL 参数

为更好地理解 I 方法的使用，下面演示几种 I 方法的使用示例。

1. 取 GET 变量

```
//使用 I 方法实现
echo I('get.name');
//使用原生语法实现
echo isset($_GET['name']) ? htmlspecialchars($_GET['name']) : '';
```

在上述代码中，I 方法和原生语法都完成了同样的操作，即获取$_GET 数组中的 name 元素，并进行 HTML 实体转义处理，当 name 元素不存在时返回空字符串。

2. 取 GET 变量并指定默认值

```
//使用 I 方法实现
echo I('get.id',0);
echo I('get.name', 'guest');
//使用原生语法实现
echo isset($_GET['id']) ? htmlspecialchars($_GET['id']) : 0;
echo isset($_GET['name']) ? htmlspecialchars($_GET['name']) : 'guest';
```

在上述代码中，当$_GET 数组中 ID 元素不存在时，返回 0；当$_GET 数组中 name 元素不存在时，返回 guest。

3. 取 GET 变量并指定过滤参数

```
//使用 I 方法实现
```

```
echo I('get.name',' ','trim');
echo I('get.name',' ','trim,htmlspecialchars');
//使用原生语法实现
echo isset($_GET['name']) ? trim($_GET['name']) :'';
echo isset($_GET['name']) ? htmlspecialchars(trim($_GET['name'])) : '';
```

在上述代码中，I 方法可以使用多个过滤方法，将方法名用逗号隔开即可。

4. 置默认过滤方法

需要在配置文件中添加配置项。

```
'DEFAULT_FILTER'=>'trim,htmlspecialchars',
```

然后在调用 I 方法时即可省略过滤方法。

```
//使用 I 方法实现
echo I('get.name',);
//使用原生语法实现
echo isset($_GET['name']) ? htmlspecialchars(trim($_GET['name'])) : ' ';
```

5. 使用任何过滤方法

```
//使用 I 方法实现
echo I('get.name', ' ', ' ');
echo I('get.name', ' ', false);
//使用原生语法实现
echo isset($_GET['name']) ? $_GET['name'] : ' ';
```

上述代码中，当 I 方法的过滤参数设置为空字符串或 false 时，程序将不进行任何过滤。

6. 取整个 $_GET 数组

```
//使用 I 方法实现
I('get.','','trim');
//使用原生语法实现
array_map('trim',$_GET);
```

在上述代码中，使用 get.(省略变量名)可以获取整个 $_GET 数组。数组中的每个元素都会经过过滤方法的处理。

7. 动判断请求类型获取变量

```
//使用 I 方法实现
I('param.name','', 'trim');
I('name','', 'trim');
//使用原生语法实现
if(!empty($_POST)) {
    echo isset($_POST['name']) ? trim($_POST['name']) : '';
} else if (!empty($_GET)) {
    echo isset($_GET['name']) ? trim($_GET['name']) : '';
}
```

在上述代码中，param 是 ThinkPHP 特有的自动判断当前请求类型的变量获取方式。由于 param 是 I 方法默认获取的变量类型，因此 I('param.name')可以简写为 I('name')。

◆ **知识点2　跨控制器调用**

所谓跨控制器调用，指的是一个控制器中调用另一个控制器的某个方法。在 ThinkPHP 中有 3 种方式实现跨控制器调用：直接实例化、A 方法实例化、R 方法实例化。

1. 直接实例化

直接实例化就是通过 new 关键字实例化相关控制器，代码如下：

```
$goods=new GoodsController( );                //直接实例化 Goods 控制器
$info=$goods->info( );                        //调用 Goods 控制器类的 info( )方法
```

需要注意的是，如果实例化的控制器与当前控制器不在同一目录下，需要指定命名空间。例如，要实例化 Admin 模块下的 User 控制器，代码如下：

```
$user=new \Admin\Controller\UserController( );    //直接实例化 Admin 模块下 User 控制器
```

2. A 方法实例化

ThinkPHP 提供了 A 方法实例化其他控制器，使用方法如下：

```
$goods=A('Goods');                           //A 方法实例化 GoodsController 类
$info=$goods->info( );                        //调用 Goods 控制器类的 info( )方法
```

从上述代码可以看出，A 方法相对直接实例化的方式简洁很多，仅需要传入控制器名即可。A 方法同样可以实例化其他模块下的控制器，代码如下：

```
$user=A('Admin/User');                       //A 方法实例化 Admin 模块下的 User 控制器
$info=$user->info( );                         //调用 User 控制器类的 info( )方法
```

3. R 方法实例化

R 方法的使用与 A 方法基本一致，唯一不同的是，R 方法可以在实例化控制器的时候把操作方法一并传递过去，如此就省略了调用操作方法的步骤，代码如下：

```
$info=R('Admin/User/info');
```

◆ **知识点3　比较标签**

比较标签用于简单的变量比较，基本语法如下：

```
<比较标签 name="变量" value="值">
内容
</比较标签>
```

上述代码的含义是，当 name 属性中表示的变量其值与 value 中的值相同时，执行"内容"。

 知识和能力拓展

进行专业管理和学生管理的前提是具备学生管理系统管理员权限。开发人员需要根据已实现功能进一步完善管理员登录功能，确保以合法的管理员身份登录后，才能够赋予相应的管理功能权限。

评价反馈

任 务 评 价 表

评价项目	评 价 要 素	评价满分	评价得分
知识技能评价	创建学生表，向学生表中插入数据，用来测试学生列表功能	10	
	获取专业班级信息，确定当前选择的班级	20	
	根据当前选择的班级，获取班级所属的学生信息	20	
	在视图页面中以下拉菜单形式显示专业班级	10	
	在视图页面中以列表形式显示学生信息	20	
课程思政评价	培养学生举一反三、沟通交流的能力和合作意识、质量意识、创新意识	20	
整体评价		100	

任务 4.5　实现学生信息的添加、修改和删除功能

任务目标

(1) 修改视图文件，增加"添加学生"超链接。

(2) 修改学生列表页面，完成"编辑"和"删除"超链接。

(3) 修改 Student 控制器，添加 add( )方法，该方法用来实现学生信息添加功能。

(4) 修改 Student 控制器，增加 update( )和 delete( )方法。

(5) 创建视图文件 add.html，该文件用来提供学生信息添加表单。

(6) 编写 update.html 文件。

(7) 通过小组共同完成任务，培养学生的团队协作精神，沟通交流和书面表达能力，以及吃苦耐劳、爱岗敬业的高尚品质。

任务书

实现了学生信息查看功能，还需要实现学生信息的添加、修改和删除功能。

学生信息的添加功能主要实现向指定班级添加学生信息。

学生信息可能会存在录入错误、班级变动等情况，因此还需要具有学生信息修改功能。该功能要求能够获取学生当前信息并展示到表单页面，然后根据需要修改相关数据，最后提交数据完成修改。

当一个学生信息由于某些原因需要被注销时，就需要学生信息删除功能。该功能的作用是根据指定 ID 删除相应学生数据。

任务实施

1. 学生信息添加功能实现

1) 修改视图页面并增加"添加学生"超链接

为\Application\Admin\View\Student\showList.html 视图文件增加"添加学生"超链接,修改代码如下:

```
<table class="table">
<!-- 学生列表部分 -->
</table>

<div><a href="__CONTROLLER__/add/class_id/{$class_id}" class="main-right-tita">添加学生</a></div>
```

在上述代码中,在学生列表部分创建了"添加学生"超链接。由于该视图文件属于 Student 目录,因此只需要使用 __CONTROLLER__ 来表示 Student 控制器即可。在链接的最后携带当前学生列表所属的班级 ID,以便添加学生时确定其班级。

2) 修改 Student 控制器并添加 add( )方法

add( )方法主要实现两大功能,一是在没有 POST 数据提交时显示添加表单页面,二是在有 POST 数据提交时处理提交数据。具体代码如下:

```
1    /**
2     * 学生信息添加
3     */
4    public function add( ) {
5        $class_id = I('get.class_id');              //获取学生所属班级
6        if (IS_POST) {                              //判断是否有 POST 表单提交
7            $model = M('Student');                  //实例化 Student 模型类
8            $model->create( );                      //获取要添加的学生信息
9            if ($model->add( )) {                   //执行模型类的 add( )方法,完成数据添加
10               //当添加成功后,提示信息并跳转到学生所属的列表页
11               $this->success('学生添加成功,正在跳转,请稍候! ', U("showList?class_id=
                 {$class_id}"));
12               return;
13           }
14           $this->error('学生添加失败,请重新输入! '); //添加失败,则返回到上一页面
15           return;
16       }
17       //实例化 Major 模型对象,使用 relation 方法进行关联操作
18       $major_info = D('major')->relation(true)->select( );
19       $this->assign('major_info', $major_info);   //将专业班级信息分配到视图页面中
20       $this->assign('class_id', $class_id);       //将班级 ID 分配到视图页面中
```

```
21        $this->display( );                                    //显示视图文件
22   }
```

在上述代码中，首先通过第 5 行代码的 I 方法获取到学生所属班级 ID。然后在第 6 行判断是否有 POST 请求，如果没有，则执行第 17～21 行代码。其中，第 18 行代码用来获取所有的专业及班级信息，第 19 行代码将专业及班级信息分配到视图页面中。第 20 行代码将获取到的班级 ID 分配到视图页面，最后执行第 21 行代码显示视图页面。

当有 POST 数据提交时，执行第 6～18 代码。首先，通过第 7 行代码，获取 Student 模型类的实例；然后，执行第 8 行代码，使用模型类的 create( ) 方法获取表单数据；最后，执行第 9 行代码，使用模型类的 add( ) 方法，将获取的学生信息添加到数据库中。当添加成功时，执行第 11 行代码，提示添加成功并跳转到学生所属的班级列表；当执行失败时，提示添加失败并跳转到上一页面。

3) 创建添加学生的表单页面

最后需要完成的就是添加学生的表单页面，该页面路径为\Application\Admin\View\Student\add.html，具体代码如下：

```html
<include file="Index/header" />
<h2 class="main-right-nav">学生管理 &gt; 学生添加</h2>
<div class="main-right-table">
<form method="post">
<table class="table">
<tr>
<th>学号：</th>
<td><input type="text" class="form-text" name="student_number" required></td>
</tr>
<tr>
<th>姓名：</th>
<td><input type="text" class="form-text" name="student_name" required>
</tr>
<tr>
<th>出生年月：</th>
<td><input type="text" class="form-text" name="student_birthday" required></td>
</tr>
<tr>
<th>性别：</th>
<td><select name="student_gender"><option value="男">男</option><option value="女">女</option>
</select></td>
</tr>
<tr>
```

```
<th>所属班级：</th>
<td><select name="class_id">
<foreach name="major_info" item="v">
<foreach name="v.Class" item="vv">
<option value="{$vv.class_id}"<eq name="class_id" value="$vv.class_id">selected</eq>>
                              {$v.major_name}{$vv.class_name}</option>
</foreach>
</foreach>
</select></td>
</tr>
<tr>
<td colspan="2" align="center">
<input type="submit" value="确认输入" class="form-btn">
<input type="reset" value="重新填写" class="form-btn"></td>
</tr>
</table>
</form>
</div>
<include file="Index/footer"/>
```

在上述代码中，<form method="post">......</form>组成了一个添加学生的表单页面。<foreach name="major_info" item="v">......</foreach>对获取的专业和班级信息进行遍历，并以下拉菜单的形式显示到页面中以供选择。

以上就完成了学生信息添加功能，打开浏览器，访问 http://localhost/stu_manage/index. php/Admin/Student/add/class_id，并向表单中输入一条学生信息，学号：2023060103，姓名：顾三行，出生年月：2004-10-10，性别：男，所属班级：软件技术 20230601，添加后的结果如图 4-25 所示。

图 4-25　学生信息添加页面

点击"确认输入"按钮添加学生数据，当学生添加成功后，会提示相关信息并跳转到学生所属班级列表结果，如图 4-26 所示。

图 4-26　学生数据添加成功

2. 学生信息修改功能实现

1) 修改学生列表页面并完成"编辑"超链接

要实现学生信息修改功能，首先需要确定被修改的学生信息，可以在学生列表页面获取到该学生的全部信息，包括学生 ID。因此可以将其修改为\Application\Admin\View\Student\showList.html 视图文件"编辑"超链接，并将该链接指向 Student 控制器的 update( ) 方法，并且把学生 ID 以 GET 参数传递给该方法。具体代码如下：

```
<td>
    <div align="center">
        <a href="__CONTROLLER__/update/student_id/{$v.student_id}">编辑</a>   
        <a href="#">删除</a>
    </div>
</td>
```

在上述代码中，由于该页面属于 Student 控制器，因此使用__CONTROLLER__代替控制器部分，update 表示要调用的方法，student_id/{$v.student_id}表示要被传递的学生 ID。

2) 修改 Student 控制器并增加 update( )方法

代码如下：

```
1    /**
2     * 学生信息修改
3     */
4    public function update( ) {
5        $model = M('Student');                          //获取 Student 模型对象
6        $where = array('student_id' => I('get.student_id')); //组合查询条件
7        if (IS_POST) { //判断是否有 POST 数据，如果有则说明需要进行数据更新
8            $student_info = $model->create( );          //使用 create 方法获取表单数据
9            if ($model->save( ) !== false) {            //使用 save 方法进行数据更新
10               //更新成功，则提示相关信息并跳转到当前学生所属班级的学生列表页
11               $this->success('学生信息更新成功，正在跳转，请稍候！', U("showList?class_id=
```

```
                    {$student_info['class_id']}"));
12              return;
13          }
14      //更新失败，提示相关信息并跳转到上一页面
15      $this->error('学生信息更新失败，请重新输入！');
16          return;
17      }
18  //根据查询条件获取学生信息，由于是单条数据，因此使用 find 方法
19  $student_info = $model->where($where)->find( );
20  //判断该学生是否存在，如果不存在，则提示错误信息并返回上一页面
21  if (!isset($student_info)) {
22      $this->error('查询学生信息不存在，请重新选择！');
23          return;
24      }
25  $major_info = D('major')->relation(true)->select( );  //获取专业及班级信息
26  $this->assign('student_info', $student_info);         //将学生信息分配到视图页面
27  $this->assign('major_info', $major_info);             //将专业和班级信息分配到视图页面
28  $this->display( );                                    //显示视图
29  }
```

在上述代码中，首先通过第 5 行代码获取 Student 模型的对象，然后通过第 6 行代码组合查询条件；接着判断是否有 POST 数据提交，当有 POST 数据提交就表示有学生数据需要更新；再后执行第 8～17 行代码，先通过第 8 行代码的 create( )方法获取更新后的表单数据，接着使用 save( )方法更新该学生数据，并根据执行结果判断是否更新成功。

如果没有 POST 数据提交，则执行第 19～29 行代码。首先通过第 19 行代码，获取要更新的学生数据。然后在第 21 行代码判断查询的学生信息是否存在，如果不存在，则提示错误信息并返回上一页面；如果存在，则执行第 25 行代码。最后获取的专业班级信息，将要修改的学生信息分配到视图页面。

3) 编写 update.html 文件

update( )方法完成后，就需要编写提供更新表单的视图页面 update.html，该页面路径为\Application\Admin\View\Student\update.html，具体代码如下：

```
<include file="Index/header"/>
<h2 class="main-right-nav">学生管理 &gt; 学生修改</h2>
<div class="main-right-table">
<form method="post">
<input type="hidden" name="student_id" value="{$student_info.student_id}"/>
<table class="table">
<tr><th>学号：</th>
```

```
<td><input value="{$student_info.student_number}" type="text" class="form-text" name="student_number"
required></td>
    </tr>
    <tr><th>姓名：</th>
    <td><input value="{$student_info.student_name}" type="text" class="form-text" name="student_name"
required></td>
    </tr>
    <tr><th>出生年月：</th>
    <td><input value="{$student_info.student_birthday}" type="text" class="form-text" name="student_birthday"
required></td>
    </tr>
    <tr><th>性别：</th><td><select name="student_gender">
    <option value="男"<eq name="student_info.student_gender" value="男">selected</eq>>男</option>
    <option value="女"<eq name="student_info.student_gender" value="女">selected</eq>>女</option>
    </select></td>
    </tr>
    <tr><th>所属班级：</th><td><select name="class_id">
    <foreach name="major_info" item="v">
    <foreach name="v.Class" item="vv">
    <option value="{$vv.class_id}"<eq name="student_info.class_id" value="$vv.class_id">selected</eq>>
                                    {$v.major_name}{$vv.class_name}</option>
    </foreach>
    </foreach>
    </select></td>
    </tr>
    <tr>
    <td colspan="2" align="center">
    <input type="submit" value="确认更新" class="form-btn">
    <input type="reset" value="重新填写" class="form-btn">
    </td>
    </tr>
    </table>
    </form>
    </div>
    <include file="Index/footer"/>
```

　　以上就完成了学生信息修改功能，打开浏览器，访问 http://localhost/stu_manage/index. php/Admin/Student/showList?class_id=1，运行结果如图 4-27 所示。

图 4-27　学生列表视图

点击"顾三行"这名同学后面的"编辑"超链接，运行结果如图 4-28 所示。

图 4-28　学生信息修改页面

对"顾三行"这名同学所属班级进行修改，页面如图 4-29 所示。点击"确认更新"按钮，更新结果如图 4-30 所示。

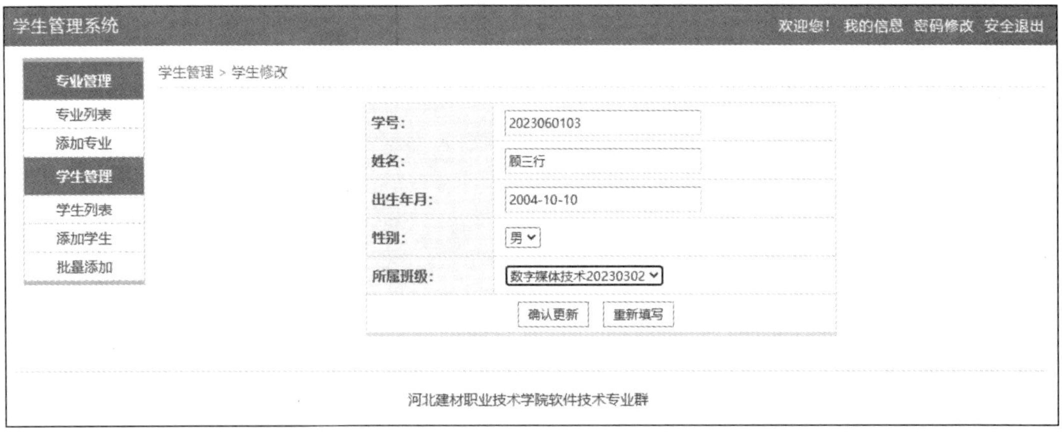

图 4-29　修改学生所属班级

图 4-30 修改后的显示结果

3. 学生信息删除功能实现

1) 修改学生列表页面并完成"删除"超链接

与学生信息修改功能类似，要完成学生删除功能，首先需要获取被删除的学生 ID。因此，同样需要修改\Application\Admin\View\Student\showList.html 视图文件的"删除"超链接，将该链接指向 student 控制器的 delete( )方法，并把学生 ID 以 GET 参数传递给该方法。具体代码如下：

```
1    <td>
2    <div align="center">
3        <a href="__CONTROLLER__/update/student_id/{$v.student_id}">编辑</a>   
4        <a href="__CONTROLLER__/delete/student_id/{$v.student_id}/class_id/{$v.class_id}"
5            onclick="javascript:if (confirm('确定要删除此信息吗？')) {
6                    return true;
7                }
8            return false;">删除</a>
9    </div>
10   </td>
```

在上述代码中，第 4 行～第 8 行代码就是"删除"超链接的 URL 地址组成。同样使用__CONTROLLER__代替控制器部分，delete 表示要调用的方法，student_id/{$v.student_id}表示传递的学生 ID。由于数据删除是十分危险的操作，因此为了避免误操作，为该链接添加一个 onclick 事件。当点击"删除"超链接时，首先弹出确认删除的对话框，点击"是"按钮才执行删除操作，点击"否"按钮则返回，不进行任何操作。

2) 修改 student 控制器并增加 delete( )方法

在完成了学生列表页面的"删除"超链接后，就需要在 Student 控制器中实现 delete( )方法，来完成学生数据的删除操作。具体代码如下：

```
1    /**
2     *  学生删除功能
3     */
4    public function delete( ) {
5        $model = M('Student');                          //获取 Student 模型对象
6        $where = array('student_id' => I('get.student_id'));  //组合删除条件
7        $class_id = I('class_id');                       //获取班级 ID，用于删除成功跳转
8        $res = $model->where($where)->delete( );         //使用 delete 方法进行删除
9        if ($res === false) {        //判断删除是否成功，当返回值为 false 时，表示删除失败
10           $this->error('删除失败，正在返回，请稍候！');
11           return;
12       } elseif ($res === 0) {      //当返回值为 0 时，表示要删除的数据不存在
13           $this->error('要删除的学生信息不存在，请重新选择！');
14           return;
15       }
16       //不为 false、0 时，则表示删除成功，跳转到被删除学生所属班级的学生列表页
17       $this->success('删除成功，正在跳转，请稍候！', U("showList?class_id={$class_id}"));
18       return;
19   }
```

在上述代码中，首先通过第 5 行获取 Student 模型的对象，然后通过第 6 行代码组合查询条件。接着通过 I 方法获取当前要删除的学生所属班级 ID，该 ID 在删除成功并跳转页面时提供参数，以跳转到该班级对应的学生列表下。之后执行第 8 行代码，使用 delete( ) 方法执行删除操作。最后判断执行结果，提示相应信息并跳转到指定页面。

以上就完成了学生信息删除功能，打开浏览器，访问 http://localhost/stu_manage/index. php/Admin/Student/showList，运行结果如图 4-31 所示。

图 4-31   学生列表页

点击"删除"超链接，删除"顾三行"这位同学的信息，运行结果如图 4-32 所示。

图 4-32 提示删除窗口

点击"确定"按钮，运行结果如图 4-33 所示。

图 4-33 删除成功后学生列表页

 知识链接

◆ **知识点 1 添加数据**

ThinkPHP 的数据写入使用 add 操作，使用示例如下：

```
$User=M('User'); //实例化 User 对象
$data['name'] = 'ThinkPHP';
$data['email'] = 'ThinkPHP@xxgcx.hbjc.com';
$User->add($data);
```

需要注意的是，在使用 add 操作前如果有 create 操作，add 操作可以不需要参数，否则必须传入要添加的数据作为参数。如果$data 中写入了数据表中不存在的字段数据，则会被直接过滤。

◆ 知识点 2　修改数据

ThinkPHP 同样提供了数据更新的方法：save( )，该方法需要传入一个数组参数，数组的键表示要修改的数据。也可以把要修改的数据赋给模型对象，这样就不需要为 save( ) 方法传入参数了。

Save( ) 方法的返回值是数据表中受影响的行数，如果返回 false 表示更新失败，因此一定要使用恒等来判断是否更新成功。

要注意的是，为了保证数据库的安全，避免出错而更新整个数据表，在没有任何更新条件的情况下，如果数据对象本身也不包含主键字段的话，则 save( ) 方法不会更新任何记录。

◆ 知识点 3　删除数据

ThinkPHP 提供的数据删除方法是 delete 操作，delete 操作可以删除单个数据，也可以删除多个数据，这取决于删除条件，使用示例如下：

```
$model=M('User');                       //实例化 Model 对象
$model->where('id=5')->delete( );       //删除 ID 为 5 的用户数据
$model->delete('1,2,5');                //删除主键为 1、2 和 5 的用户数据
$model->where('status=0')->delete( );   //删除所有 status 字段值为 0 的用户数据
```

delete 操作的返回值是删除的记录数，如果删除失败则返回 false，如果没有删除任何数据则返回 0。

◆ 知识点 4　批量添加数据

如果要一次添加多条数据，ThinkPHP 还提供了 addAll 操作，使用示例如下：

```
//批量添加数据
$dataList[ ]=array('name'=>'ThinkPHP1',email=>'ThinkPHP1@xxgcx.hbjc.com');
$dataList[ ]=array('name'=>'ThinkPHP2',email=>'ThinkPHP2@xxgcx.hbjc.com');
$User->addAll($dataList);
```

◆ 知识点 5　模型的连贯操作

什么是连贯操作？举个简单的例子，假设现在有一个 User 表，详细字段见表 4-8。

表 4-8　User 表结构

字　段　名	字　段　类　型	字　段　说　明
id	int	主键、int 类型、自增
username	varchar(20)	可变长度字符串、非空
createtime	char(10)	定长字符串、非空
gender	enum('男', '女')	枚举类型、非空

如果要从中查询所有性别为"男"的记录，并希望查询结果按照用户创建时间进行排序，就可以编写如下代码：

```
$model=M('User');
```

```
$model->where("gender='男'")->order("createtime")->select( );
```

其中，where、order 被称为连贯操作，并且连贯操作的调用顺序并没有先后。值得一提的是，select 操作并不属于连贯操作。

where 操作定义的是 SQL 语句的筛选条件，其参数除了可以使用上述字符串条件的形式，还可以使用数组条件的形式。数组条件形式是 ThinkPHP 推荐使用的形式，因为它在处理多个筛选条件时非常方便，而且还可以对条件数据进行安全性的处理。

ThinkPHP 的连贯操作有很多，可以有效地提高数据存取的代码清晰度和开发效率，并且支持所有的 CURD 操作。有关连贯操作的更多内容请参考 ThinkPHP 官方手册。

 ## 知识和能力拓展

开发人员已经使用 ThinkPHP 框架实现了学生管理系统管理员模块的主要功能，可以根据所掌握的添加数据、修改数据、删除数据和批量操作数据的方法进一步完善添加专业和班级、批量添加学生等功能。在实现管理员模块完整功能后，可以在此基础上，举一反三地设计并实现用户模块的功能。

 ## 评价反馈

任 务 评 价 表

评价项目	评 价 要 素	评价满分	评价得分
知识技能评价	修改视图文件，增加"添加学生"超链接	10	
	修改学生列表页面，完成"编辑"和"删除"超链接	10	
	修改 Student 控制器，添加 add( )方法，该方法用来实现学生信息添加功能	20	
	修改 Student 控制器，增加 update( )和 delete( )方法	20	
	创建视图文件 add.html，该文件用来提供学生信息添加表单	10	
	编写 update.html 文件	10	
课程思政评价	通过小组共同完成任务，培养学生团队协作精神，沟通交流和书面表达能力，以及吃苦耐劳、爱岗敬业的高尚品质	20	
整体评价		100	

参 考 文 献

[1]　PHP 手册. https://www.php.net/manual/zh.

[2]　MySQL 网站. https://www.mysql.com/cn.

[3]　Apache Lounge 网站. https://www.apachelounge.com.

[4]　Apache Friends 网站. https://www.apachefriends.org/zh_cn/index.html.

[5]　KROMANN F M. PHP 与 MySQL 程序设计[M]. 5 版. 北京：人民邮电出版社，2020.

[6]　ZANDSTRA M. 深入 PHP：面向对象、模式与实践[M]. 5 版. 北京：人民邮电出版社，2019.

[7]　西泽梦路. MySQL 基础教程[M]. 北京：人民邮电出版社，2020.

[8]　ThinkPHP 网站. https://www.thinkphp.cn.

[9]　HBuilder 网站. https://dcloud.io.

[10]　Visual Studio Code 网站. https://code.visualstudio.com.

[11]　黑马程序员. PHP 基础案例教程[M]. 2 版. 北京：人民邮电出版社，2022.

[12]　阮云兰. PHP Web 应用开发案例教程[M]. 上海：上海交通大学出版社，2022.

[13]　郭义. MySQL 数据库应用案例教程[M]. 北京：航空工业出版社，2022.